软件测试架构实践与精准测试

—基于川模型测试框架与精准测试实战—

李龙◎著

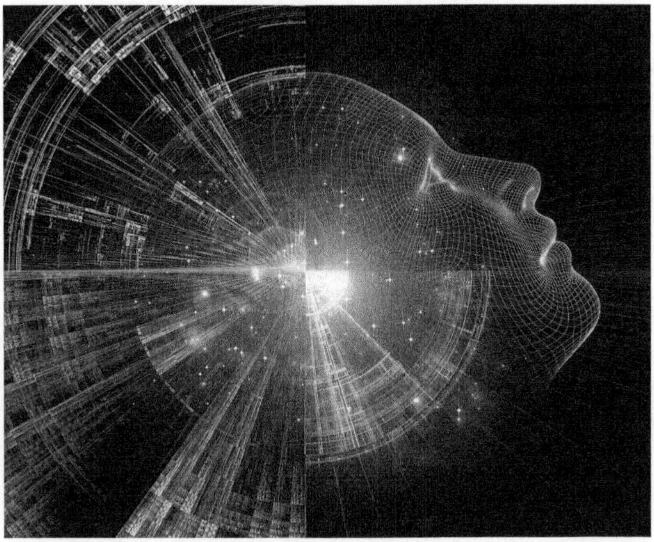

人 民 邮 电 出 版 社
北 京

图书在版编目（CIP）数据

软件测试架构实践与精准测试 / 李龙著. -- 北京 :
人民邮电出版社, 2018.11
ISBN 978-7-115-48719-3

Ⅰ. ①软… Ⅱ. ①李… Ⅲ. ①软件一测试 Ⅳ.
①TP311.55

中国版本图书馆CIP数据核字(2018)第128514号

内 容 提 要

本书以如何搭建软件测试团队为出发点，结合作者首次提出的软件测试模型—“川模型”测试架构，并结合精准测试理念，阐述了组建测试团队的过程，包括如何制定部门规划、流程规范和 KPI，以及如何提升人员素质、打造团队文化和凝聚力及提高执行力等内容。本书语言诙谐幽默，引人入胜。

本书特别适合刚组建的测试团队中的测试人员阅读，也适用于质量管理部门、研发部门等技术团队人员阅读。当然，如果你的公司已经有成熟的测试部门，想进一步提高测试效率和团队的执行力，本书也非常适合。

◆ 著　　　李 龙
责任编辑　张 涛
责任印制　焦志炜

◆ 人民邮电出版社出版发行　　北京市丰台区成寿寺路 11 号
邮编 100164　　电子邮件 315@ptpress.com.cn
网址 http://www.ptpress.com.cn
固安县铭成印刷有限公司印刷

◆ 开本：800×1000 1/16
印张：16.25　　　　2018 年 11 月第 1 版
字数：321 千字　　　　2024 年 7 月河北第 2 次印刷

定价：59.00 元

读者服务热线：(010)81055410　印装质量热线：(010)81055316
反盗版热线：(010)81055315
广告经营许可证：京东市监广登字20170147号

推荐序

我是这本书的第一位读者，本书的内容非常引人入胜，作者不仅介绍了基础的软件测试技能和理论，还结合实际的工作经验，介绍了软件测试新方法——“川模型”测试方法。另外，还介绍了组建测试团队过程中如何制定部门规划和流程规范，如何制定 KPI，如何提升人员素质，如何打造团队文化和凝聚力，如何提高执行力等内容。可以说，这本书在很大程度上，可以帮助广大的中小企业顺利地组建测试团队或者提高团队的执行力，还能帮助读者提高软件测试技能。

在 20 世纪 70 年代中期，是软件测试技术发展活跃的时期。1975 年，美国黄荣昌教授在论文中讨论了测试准则、测试过程、路径谓词、测试数据及其生成问题，首次全面系统地论述了软件测试的有关问题。Hetzel 在 1975 年整理出版了《Program Test Methods》一书，这是专题论述软件测试的第一本著作。Goodenough 和 Gerhart 首次提出了软件测试的理论，从而把软件测试这一实践性很强的学科提高到理论的高度，他们一致认为软件测试是测试技术发展过程中具有开创性的工作。20 世纪 70 年代～80 年代，是软件测试技术迅速发展的时期，软件测试技术的研究主要是在理论上，而实用的软件测试技术或工具并不多见。直到数十种软件测试方法被提出，软件测试技术才迅速发展成为一个独立的学科。本书作者提出的“川模型”测试方法是独树一帜的，为软件测试研究人员开了一个先例，期望测试同仁们继续探索，找出适合我国国情的软件测试思路和测试模型。

如果你是一名初中级的测试工程师，这本书非常适合你，因为你可以从这本书中读懂软件测试的思路与价值，理解测试工作的宏观理论与测试工作的原则。

如果你希望成为测试管理者或者已经是测试部门的经理了，这本书更适合你，因为这里面没有太多测试理论，主要分享了搭建测试团队的经验，希望你与作者能产生共鸣，一起为完善测试职业之路而努力。

如果你是一名高级的或独立的测试专家，这本书仍然适合你，因为它可以让你突破测试的技术瓶颈，找到测试的乐趣。

如果你是一名测试研究者或测试教育者，本书适合作为参考资料。这本书讲述了很多新的知识点，例如软件测试的川模型测试架构和精准测试理念等内容，你一定会从中发现一些值得研究的问题，或为你的研究提供一些借鉴。

总之，本书就如同一扇窗，为读者展示了更为广阔的测试世界，以便可以从更高的层面去看待测试。

仍然还记得作者意气风发地找到我，告诉我他要独立成立一家软件测试公司，"打造一个纯粹的软件测试企业，形成中国化的软件测试体系，建设中国化的软件测试文化，真正提高中国软件质量水平。"

作为一名研究者、老测试者，我认为，"川模型测试"是一个非常好的测试方法。这是一本好书，推荐给大家阅读，一定会给大家带来不一样的收获。

黎连业

中国科学院计算所高工

中国软件评测中心专家

国家网络技术水平考试编委会专家

前言

测试是一门实践性与应用性很强的技术。随着现代科学技术水平的提高，测试向多技术和交叉应用的方向发展，测试人员要在测试实践中不断积累经验，并发现问题、分析问题和解决问题。软件测试是非常讲究策略和方法的。随着软件公司对软件质量的高要求，软件测试实践中需要新的方法来满足这些需求。基于此，本书写的是软件测试新方法——“川模型”测试，介绍如何用一套新的测试模型帮助中小企业搭建一套完善的测试体系和有高效执行力的测试部门。

“川模型”测试由 3 条相对独立的测试实施流程组成，因为它的“实施流程”类似于中文的“川”字而得名。3 条测试实施流程分别是验收测试实施流程、需求级测试实施流程和业务级测试实施流程。

“川模型”测试对软件质量把控有一套严格的执行流程，即从产品和项目的可行性分析阶段开始，测试人员就一直跟随整个产品与项目的开发活动，真正体现了“尽早地、不断地进行软件测试”的原则。

在“川模型”中，可以很容易地看出测试工作对软件质量的保证意义与实施方法，该模型更加清晰地说明了测试的使命，并且真正站在测试的角度，以测试来保证最终用户对质量的认可，从而指导研发工作。作为提供给研发人员工作的标尺，“川模型”测试提出了 3 条执行线的工作方式：验收测试实施流程作为整个产品和项目的指导流程与用户紧密相关，最能体现用户对软件的实际需求，同时避免和减少了在开发工作过程中对软件功能的随意变更；中间一条执行线（需求级）则有效地保证了测试的覆盖率，并且与研发的交互也更加顺畅，提高了测试与研发迭代的敏捷度；最后一条业务线（业务级），则通过有经验的测试人员，对用户的主要需求做了风险、场景和探索等验证。测试人员经过最后一条执行线的梳理后，用户对软件的使用需求都被覆盖到。同时，除需求级测试实施流程与研发的交互紧密外，其他两条执行线相对独立，项目在研发过程中的干扰就会大大降低，为软件质量提升提供了有力保证。

“川模型”测试实施过程中，要完成如下任务，如组建测试团队、培养团队精神、测试不同阶段分工、用例设计、测试效率检验、测试方法应用、搭建测试平台和项目管理等。

“川模型”的测试方法已在多家高新企业中使用，收到的效果是好的。由于本书的内容定位比较高，不介绍基础的软件测试技能，建议大家可以同时阅读我的另外两本书：一本是《软件测试实用技术与常用模板》（第2版），主要以软件测试基础技能介绍为主，让读者很快进入软件测试领域；另一本是《嵌入式软件测试：方法、案例与模板详解》，主要以嵌入式测试案例为主线，可以提高读者的实战技能，尤其是对读者测试资料的编写以及测试用例设计能力提高很有帮助。同时若配合本书的内容，正好形成了“测试基础技术学习+测试专业技能进阶+测试管理能力提升”三位一体的学习方式。

回首往事，在软件测试行业打拼多年，学到了很多新的知识与技能。虽然在写本书之前，已经出版了有关软件测试与云计算等方面的多部专著，但提笔写这本测试框架方面的书，还是很惶恐的。在此我要感谢人民邮电出版社张涛、中国科学院黎连业教授、同济大学朱少民教授以及赛博兴安的老领导王晓辉、李大鹏、蒋涛等人的知遇之恩。感谢金融行业测试专家张树臣先生、中国人民解放军陆军工程大学黄松教授以及织雀科技 COO 刘文贞、原 CTO 刘文杰等朋友提供的技术资料。感谢他们的支持和帮助！

李龙

丙申年于织雀科技

目录

Chapter 1

第 1 章

站在巨人的肩上

在本章中，我将向大家介绍一款新的软件测试模型——川模型。目的是给读者一些实际测试工作方式的启迪，结识更多的有志于为软件测试事业贡献力量的朋友，共同构建一套更符合现代科技发展趋势的测试思路。该模型由我在 2014 年首次提出，并在 2016 年发表了《对软件测试川模型的初步研究》的论文。经过这几年的发展，已在多家软件企业做过实践并得以完善，套用软件领域比较流行的一个词，就是变得“开源共享”了，它不再属于任何人或机构，而是属于所有人，人人都可以完善和修改它。

之所以叫川模型，主要是因为这个模型分为 3 条执行流程，它们相互配合交互，正如中文的“川”字而得名。该模型的中心思想是我一直提倡的“以测试者引导开发，以文档化把控质量”的测试实施理念。希望借助这个模型与测试理念，为您的测试工作提供帮助，提高测试效率和软件质量。

1.1 软件开发、测试的现状分析

随着科技的不断进步，计算机应用已经完全深入到整个社会的体系中，人们现在已经无法适应没有软件的生活，连路上的汽车、信号灯也已被软件覆盖。当您在阅读本书的时候，您的计算机也许正在工作、手机正在运行，人们对软件的依赖越来越大。虽然优质的软件给我们的工作和生活带来了前所未有的便利，但是质量不好的软件也让我们付出过惨痛的代价，这让我们充分认识到软件质量的重要性。

为了提高软件质量，软件开发人员进行过大量的研究和实践，从最初的技术革新（如编译和调试工具等），到各种计算机辅助软件环境的创建，再到软件开发模型的研究。但是这种以技术和方法为重心的研究没有真正达到保证软件质量的目的（但是确实对软件质量的提高做出了贡献）。所以，人们开始认识到只有对软件开发过程的质量加以控制，才有可能大幅度地提高软件质量。因此，软件质量的保证也从最初以技术和方法为重心的模式，转移到以过程管理为重心的实践。

软件质量保证的本质是为确保软件开发过程和结果符合预期要求而建立的一系列活动及其结果评价，其最终目的是预防缺陷，满足用户的实际需求，避免安全风险。软件测试活动是保证软件质量的有力武器，从最初的调试与验证，到现在形成的独立测试体系，无一不体现质量保证的重要性和测试工作的必要性。

目前主流的软件开发模型有螺旋模型、增量模型、渐进模型和快速软件开发（RAD）以及 Rational 统一过程（RUP）等。这些模型对于软件开发过程具有很好的指导作用，但是这些模型并没有充分强调测试的价值，也没有给予测试足够的重视，利用这些模型不能更好地指导测试实践。因此，软件测试模型应运而生，它能够系统地、有计划地指导测试与研发的一系列活动，对软件质量的提高有着重要的作用。目前常见的软件测试模型有 V 模型、W 模型、H 模型、X 模型和前置测试模型等。

这些测试模型都在一定程度上完善和发展了软件的测试体系，但是仍然存在着或多或少的问题，还没有充分把测试对质量保证的能力发挥出来。下面分析几款主流测试模型的优劣情况。

1.1.1 V 模型的优劣分析

V 模型的优劣分析图，如图 1-1 所示。

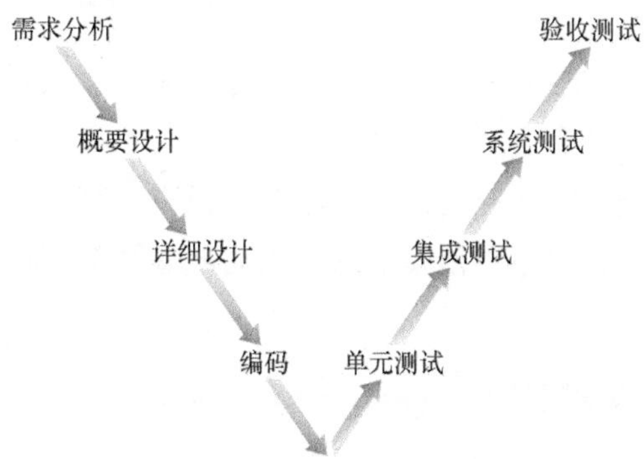

图 1-1 V 模型测试流程

V 模型强调软件开发的协作和速度，反映测试活动和分析设计的关系，将软件的实现和验证有机结合起来，强调了在整个软件项目开发中需要经历的若干测试级别，并与开发级别对应。但是，它没有体现“尽早地、不断地进行软件测试”的原则，把测试作为编码之后的最后一个项目，项目前期产生的错误直到后期才能测试发现，没有明确指出对需求与设计的测试。

1.1.2 W 模型的优劣分析

W 模型的优劣分析图，如图 1-2 所示。

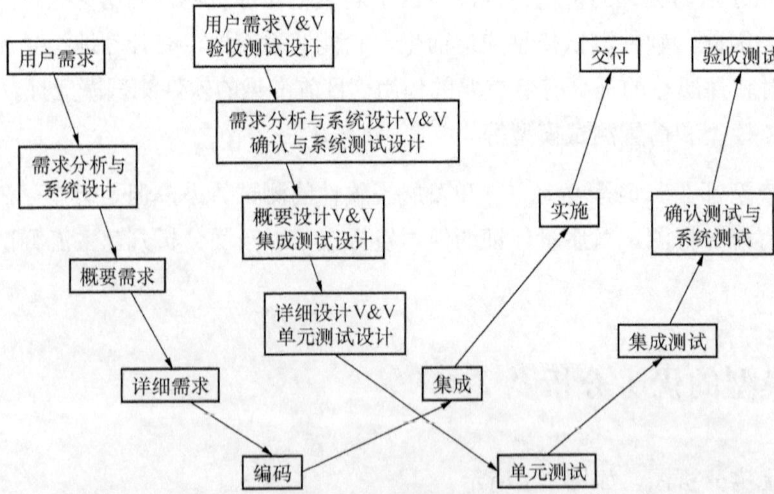

图 1-2　W 模型测试流程

W 模型强调了测试计划工作的先行和对系统需求，以及系统设计的测试。在整个软件开发周期，测试与开发并行，有利于尽早发现问题，及时了解项目的测试风险，及早制订应对方案，加快项目进度。但是，它没有对测试规程进行说明，同时软件开发和测试保持着线性的前后关系，无法支持迭代、自发性以及需求变更调整等经常面临的问题。

1.1.3　H 模型的优劣分析

H 模型的优劣分析图，如图 1-3 所示。

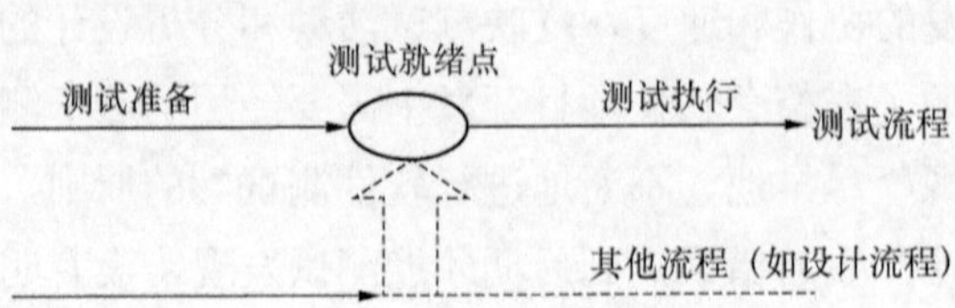

图 1-3　H 模型测试流程

在 H 模型中，软件测试活动完全独立，贯穿于整个软件周期，与其他流程并发进行，当某个测试点准备就绪时，就可以从测试准备阶段进行到测试执行阶段；提出软件测试不仅指测试的执行，还包括很多其他的活动；测试根据被测物的不同而分层次进行，不同层次的测试活动可以是按照某个次序先后进行的，但也可能是反复的。

1.1.4　X 模型的优劣分析

X 模型的优劣分析图，如图 1-4 所示。

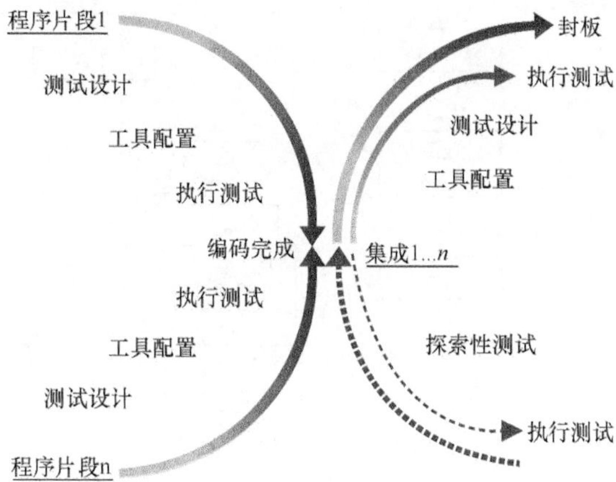

图 1-4　X 模型测试流程

X 模型要求对每一个程序片段都进行单元测试，但没能提供是否要跳过单元测试的判断准则。多根并行的曲线代表着变更可以在各个部分发生，提高了迭代效率。它还定义了探索性测试，这一方式能帮助有经验的测试人员在测试计划之外发现更多的软件错误，对测试人员的能力要求比较高。

1.1.5　前置测试模型的优劣分析

前置测试模型的优劣分析图，如图 1-5 所示。

该模型将开发和测试的生命周期整合在一起，标识了项目生命周期从开始到结束之间的关键行为，明确提出了每一个交付的开发结果都必须通过一定的方式进行测试。它还定义了“开发基于需求的测试用例”以及“定义验收标准”，使验收测试和技术测试保持相互独立。

以上模型各有优劣，但总体来说，都没有真正地把测试对质量的保障意义或时机把控好。大部分模型中，测试只是软件开发过程的一部分，没有明确独立成一个体系，虽然 H 模型将测试对产品质量保证的地位提升了不少，但是仍然没有把测试规程、测试资料等内容提高到应有地位。

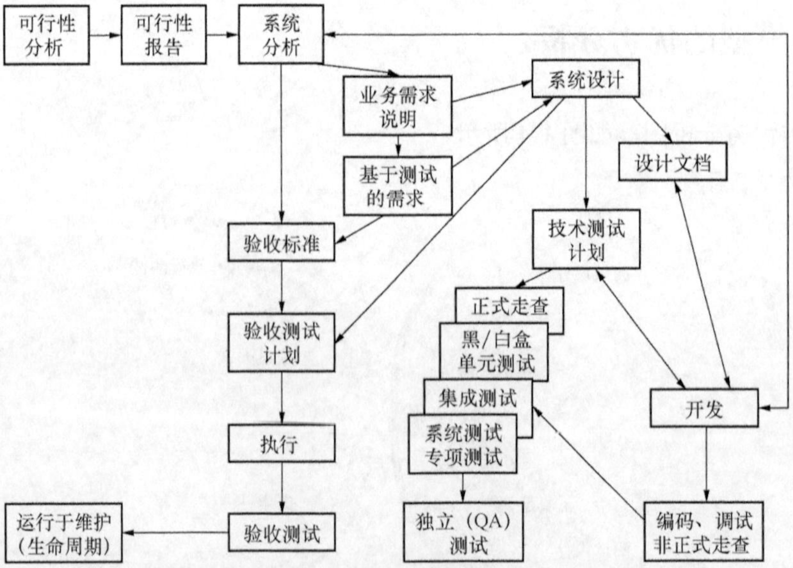

图 1-5 前置模型测试流程

1.2 有关软件测试模型的调查结果

开发、测试模型已经存在很长时间，那么，企业最常用的模型有哪些？有多少企业在使用模型？不使用模型的原因是什么？根据以上疑问，织雀科技在之前做过一个企业调查：调查对象主要是在企业担当项目经理等技术管理角色的人员，有效样本近 5 000 例。调查的结果如图 1-6 所示。

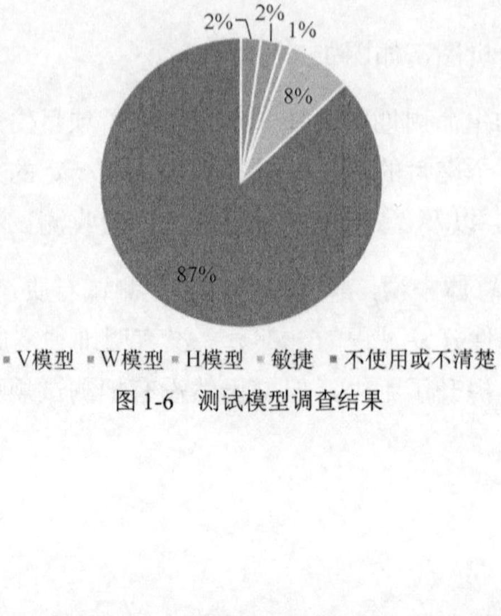

图 1-6 测试模型调查结果

出现图 1-6 所示布局的调查原因如下。

- 测试跟着开发的思路推进，没有明确的版本和时间概念。
- 对新项目开发类似大爆炸模式。
- 团队负责人对人员指挥较为随意。
- 需求变更较为频繁。
- 时间型项目很难把握进度，模型中的时间和任务节点难以匹配。

根据以上的调查结果，我们提出下面的几个问题，其实这也是我这几年一直研究测试模型的原因，因为确实发现目前的软件测试模型不太适合我国软件企业的实际情况。

- 测试与研发的关键规程是否互融互通？
- 测试对质量的保障意义所处在的层次？
- 适应现今软件高强度迭代与发布的步伐吗？
- 真正适用于中国自己的软件企业吗？
- 有多少企业真正考虑了测试规程？

1.3 川模型组织架构分析

1.3.1 川模型

川模型由 3 条相对独立的测试实施流程组成。因为类似中文的“川”字而得名。其中的 3 条测试实施流程分别是验收测试实施流程、需求级测试实施流程和业务级测试实施流程，如图 1-7 所示。

1. 验收测试实施流程

该流程提出的目的与重点在于保护用户的真实需求，因为最终产品或项目能否成功交付，验收结果是重要的依据，而验收的主导者一定是用户（代表）。该流程的起始阶段就是在投入真正的研发和测试之前，根据项目需求及测试需求设计出验收方案，以纸质方案的形式与用户（代表）进行评审，以减少后期由于三方（用户、研发和测试）需求不一致的原因导致开发迭代增加。同时，以此验收方案为标尺，约束另两个流程的实施。

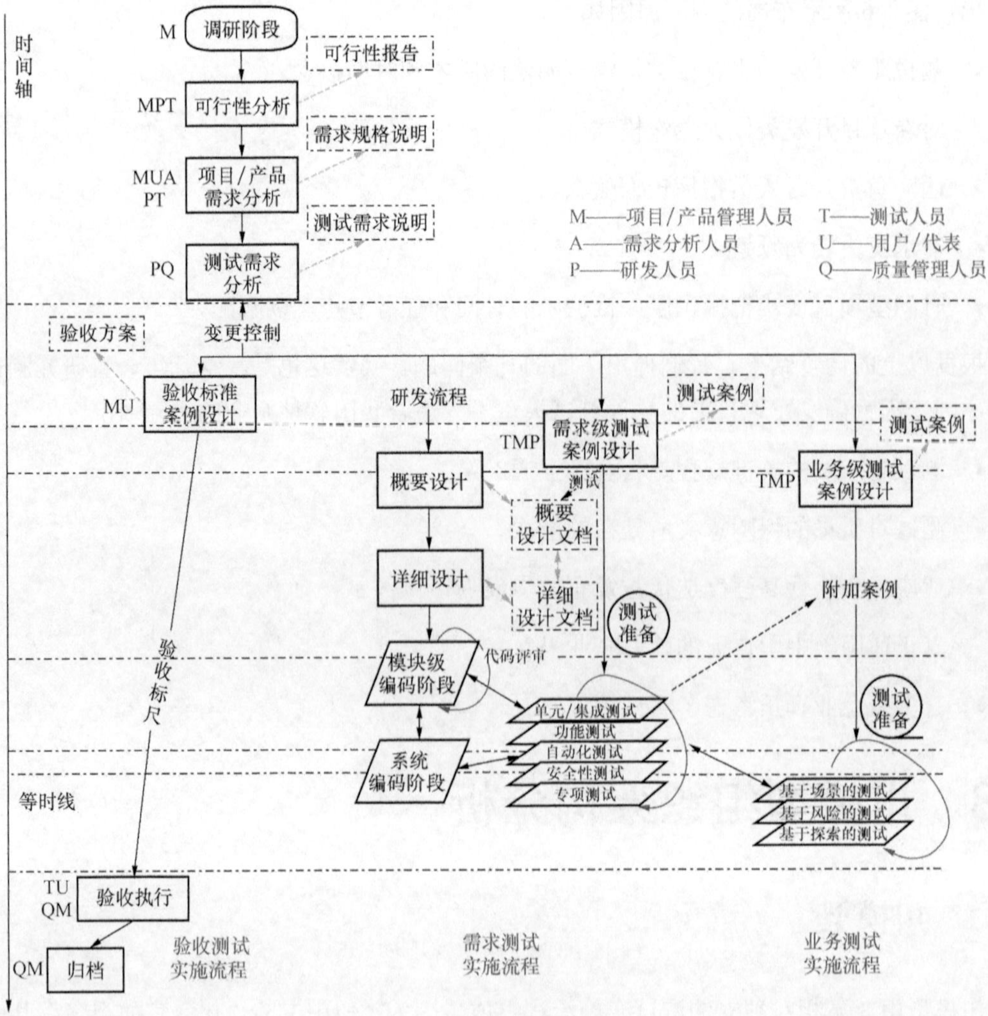

图 1-7 川模型工作组织规程简图

2. 需求级测试实施流程

该阶段强调测试伴随着整个软件开发周期，测试与开发并行，以期尽早发现问题。它把测试的对象扩展成程序、设计（文档资料）和数据等内容，测试工作实时准备，以达到在某个测试点准备就绪时，可迅速切入到测试执行阶段。该流程将迭代测试的内容进行了细致的分析与说明，明确提出迭代过程中需要进行单元、集成测试、功能测试、自动化测试、安全性测试以及专项测试等，将自动化测试与安全性测试提高到测试指导阶段，这也是当今科技发展的必然趋势。

3. 业务级测试实施流程

如果把测试人员按测试能力分为测试负责人和测试执行人员，那么需求级测试实施阶段的测试执行可以由测试执行人员进行，而业务级测试实施流程的主要执行人员就应该定位成测试负责人，至少应该是测试负责人主导测试。其根本原因在于该阶段的意义是业务与风险等的把控，并且引入了探索性测试作为需求级测试阶段的有利补充。

需求级测试实施流程与研发流程无缝有机结合；业务级测试实施流程存在的价值在于把控与掌握了产品实际投入使用时的场景和风险等因素，对关键需求进行有针对性的设计以满足“二八法则”的经典理论，该流程将重点放在了“二”上（用户使用的80%的场景可能就存在于 20%的功能中）；验收测试实施流程依托于用户的实际需求与前期的测试分析，作为软件生命周期的标尺运行到产品或项目结项，尽量满足用户需求。

1.3.2 川模型的工作组织规程

从图 1-7 可以看出：“川模型”突出体现了测试活动对质量把控的重要性。从项目的可行性分析开始，测试人员就担负着重要的角色。同时，它将测试需求说明书、验收方案、测试方案的重要性与提出时机进行了说明。

（1）需求分析：需要产品经理、项目经理、用户和测试人员等全程参与。

（2）测试需求说明书：需要测试人员起草，由产品经理、项目经理、用户和研发人员等共同审核通过。

（3）验收方案：提前由测试人员编写，由产品经理、项目经理和用户共同审核通过。

（4）研发设计阶段：主要依据测试需求说明书编写（其次可参考软件需求说明书），在还没有完成代码开发之前，测试人员提前输出依据测试需求说明书编写的测试案例，由研发人员提前参考，提高研发依据测试案例开发代码的测试通过率。

（5）迭代阶段：大部分在需求级测试实施流程中，测试工作实时准备，以便迅速切入测试执行。

（6）业务级测试：实施阶段的执行工作，是需求级的补充，在软件研发的中后期无缝切入。

（7）验收执行的触发点：通过业务级测试，验收工作完成后，进行项目资料归档工作。

（8）研发过程中：如果有任何变更，需执行变更控制程序，返回测试需求分析阶段，并根据实际情况与相关人员输出变更后的系列资料（验收方案、测试案例等）。

1.4 川模型的价值

1.4.1 体现测试的使命与重要地位

在川模型中，可以很容易地看出测试工作对软件质量的保证意义与实施方法。区别于其他模型，该模型更加清晰与系统地说明了测试的使命，并且该模型真正站在测试者的角度，以测试来保证最终用户的质量认可，以此作为研发工作的标尺来指导研发工作。

1.4.2 体现测试先行的重要意义

从产品与项目的可行性分析开始，测试活动就一直伴随整个生命周期，真正体现了“尽早地、不断地进行软件测试”的原则。

1.4.3 文档化的重要性与可追溯性的提出

在当今越来越快的产品与项目的交互进程中，人们对文档化的需求越来越迫切，文档化不仅可以使研发和测试过程更加有理、有据、有科学性，也为以后的可追溯性提供了基础。同时，产品与项目前期就对测试案例化的要求，对研发的指导意义更大，完全可以遵循“依据测试案例设计软件，案例通过即研发完成”的标准进行研发，避免了由于需求不一致，导致研发冗余或功能缺失，从而提高了工作效率。

1.4.4 提出3种测试技术相结合的规程

川模型第一次提出了3条执行线的工作模式。验收实施流程作为整个产品与项目的指导流程，与用户关系最紧密，最能体现用户的实际需求，同时避免和减少了在工作过程中的随意变更；需求级实施流程则最有效地保证了测试覆盖率，并且与研发的交互也更加顺畅，提高了测试与研发迭代的敏捷度；业务级实施流程则通过有经验的测试人员，把最重要需求做了风险、场景与探索等设计验证，经过最后一条执行线的梳理后，用户的实际需求并且经常使用的功能都被覆盖到。

除了需求级实施流程与研发的交互紧密而充分外，另两个流程相对独立，从而降低了研发过程的相互干扰，保证了软件质量。

1.4.5 等时线为质量保证提供了基础

该模型首次提出等时线的概念，在时序上，避免了工作重复甚至不必要的交叉，如我们必须先进行测试需求分析，输出测试需求说明书后，才可进行验收测试设计，在验收测试设计快完成时，才可进行需求级测试设计，保证测试设计与验收标准的高度统一，业务级实施流程通过后，才可进行验收执行工作。从另一层面讲，这也对测试提出了更高的要求，例如在研发提交代码之前，测试的准备工作必须完成，才可随时切入工作，有需求变更时，测试人员需要更新测试需求说明书、验收方案以及测试方案等内容，审核通过后，实时共享给相关人员，从而确保项目的顺利进行。

本章关于“川模型”的介绍告一段落，希望大家可以基本理解其概念，接下来的章节将进行更详细的分析和探讨。

Chapter 2

第 2 章 组建测试团队的几点思考

很多朋友都在问我，如何成为一名合格的测试经理？如何管理团队？如何高效地完成测试项目……以上问题，均与相关朋友交流过，尤其是与张树臣先生的交流对我的启发最大，但是我从未进行过系统化表述。今天就借着本书出版的机会，做如下整理。

2.1 成为测试经理

本节先谈谈如何成为一名合格的测试经理。只有使自己合格，才可能让测试团队变得越来越好，你才会更有价值。

2.1.1 测试经理最重要的能力是什么

说到这个问题，相信很多答案都已经出来了。测试技能、团队管理能力、项目管理能力和沟通能力等，但是，我问的是最重要的能力是什么。当然，以上答案都没有错，而我更想强调的一种能力，应该是识人、用人和带人的能力。切记不要崇拜个人英雄主义，即使你能力很强，但不会识人、用人与带人，成功的机会还是很渺茫的，至少，你不是一个合格的测试经理。那么，测试经理每天要做什么？有的奔走于各个项目、各个部门或下属之间，了解项目跟进情况；有的则是无时无刻不在编写着各种文档资料；也有的测试经理看起来“很闲”，整天坐在自己的位置上，不是看邮件就是喝茶，有时打电话聊聊天，这都是测试经理真实的工作状况。

一般来讲，测试经理需要懂技术、懂管理、懂政治和懂客户体验（至少情商是一定够用的），因为他要与很多人交流（时刻考虑与其他人交流、如何完成项目），保证正确理解项目需求，同时也更好地将测试范围与下属充分沟通。

那么，测试经理都有很高的学历背景吗？比如某某名牌大学毕业，某某证书认证，答案其实并不是。首先，软件测试在我国的发展刚刚起步，行业内对测试经理有用的证书确实不多，这也就降低了很多人想成为测试经理的门槛。但是，门槛低不一定就是要求低，只是现在还没有确定测试经理的规范要求。给大家一个建议，作为一个测试经理，要系统地学习软件工程相关的内容，得到 PMP、软件评测师等方面的认证是很有必要的。

2.1.2 测试经理需要什么样的能力

图 2-1 为测试经理的技能要求。

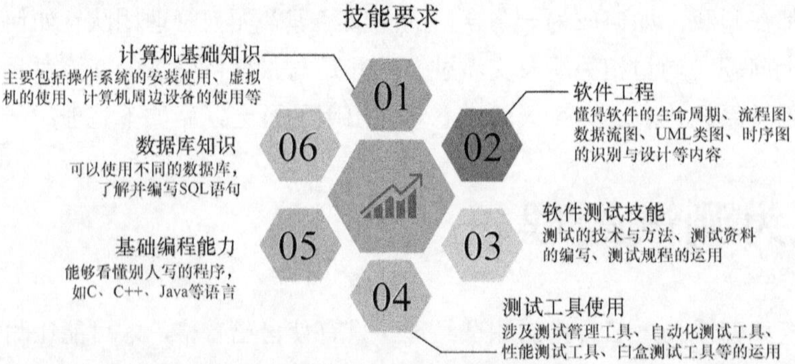

图 2-1 测试经理应具备的技能要求

从图 2-1 中可以看出，想做好测试经理，需要掌握的知识和能力相当繁杂。简单讲，作为一个部门的测试经理，这些技能是必备的，否则便不能与其他人交流。

当然，作为一个部门测试经理，除以上的硬技能以外，有关测试经理的软技能的介绍并不多，以 PMCDF 项目经理能力发展框架为例，这个发展框架适用于测试经理的能力发展。该项目经理能力发展框架有 3 个维度：知识能力、个人能力和执行能力（见图 2-2）。

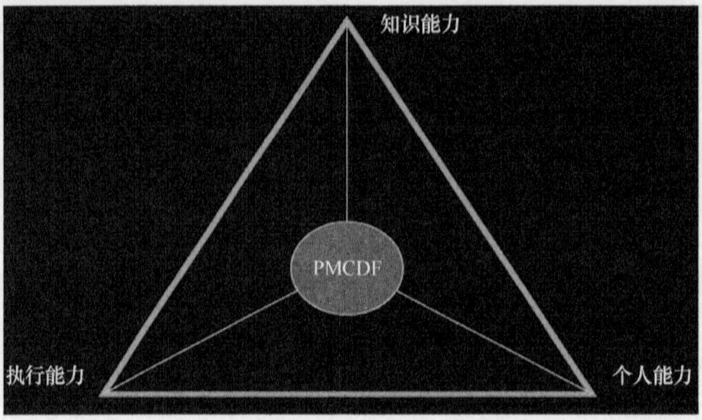

图 2-2 PMCDF 项目经理能力发展框架

1．知识能力

有没有学习并掌握项目经理的相关知识技能（是否获得 PMP 认证，是否获得其他同等认证）。

2．个人能力

项目经理在执行项目活动时的行为表现，包括其态度与个性特征等，是否有助于达成项目目标（可以通过对项目经理行为的评估而得以证实：自我评测、队友评测、专业评测和结果反馈）。

3．执行能力

在实际工作中，是否使用了项目管理知识技能，是否取得了期望的结果（对项目相关行为和结果进行评估：自我评测、队友评测、专家评测和结果反馈）。

2.1.3 如何平衡自己的管理和技术贡献

作为一个管理者，尤其是带有技术能力的管理者，很容易陷入团队管理和技能提升两方面如何平衡的泥潭，忽略技能的提升，要经过不断的调节，找到两者之间的平衡点。

（1）团队管理要学会“灰度”，学会授权。但是关键的影响项目效率或成败的一些工作内容，如设计评审和需求评审等过程，要留给自己去适当地处理，积极地参与，持续地跟进项目并编写和执行测试，避免掉队。

（2）每天给自己留出一个时间周期（前提是把其他事情处理完成，排除管理等干扰），比如用两个小时，独立验证与处理项目中的一些关键点，甚至是自己搭建测试环境，这样不仅能提高测试的效率，也不会让自己掉队，还能无缝地融入到项目中。

（3）最重要的，学会不断充电。要想成为管理者，必须要不断学习。

2.1.4 关心下属的工作

请永远记住一句话，没有做完的工作，也没有解决完的难题。作为测试人员，尤其是测试经理，我们会遇到各种各样的困难。最常见的就是项目多、时间紧，根本就做不完。不要把所有的事情铺开做，因为如果每件事情你都完成了 80%，其实最终还是没有完成，还不如把这些事情的难度与领导说清楚，根据实际情况划出优先级，保证某几件事情能够 100%完成，这样不仅能让项目出效果，也能让整个团队获得真正的成就感。

另外，学会做领头羊，指导下属如何工作，不仅要让他们知道做什么，也要让他们知道为什么这样做，只有这样，整个团队才能不断提升，而不是机械化地执行。至少我遇到过很多测试人员，他们拿到项目一上来就开始干，不明所以，写了很多测试用例，但不思考为什么要写这些，如何让这些测试用例为整体目标服务。如果你的团队还存在这样的问题，就请尽快改变吧。

2.2　招聘测试人员

招兵买马是测试团队能够发展的前提，但是，如何才能找到合适的测试人员则是一个技术活，而且非常难。因为我们一旦录用了不合适的人，就会为自己的错误决策吞下苦果。换句话说，测试经理需要持续不断地设法提升自己的面试能力，特别是在招聘到了一个不太合适的人之后，首先应该反省自身在面试过程中需要做哪些提升，而不是抱怨录用的员工有这样或那样的问题。

除考查面试者对公司的忠诚度、做事积极性、沟通能力、资历和学历等标准外，还要介绍一些面试人员的方法。

首先是面试题，很多求职者很讨厌面试题，但是我出的面试题可能与别人的不一样，具体题目如下所示。

一、基础能力题

1. 十六进制数字：22 转成十进制数字是________。

2. 软件就是程序。□对　　□错

3. 一个成功的测试是________。

   A. 发现错误码　　B. 发现了至今尚未发现的错误

   C. 没有发现错误码　　D. 证明发现不了错误

4. 作为一名合格的测试人员应具备哪些素质？

   A. 沟通能力　　B. 团队精神　　C. 洞察力　　D. 以上都是

5. 严重的软件缺陷的产生主要源自________。

   A. 需求　　B. 设计　　C. 编码　　D. 测试

6. 请列出常见性能测试工具，并简述其工作原理。

7. 下面________工具属于缺陷管理工具。

   A. ALM　　B. QC　　C. 禅道　　D. SVN

8. 现在有一台笔记本电脑，一个路由器，可以正常连接外网，半小时后，网络不通了，你怎么解决这个问题？

9. 请介绍几个当前社会上你认为最新的测试技术或概念。

二、逻辑分析题

1. 井盖为什么是圆的？

2. 如果你有无穷多的水，一个 3 升的提桶，一个 5 升的提桶，两只提桶形状上下都不均匀，问你如何才能准确称出 4 升的水？

3. 请从下面的数字中找出所有的 8338。

8383 8338 8883 8338 8333 3388 8383 3838 8338 8383 3388 8383 3838 8338

3838 3883 8338 3838 8338 3838 8338 8383 8383 3838 3838 8338 8383 8383

3883 8338 3838 8383 3838 8338 8338 3888 8383 8833 3838 8338 8383 8383

3388 3883 8338 8333 3388 3883 8338 3883 8338 3388 3388 3883 8338 8338

3883 8383 8333 3888 8833 8338 3883 8338 8338 8383 8338 8338 8338 8833

三、简答题

你认为软件开发与软件测试的异同点是什么？

四、职业发展意向

1. 你所希望进入的行业是________。

A. IT 行业　　B. 制造业　　C. 服务业

D. 金融业　　E. ________

2. 你希望在________职业岗位发展。

A. 行政　　B. 技术　　C. 管理

D. 销售　　E. ________

3. 除薪酬外，你在工作中最看重________。

A. 提高自己能力的机会　　B. 好的工作环境

C. 和谐的人际关系　　D. 工作的成就感

4. 你的职业倾向是________。

A. 希望在选定的方向一直干下去　　B. 希望尝试不同的方向，积累经验

C. 没有想过　　D. 根据环境的变化可以变化

5. 你期望第一年的薪资水平是________。

A. 2万～3万元　　B. 4万～6万元

C. 7万～8万元　　D. 8万元以上

6. 你希望3年后你的年薪能达到________。

A. 10万元以下　　B. 10万～20万元　　C. 20万～30万元

D. 30万～50万元　　E. 50万元以上

7. 你所希望的工作________挑战性。

A. 很有　　B. 较有　　C. 具有一般

D. 较无　　E. 无

以上面试题很特别，与技术相关的内容较少，大部分都是考察面试者的基本能力、逻辑能力与职业素质。因为我始终相信一点，人是可以培养的，而且任何一个人的技能，都不可能完全与面试的公司匹配，所以，我们要的是这个面试者的可塑性，而不完全是他现在的技能水平。

当然，在面试过程中，要学会提问题，这是一个测试经理应该具备的最基本的能力，下面我就列举一二。

1. 你来我公司的时候，有没有提前了解一下我公司的情况？

考察面试者的自我学习能力与对将要做的事情的把控能力，避免盲目性，提高可塑性。

2. 你最近3～5年的职业规划是什么？

考察面试者的职业发展方向是否与当前职位相符？从侧面看出其稳定性。

3. 请详细介绍一个你以前参与的项目，可以从做了什么、对你的帮助等内容介绍。

考察面试者在以往的测试工作中的能力提升方面，可以看出其工作深度。另外，通过其介绍过程，可以了解面试者的沟通与交流能力。

4. 工作过程中，是否曾主动总结过什么东西与他人分享？具体案例？

考察面试者的心态与学习能力，是否更容易融入团队。

5. 通常做测试时会碰到，提交的某个bug开发人员不认同你的观点？这时你怎么办？

考察面试者是否坚持自己的价值观？是否具备协调沟通处理问题能力。

6. 有没有看过什么测试书，具体是哪本？带给你的收获是？

考察面试者是否真正热爱测试职业，是否付出过努力。从中也可以看出这个测试人员是否上有进心？是否有求知心。

7. 某个项目上线后，出现问题，恰巧你是负责的，你如何应对这突如其来的事件？

考察面试者应对问题的压力，责任感，及处理问题的能力。

8. 你平时都有什么业余爱好？

考察面试者的性格特点。

9. 编写过什么测试资料，文档编写能力如何？

考察面试者的文字功底，尤其是测试人员，必须能够用文字表达自己的观点。

10. 你自己所期待加入的测试团队是什么样的？

考察面试者在以前测试团队中有哪些不协调？当然，最重要的是，也能提供给你一些信息，这个员工以后如何更好地管理与沟通！

以上就是招聘测试人员的一些方法，希望读者好好体会一下。当然，不是所有的方法都适用，对于不同的公司还要根据自己所属的环境来进行调整，目的只有一个，招到适合的可塑性高的测试人员。在招人的时候，建议多招一些能人，毕竟招聘名额有限。也许你会担心招的人太出色，自己的位置可能会受到威胁，其实这个大可不必担心，因为能者愈强，并且，某一方面非常出色的人，综合能力不一定强。作为管理者，能够驾驭能力强者才是真水平，至少你招聘的人，不具备你的管理水平。

2.3 组建测试团队

组建测试团队，这个话题非常大。比如如何制定部门规划与流程规范、如何制定 KPI、如何提升人员素质、如何打造团队文化和凝聚力、如何提高执行力等，本书其他章节都有介绍，在这里，只介绍一些其他章节没有涉及的内容。

工作初期，你一定要放下领导的架子，多参与测试任务。初做测试经理，肯定会遇到各种各样的困难：工作不受重视，被领导批评，这些都是常有的事，不过话说回来，觉得工作累，也说明你正在走上坡路。多带团队做一些重要的有挑战的项目，多通过一些具体工作来指导自己的下属，培养他们的思维和技能。说到底，选择一个团队，一是为了谋生，二是为了谋发展。发展有两个方面，一是职位的晋升，二是技能的提升。职位晋升不是那么容易，更多的人还是更看重技能的提升，特别是年轻的同事。

2.3.1　工作安排

（1）尽量避免并行工作，要教给下属如何进行工作分配，把看似并行的工作串在一起做，保证员工在一个时间段内只做一件事情。

（2）安排老带新，这样不仅能培养老员工的能力，也能让你空出时间做其他的事情。

（3）让新员工在测试新程序之前，先重新测试老程序或者是先进行老版本的回归测试。这样不仅使工作可控，也可以很好地锻炼新员工。

（4）自己也要跟员工一起工作，不要高高在上。

2.3.2　工作评估

（1）工作完成质量和效率如何。

（2）阅读其工作产出物。

（3）收集与其一起工作的开发或其他有关人员的意见。

（4）他卷入过什么争端，为什么，又是怎么做的。

（5）他在遵守诺言方面做的怎么样。

（6）他遗漏了什么类型的问题。

（7）他对其他测试员和程序员提供了什么类型的帮助，以提高他们的工作有效性和生产率。

（8）他在学习新技能吗？是否乐于分享自己的技术帮助同事提高。

（9）他在处理问题上的角度如何，是否从公司角度处理问题，处理过哪些？

通过这些了解，测试经理可以对下属的工作和所测项目的现状有更全面的认识，可以利用这些信息找出员工的强弱项，然后有针对性地培训和指导。

2.3.3　做一个激励型的领导

（1）不论你地位多高，都应该和他们在一起。

（2）当员工失职时，可以批评，但要马上认错，因为你是他领导，他的失职就是你的失职。

（3）尊重员工是保持员工队伍稳定的重要因素。

（4）员工加班时，多陪他们加班，让他们知道，你和他们是在一起的。

（5）不要把工作失误的责任推给他们，自己承担责任不会损失什么。

（6）不要在任何时候说下属坏话，包括能力的不肯定，其实都是熟能生巧，除非你承认你不是伯乐或者好领导。

（7）对他们的优秀特质进行鼓励，肯定他们的成绩，使他们得到激励和认可。

2.3.4 做好的教练与导师

（1）自己首先要成为专家。

（2）现场培训，现场教育。

（3）熟悉每套产品的情况，这是交流的前提。

（4）统一思想，统一目标，共同学习。

- 经常进行培训，提高员工能力。
- 互相学习、共同进步。

2.3.5 学会激励员工

（1）奖金激励——生存的需要。

（2）部门 PK、个人 PK——榜样的力量。

（3）成就激励——尊重的需要。

（4）负激励的重要性——激发斗志。

（5）要学会赞美员工——主动工作。

2.4 带好测试任务

以 2012 年亲身经历的项目为例，项目十分重要，公司直接任命我做项目的测试负责人（如果是一般项目，我会自己安排测试负责人，再指导监督测试负责人的工作），由此可见项目的重要程度，我亲自参与测试案例的设计与测试执行。

但是那个项目确实糟糕混乱，具体总结如下：

- 项目需求很大一部分不明确，模糊的项很多。
- 时间不足，包括研发与测试团队，项目紧，人手也不够。
- 没有需求评审会，没有详细与概要设计文档。
- 没有人知道项目最终成什么样，只知道想要的结果，就是中标。

这个项目很繁琐，但是，既然要做，就要好好做，不能总是抱怨。所以，我的工作思路基本上按照下面的方式进行：

1．必须重视沟通

既然项目需求不清晰，那就别不好意思不说，必须用实际行动来解决，那就是开会和讨论。

2．详细记录会议情况

我记录的会议模板如表 2-1 所示（表 2-1 仅是需求评审模板，其他模板由于篇幅限制，不在此列举）。

表 2-1　需求评审模板

评审时间		地点		评审方式	会议
评审组组长				编写人	
参加人员					
评审记录	1．软件的功能需求、性能需求、接口需求、数据需求、环境需求、可靠性需求、可维护性需求以及安全保密需求等是否正确、完整、一致、可验证和可跟踪，是否满足系统的功能和性能要求，是否已明确软件的质量要求？■是 □否 2．文档是否齐全，文档编制是否符合相应的标准或规范？■是 □否 3．需求规格说明书的编写是否按照标准模板来编写？■是 □否 4．每一个需求是否有定义能够通过预先定义的方法？例如检查，分析，演示或测试等。■是 □否 5．对于每一个需求的功能描述清楚，是否准确？■是 □否 6．需求规格书中是否有清楚准确描述外部接口？■是 □否 7．对于每一个需求的设计约束和属性描述清楚是否准确？■是 □否 8．需求规格说明书中描述的约束设计是否与研制任务书中的一致？如支持连接并发数等。■是 □否 9．保密性、安全性需求是否合理？■是 □否				

续表

<table>
<tr><td rowspan="3">评审结论</td><td>评审结论：</td></tr>
<tr><td>评审委员确认签字：</td></tr>
<tr><td>评审组长审批意见：
□合格 □基本合格，整改后不需要评审 □不合格，改后需重新评审
签字： 日期：</td></tr>
<tr><td rowspan="2">纠正预防
措施及验证</td><td>纠正预防措施：</td></tr>
<tr><td>□已修改 □未修改
验证人： 日期：</td></tr>
</table>

还有最重要的一点，会议开完之后，将邮件发给所有参会人员以及相关的领导，让所有人了解项目的进展情况。

3．根据确定的内容，写测试案例

先把确定的内容写出来，一点点地完善（项目的需求是不断变化的）。

4．日报反馈

特殊项目特殊对待，做好日报的工作（一般的项目不需要日报，周报或者月报就可以了，但是本项目特殊，还是日报更好）。做好及时反馈，每日发送测试日报，日报的内容如下。

- 今日测试的模块。
- 遇到的问题。
- 发现的 Bug。
- 明天需要做的事情。
- 意见与建议，需要哪些帮助。

注意，邮件除了发送给项目内部人员，也一定要抄送给相关的领导。发给领导的好处有如下几点。

- 自己力量小，别人都不当回事，可能会影响项目进度。
- 一定程度上给开发人员施加压力，让他们尽快修改 Bug。
- 体现出自己认真负责。
- 让领导知道项目进度，及时反馈，保证项目顺利进行。

如果大家依据以上方式来组建与管理团队，我相信一定会给大家带来一些帮助，并且少走一些弯路。

2.5　做好员工培训工作

计算机软件和硬件技术发展十分迅速，测试人员必须有足够的能力来适应这些变化。一方面，由于软件行业的不断发展及软件规模的不断扩大，客户对软件的质量要求越来越高。针对企业的网络应用环境，需要支持大量的用户和复杂的软硬件应用的环境，测试工作量越来越大。另一方面，测试工作本身是一门学问，它包含了众多的理论和实践。如果缺乏这些知识和经验，那么测试的深度和广度就不够，测试的质量就无法保证。从测试管理的角度来说，为了高效地实现测试工作的目标，需要不断地帮助测试人员进行知识的更新和技术能力的提升，还需要通过培训来提高每个测试人员的能力。

（1）综合考虑测试部门人员的测试技术情况，制订培训计划。

（2）培训内容主要包括软件测试技术、测试工具的使用、公司产品、部门工作流程、项目管理和软件测试配置管理，主要提高测试人员的技术水平。

（3）测试相关资料模板的制订，包括测试计划、测试方案、测试用例和测试报告模板等，主要是指导测试人员进行文档编写。

（4）测试人员能力要求。

1）技术知识：包括表达、交流、协调、管理、质量意识、过程方法和软件工程等。

2）测试技能及方法：包括测试基本概念及方法、测试工具及环境、专业测试标准、工作成绩评估和熟悉测试的产品所用到的技术，并掌握测试工具和方法等相关技术。

3）测试规划能力：包括将业务任务和技术任务相互独立、能够适应不同的测试项目、风险分析及防范、软件放行与接收准则的制订、测试目标及计划、测试计划和设计的评审方法等。

4）测试执行能力：包括有成熟的测试过程管理规范、测试数据、脚本、用例、测试比较及分析、缺陷记录及处理和自动化工具等。

5）测试分析和改进能力：包括测试度量、统计技术、测试报告、过程监测及持续改进。

（5）测试人员技能要求。

1）测试工具（性能测试工具、安全性测试工具和配置管理工具等）、测试自动化编程、编程语言、操作系统、网络、数据库及测试生存周期的技术技能。

2）测试过程：评审、制订和改进过程，指导工作，了解业务领域的发展。

3）任务安排、跟踪和报告，监管测试工程师，掌握测试周期使用的工具。

4）管理项目，与客户交流，管理测试人员。

5）项目或产品研发指导、促进产品销售、确定业务机会和承担盈亏责任。

（6）测试组织管理者的工作能力在很大程度上决定测试工作的成功与否，测试管理是很困难的，测试组织的管理者必须具备以下能力。

1）了解与评价软件测试政策、标准、过程、工具、培训和度量的能力。

2）领导一个测试组织的能力，该组织必须坚强有力、独立自主、办事规范且没有偏见。

3）吸引并留住杰出测试专业人才的能力。

4）领导、沟通、支持和控制的能力。

5）提出解决方案的能力。

6）控制测试时间、质量和成本的能力。

Chapter 3

第 3 章

高效测试团队的精气神

本章将分享一下我组建测试团队与提高团队技能的一些工作方法。希望把自己在这几年的一些感受与读者进行一次交流。

主要从以下 4 个方面与大家进行探讨。

3.1 部门文化

之所以要提出部门文化，是因为企业都有着自己的企业文化，它指引了每一个人员的前进方向。但是，企业文化不是每一个员工都能够完全吸收和领悟的，因为它的意义与精神是深远的，需要慢慢体会和融汇。在充分理解和领悟企业文化的大前提下，以企业文化为基础，提出测试部门（团队）的文化，它是以部门（团队）精神为思想基础和以狼性特质（我组建过的团队特质）为行动指南的统一。

在任何一家测试单位，不论这个测试团队只有一两个人，还是几十个人，都要有团队精神，就如同一个企业不能缺少企业文化一样。因为团队是一个整体的概念，它有别于一般的群体，是为一个共同的目标和为实现这个目标而走到一起的队伍，而群体则可以是有相同喜好或不同兴趣的人的聚集，不需要达成某种志向、形成某种意识。团队精神，简单来说就是大局意识、协作精神和服务精神的集中体现。团队精神的基础是尊重个人的兴趣和成就，核心是协同合作，最高境界是全体成员的向心力与凝聚力，反映的是个体利益和整体利益的统一，进而保证团队的高效率运转。

现在分享一下曾经组建过的一个测试团队的情况。

这个测试部的团队精神，总结起来就是：纳容、传承和创新。

（1）纳容。

- 容纳的原意：在固定的空间或范围内接受（人或事物）。
- 引申为部门精神（容纳变成纳容）：主动地去获取新事物或知识，并且变为自己的东西

（2）传承。

- 传递，承接，沿袭创新。一般指承接好的方面，有承上启下的意思。
- 引申为部门精神：互相承接对方好的方面，共同进步和发展。

（3）创新。

- 运用已知的信息，不断突破、发现或产生某种独特的新事物。

- 引申为部门精神：突破已知，产生新结果。

部门的精神用一句话来说明：每一个成员都需要主动地学习新的知识和技能，不断突破自己，推陈出新，互相帮助学习，为团队的整体利益和目标奋斗。

3.2 合乎发展的灰度管理

3.1 节介绍了部门文化，现在描绘一下部门管理的一些方法。部门管理其实很简单，只要大家把部门文化融会贯通，相互信任，不管用什么方法管理部门，大家都能相互合作共同进步，目标总能达成。而我所采用的，则近乎于灰度管理。这种方法听起来简单，但是如果使用不当，则会出现难以挽回的后果。灰度管理与授权有一些差别，灰度是一种管理方法，是一个过程，而授权则是对具体任务或事件的授予执行。

既然是灰度，主要目的就是要发挥所有团队成员的主观能动性，提高管理的效率和团队成员的进步速度以及团队凝聚力。作为管理者，需要做的就是适度管控（如图 3-1 所示）。这是灰度管理最难把握的，因为如果管控过严，就会打击成员的工作积极性，调动不起来他们的主观能动性带来的突破性创新或成果，与现在很多公司的任务分配制工作模式没有差别；但是如果管控过松，很可能由于成员的能力不够，不但调动不起来成员的主观能动性，还可能打击成员，并导致工作失败。

图 3-1 灰度管理

正是由于以上的种种原因，我采用灰度管理时特别小心，并且不断地向相关行业的前辈或朋友们学习，总结出了一套适用于本公司的灰度管理的方法，即灰度管控的原则与类型。

1. 管控的原则

- 3 个不放手（总体计划不放手、总结审核不放手和关键功能不放手）。
- 3 个原理（控制趋势原理、例外原理和直接控制原理）。

2. 管控的类型

- 前馈控制（风险识别与防范）。
- 现场控制（过程干预）。
- 反馈控制（事后总结）。

在以上方法的指导下，部门运行的效果还是比较显著的。对于上面提到的管控原则和各类把控，也越来越成熟。

3.3 个人与企业的目标调整

在个人目标与企业目标的问题上，我个人比较倾向于内心的选择，内心的选择很大程度上决定了个人对公司的忠诚度。即招聘员工时，着重确认其目标定位，如果目标定位大幅度偏离了公司目标，或者是很难与公司方向达成一致，则后期很难扭转，那么这个人技术能力再强，也不能录用，因为能与公司共同发展的人才很少，而我的原则就是找可以与公司同舟共济的人才，二者缺一不可。这样做的结果，不管是对其个人，还是对公司都是有利的。

但是实际上，没有任何一个人的发展目标与公司方向完全一致，提供一个解决办法，如图 3-2 所示。

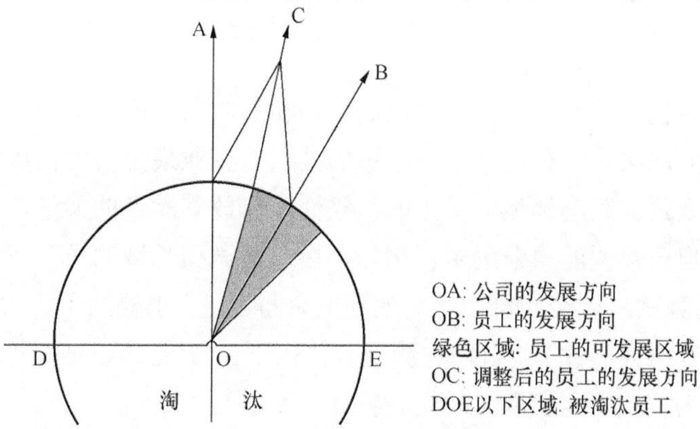

图 3-2　个人与企业目标

招聘员工时，要重视应聘者自己的规划（应聘者的专业能力也是考虑的主要因素），如果他的规划与公司方向相背离（DOE 区域以下），这样的应聘者不予考虑。

招聘完成之后的整个团队建设中，则需要使用 AOE 区域的方法。每个人都有自己的发展规划，可能就是绿色区域，但是一个团队要生存下去，必须要有团队的凝聚力，那就需要调整，即尽量让员工在 COB 区域中发展，因为只有这样，公司才会给出更多的资源和条件，同时也没有背离员工自己的发展区域。不断缩小 OC 与 OA 的距离，达到员工的发展规划与公司规划趋于一致的目标，这样，不仅员工发展潜力大，公司也会不断地发展壮大，因为目标是一致的，这是最主要的。

如何才能建设一支目标一致、凝聚力强的团队？我的答案是让员工有适当的时间做自己喜欢或擅长的事，但是要保证做的事情对公司的发展是有利的，并且是可以传承的。如图 3-3 所示，这是整个测试部的擅长域体系规划。

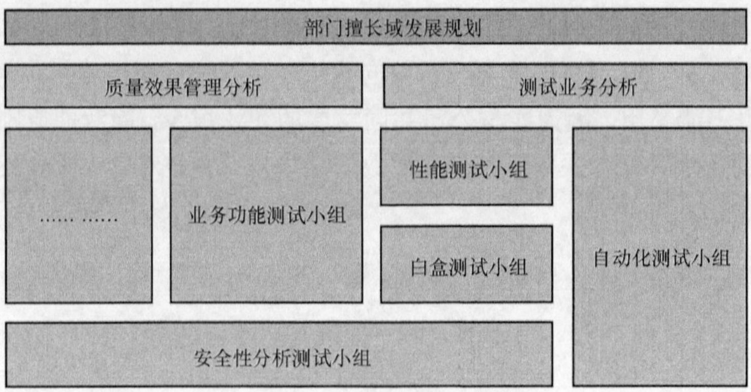

图 3-3 部门擅长域发展规划

每个员工都有自己的擅长域，由于是他们擅长和喜欢的，所以干得特别起劲，也提高了工作效率，做出来的成果也给公司带来了不小的效益。企业最主要的任务就是开发员工的潜能，管理员工就是要最大限度地调动员工的积极性，释放其潜藏的能量，让员工以极大的热情和创造力投身于自己热爱的事业之中。例如，白盒测试擅长域的员工研发出了自己的“自动化测试平台”，为测试与检验的自动化贡献了很大的力量，也提高了相关工作的效率；自动化测试擅长域的员工搭建了大型“自动化测试一体化平台”，能第一时间复现和组建用户现场暴露出来的问题，为解决问题赢取了时间。

给员工一个发展空间，员工会还公司一个美好的未来。相信有这些擅长域的存在，一个团队甚至是整个公司，会更加团结，都会朝着 OA 的方向发展。

3.4 为每个成员搭建一个发展愿景

在测试部，每个成员都有着自己的工作定位和发展目标，而作为部门的管理者，为每个员工提供良好的发展愿景，并且帮助他们朝自己的方向发展，是必做的一个工作。图 3-4 所示是我在 2012 年做的部门成员的发展规划。

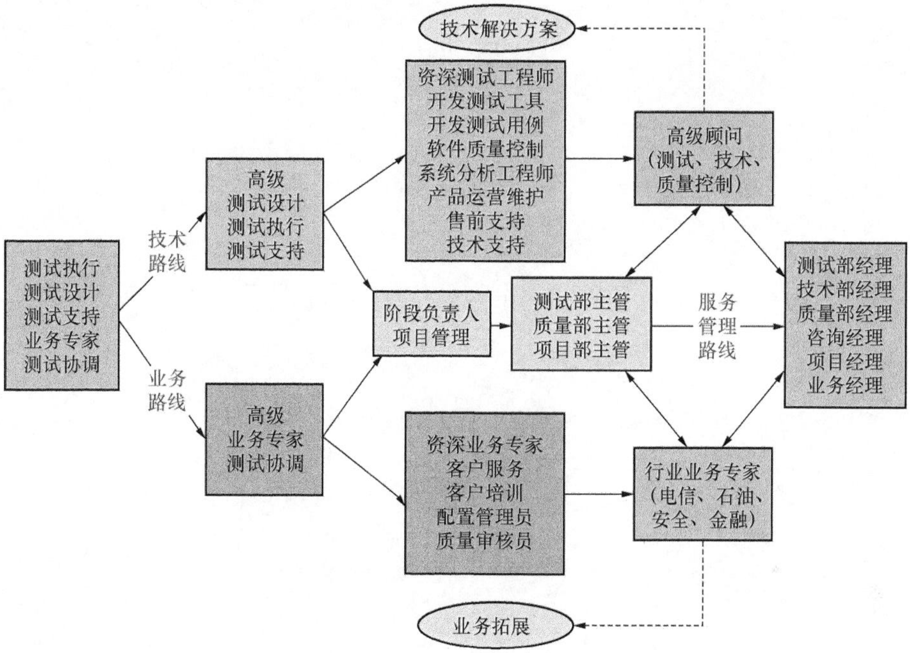

图 3-4 测试人员的发展规划

他们的发展方向也都跃然纸上。如图 3-4 所示，所有的技术人员都有着 3 个不同的发展路线，技术路线、业务路线和服务管理路线。

每个人都有自己的发展规划，部门需要做的，就是尽可能地帮助员工，多做与自己规划相关的工作。例如，有人想走业务路线的行业专家，那么在分配工作的时候，就让他多做一些与行业相关的深层次的工作；有人想做技术路线的售前工作，继而成为一个合格的部门经理，那么就让他多与用户交流，多了解售前工作。

3.5 结语

测试部的纳容、传承与创新的精神是一种看得见、感知得到的精神气息，表现为一种文化氛围和一种精神面貌。一个好的企业，首先应是一个团队。一个团队要有鲜明的团队精神，一种积极向上、朝气蓬勃和洋溢着时代气息的精神。

员工在这种精神的激励下发展自己，也促进企业。用灰度管理的方式鞭策每个员工不断前进，时刻保持员工与企业的发展方向一致，唤起他们对发展愿景的展望与实施，保证团队成员都能在公司的大舞台中朝着自己的方向发展。这样做的效果就是整个团队的每个员工忠诚于企业，也忠诚于自己，有很强的执行力与学习力。

Chapter 4

第 4 章 不得不说的测试规矩

大家都清楚，无规矩不成方圆。我现在要与大家分享的，就是软件测试的规矩，它包括软件测试的规章制度、测试的流程规范和测试人员的管理等内容。本章主要探讨软件测试流程的规矩内容。

4.1　认识测试流程

一个软件产品从形成概念开始，直到最后退出市场，整个过程可称为一个软件的生命周期。而软件测试则一直伴随在整个软件的生命周期中。

下面介绍软件测试“川模型”的全程软件测试流程，如图 4-1 所示。

该测试流程分为 3 个测试主线，从左到右依次是验收测试实施流程、需求级测试实施流程及业务级测试实施流程，具体区分意义在本书第 1 章中已做了详细介绍，在此不再说明。

4.2　解析测试流程的不同阶段

根据以上流程，把测试过程划分为 4 个重要阶段。

- 测试计划阶段：从流程开始一直到测试计划完成，为第一阶段。
- 测试设计阶段：在测试环境搭建之前，测试计划完成之后的阶段。
- 测试执行阶段：实际测试操作阶段，包括环境搭建、执行用例和缺陷汇报。
- 测试总结阶段：为测试活动的最后阶段，主要是缺陷分析、报告编写和项目结项。

4.2.1　测试计划阶段

该阶段从可行性分析开始，测试人员就需要介入其中，参与项目的前期讨论与决策，一是为了熟悉产品，二是为了给整个项目提供可测试性建议。

在这个过程中测试人员要完成“测试需求说明书”和“软件测试计划”等概要性和指导性资料的编写工作，然后与项目组成员一起进行评审，评审通过后才能进行下一步工作，否则，重新修订相关内容。

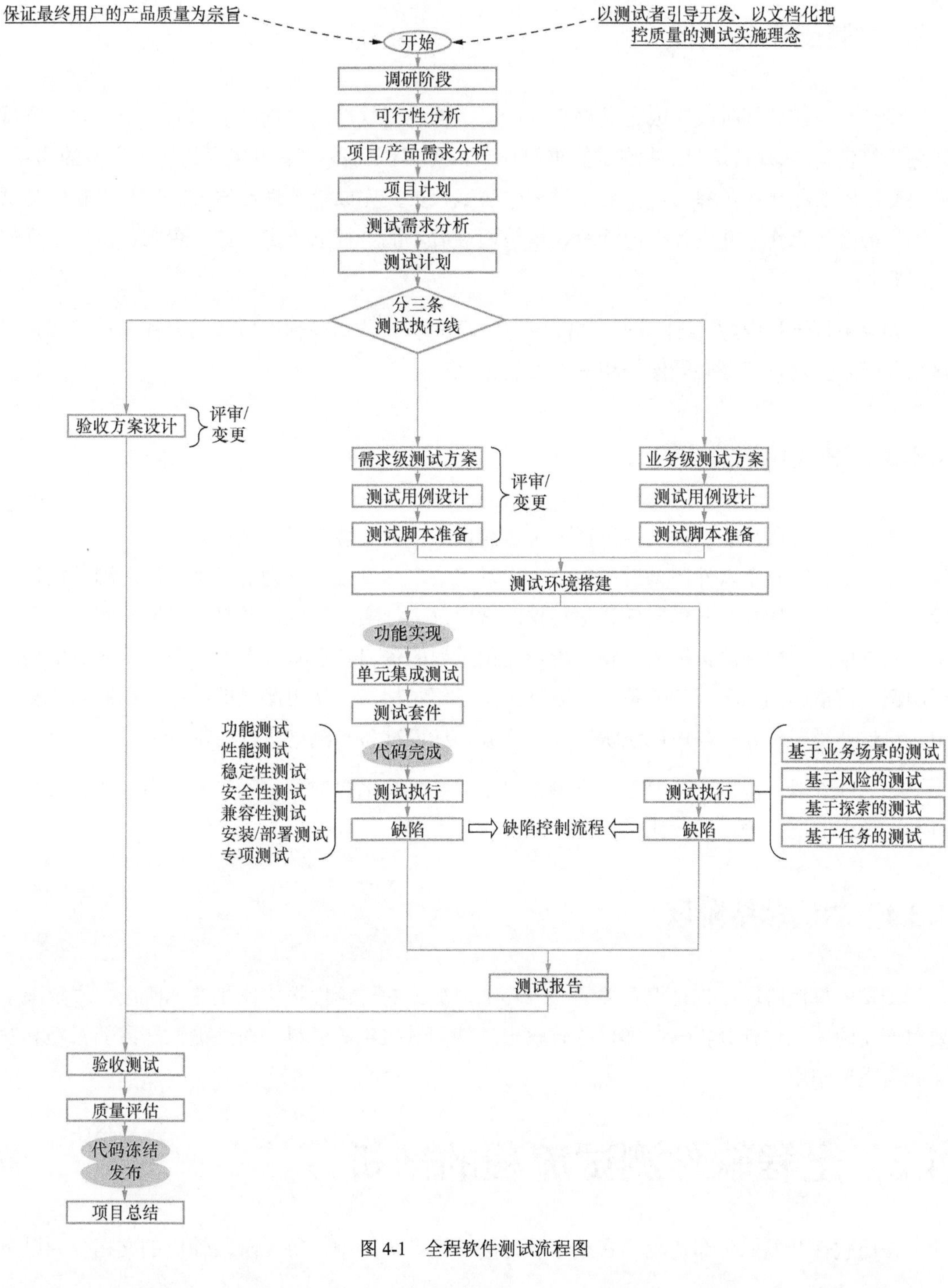

图 4-1 全程软件测试流程图

4.2.2　测试设计阶段

设计阶段在计划阶段完成之后进行，参考文档为“软件需求规格说明书”与“软件测试计划”等资料。该阶段是软件测试的重要环节，对测试的覆盖率和深度起着决定性的作用，需要有经验的测试人员参与，在这个过程中测试人员要完成“软件测试方案”与“软件测试用例”的编写工作，并进行组内评审，审核通过后才能进行下一步工作，否则，重新修订相关内容。

如果项目过程中，“软件需求规格说明书”等资料发生改变时，后续的软件测试类相关资料也要随之变化，但是必须做好相关的变更记录。

4.2.3　测试执行阶段

测试执行阶段从研发提交给测试人员被测试软件的安装包或升级包开始，一直到测试操作工作结束。在整个软件测试过程中，占用时间最多的阶段应该为前两个阶段，测试执行阶段占用时间相对较少。其主要任务是根据测试用例进行实际测试，并且实时输出测试结果，参考的文档是“软件测试用例”相关指导测试过程的资料。在测试之前，需测试人员依据测试用例提前搭建测试环境和准备测试数据，做好随时切入、切出测试的准备。在嵌入式测试中，测试环境要求较高，所以该阶段又可细分为环境准备与测试执行两部分。

在这个阶段，测试人员要随时把测试出来的产品缺陷提交到缺陷管理库中，并且根据项目测试迭代情况，输出迭代测试报告。

4.2.4　测试总结阶段

测试的最后阶段，也是很重要的一个环节，测试的结论性报告产生在本阶段。本阶段主要对产生的缺陷进行分析与归纳，并且输出软件测试报告等资料，对被测试产品能否顺利发布起着重要作用。

4.3　全程软件测试流程的剖析

按照软件开发的生命历程，在整个软件测试活动周期中，每个阶段输出的文档分为以下几类。

前期测试阶段输出资料：软件测试需求说明书与软件测试计划。

中期测试阶段输出资料：软件测试方案和软件测试用例。

后期测试阶段输出资料：软件测试报告、软件验收大纲和软件验收报告。

4.3.1 前期测试阶段我们该做什么

很多交付现场的软件，功能出现各种问题，甚至缺失某些功能，主要原因是需求分析有误。需求是整个开发过程中的核心部分，同样在需求分析阶段，测试需要把用户需求或产品需求转化与分解成详细的测试需求。

测试需求分析就是把产品需求和对用户的理解（用户体验）转化与分解成测试功能点。测试需求做得越详细准确，表明用户对所测软件的了解越深，对所要进行的测试任务越明确，从而就越有把握保证测试的质量与进度。

在全程软件测试的前期测试阶段，需要测试人员编写软件测试需求说明书，细化用户类需求、隐藏类需求（如行业标准）和继承类需求。然后根据测试需求制订整个过程的测试计划，说明各种测试阶段的任务、争议事项、质量目标、风险评估、人员分配、时间安排和工作规范等，并指明读者对象。

1．为什么测试需求在前期测试阶段输出

IEEE 软件工程术语表中对软件需求的定义如下。

（1）为了达到用户的测试目标，测试系统需要满足的条件或能力。

（2）为了满足合同、测试标准、规范或其他强制性要求，测试系统需要具备的条件和能力。

（3）对于（1）或（2）中条件或能力的清晰的、无二义性的表述。测试需求的好坏与整个测试过程紧密相关。

软件测试需求主要明确“测试什么”，明确被测试对象的测试内容。以软件开发需求为依据，细化开发需求，从而获取测试需求。测试需求是确定测试计划的依据。在软件研发过程中，测试需求力求详细明确，以避免遗漏与误解。

“测试需求”中的“测试”是指对软件需求本身的检查。测试需求分析越详细准确，说明对被测试软件了解越深入，测试策略越合理。在软件需求分析时，要确保软件需求的质量满

足以下特性。

（1）完整性：测试需求当中的每一项内容的描述都必须是清楚的，以便准确地获得所需要的必要信息。

（2）一致性：测试需求每一项内容描述与软件需求是一致的，不存在冗余的地方，并明确说明了每项内容之间的关系。

（3）可追溯性：从测试需求向上可追溯到软件需求规格说明书和概要设计，向下追踪到测试计划、测试方案和测试用例。

（4）清晰性：测试需求的描述是清晰的和无歧义的。

（5）正确性：正确反映了用户需求、软件特性以及测试任务。

（6）可行性：每一项测试需求在现有条件下都具备可测试性和可实施性，并且通过设计测试用例或其他的验证方法进行测试。

测试需求的重要性如下。

- 保证测试人员、项目经理和用户的测试目标一致。
- 定义测试对象和测试范围。
- 在有限的时间内做更有效的测试。
- 有效估计项目所需资源。
- 合理分配资源。
- 避免出现测试遗漏现象。
- 测试进度跟踪。
- 有效计算测试覆盖率。
- 若发现需求中不符合逻辑、存在疑问或不完善的地方，提前与用户确定清楚，节省变更时间和投入。
- 为编写测试计划或测试方案提供依据。

在进行测试需求分析时也存在一些风险，包括无最终使用用户参与、用户需求不断变化、存在不必要的特性以及一些模棱两可的需求。为了避免这些风险，接下来介绍测试需求分析方法。

软件测试需求分析方法如下。

（1）根据需求规格说明书，按照业务流或模块化与需求分析矩阵的方式进行逐项分析，并细化到每个小功能点。

（2）从质量要求出发进行分析，如从功能、性能、稳定性和安全性等各个质量要求出发，进行细化，找出相关的测试需求，增加覆盖率，提高软件质量。

（3）从用户角度进行分析，通过业务流程或模块化、业务数据和业务操作等分析，明确要验证的功能、数据和业务场景等内容，分析业务方面的测试需求。

（4）从技术角度分析，通过研究系统框架设计、代码实现设计和数据库设计等，分析其技术特点，了解设计和实现要求等方面分析测试需求。

（5）与市场竞争产品进行对比分析，明确测试重点，从而细化测试需求。

（6）从行业标准或规范方面进行分析，所实现的功能必须满足行业的标准。

（7）对本产品过去版本中的缺陷进行分析，发现缺陷分布，从而找出遗漏的测试需求。

（8）同用户交流，向用户提出有疑问的问题，了解用户使用软件的方式。

测试的目标就是验证软件能否满足用户需求，在制定的环境下能否正常使用。项目前期，确认软件的测试需求是非常重要的。测试需求不仅从系统角度去分析，还要考虑到所开发系统的综合要求，并确认这些需求的实现条件，以及需求应该达到的标准。这些需求包括功能需求（做什么）、性能需求（要达到什么指标）、环境需求（如机型与操作系统等）、可靠性需求（不发生故障的概率）、安全保密需求、用户界面需求、资源使用需求（软件运行时所需的内存和 CPU 等）、软件成本消耗与开发进度需求、预先估计以后系统可能达到的目标。

每个需求必须精确描述要交付的功能。正确性基于需求的来源，如真实的客户或高级别的系统需求说明书。在软件需求开发过程中，要关注功能、性能、安全性、可靠性以及可恢复性等需求之外，还要关注软件开发和运行的约束条件以及相关标准和规范要求。

2．如何写出合格的前期测试阶段的资料

在前期测试阶段输出的资料有软件测试需求说明书和软件测试计划等，接下来将重点介绍软件测试需求说明书的设计思路和方法。

软件测试需求说明书在需求分析阶段输出，软件需求规格说明书审核完成之后即进入测试需求分析阶段。编写软件测试需求说明书需要把软件需求转换成测试需求，测试需求说明书由经验丰富的测试人员进行编写，能分析出被测软件的所有测试项以及隐含的测试项。

软件测试需求说明书主要对系统的背景、系统的功能、设计和实现上的限制、假设和依赖、系统功能性需求、接口需求、安全性需求、系统质量需求、环境需求和完成标准等进行详细的分析说明。测试需求说明书一般是由经验丰富的对整个系统设计比较熟悉的测试人员（测试负责人）编写，详细的测试需求是衡量测试覆盖率的依据。

编写软件测试需求说明书主要依据如下。

- 软件需求规格说明。
- 用户需求。
- 软件研制任务书。

在一个软件项目的生产过程中，最关键的阶段就是需求的确定。为了写出合格的测试需求说明书，需测试人员真正了解用户需求，确保在有限的资源条件下每个需求是必须实现的。

编写软件测试需求说明书时，首先要了解系统背景和起源，系统大致实现的功能，然后要有针对性地进行需求分析。软件的需求一般包括功能性测试需求、非功能性测试需求（性能需求、接口需求、安全性需求和系统质量需求）、环境需求（硬件资源和软件资源）与人员需求。

（1）功能性测试需求

主要描述与软件相关的详细功能需求，是必须提交给用户的软件功能。

（2）非功能性测试需求

- 性能需求：主要描述软件性能需求，如软件响应时间、数据传输和转化处理需求、错误或故障处理等。
- 接口需求：包括硬件接口和软件接口。

硬件接口描述系统中软件和硬件每一个接口的特征，包括支持的硬件类型、软硬件之间交流的数据和控制信息的性质以及所使用的通信协议。

软件接口描述该产品与其他外部组件（由名字和版本识别）的连接，包括数据库、操作系统、工具、库和集成的商业组件；明确并描述在软件组件之间交换数据或消息的目的；描述所需要的服务以及内部组件通信的性质；确定将在组件之间共享的数据。软件接口需求包括如下两方面。

- 安全性需求：详尽陈述与系统安全性、完整性或与私人问题相关的需求，这些问题将会影响到产品的使用和产品所创建或使用的数据保护；定义用户身份确认或授权需求；明确产品必须满足的安全性或保密性策略。

- 系统质量需求：主要从软件的质量特性进行分析，说明软件需满足哪些质量特性。软件质量特性分为功能性、可靠性、易用性、效率、可维护性和可移植性等。

（3）环境需求：为了确保项目测试环境符合测试要求，减少严重影响测试结果的真实性和正确性风险。测试环境需求包括硬件资源和软件资源。

- 硬件资源：指测试必需的服务器、客户端和网络连接设备，以及打印机与扫描仪等辅助硬件设备所构成的环境，包括硬件资源的型号、CPU、内存和硬盘等。
- 软件资源：指被测软件运行时的操作系统、数据库及其他应用软件构成的环境，包括版本及补丁号。

（4）人员需求：主要对测试人员的要求进行说明，如测试人员具备的技能水平等。

一个完整的软件需求测试说明书包括内容有编写的目的、系统说明、遵循的标准和规范、系统功能需求、系统的非功能性需求、环境需求和完成标准等方面。

3．注意事项

（1）在进行详细需求分析过程时，要明确软件在设计和实现上的限制，如使用的技术、工具、编程语言、资源、开发规范和行业标准等。

（2）在进行需求分析时，一定要注意隐含的需求。例如：行业规则、业务规则、计算机领域的规范或习惯。

（3）在编写时每项需求都是明确的，不能有二义性。

（4）编写完成后需与项目组成员进行评审，评审通过后方可进行下一级段的工作。

（5）编写此类文档时一定要有指导性、可操作性。

（6）在编写测试计划时，一定要说明各种测试阶段的任务、争议事项、质量目标、风险评估、人员分配、时间安排和工作规范。

4.3.2 中期测试阶段我们该做什么

越来越多的软件企业涉及高质量及高可靠性软件项目的开发，作为软件质量控制和保证软件工程过程质量的最有效方法，软件测试在项目开发过程中的地位与日俱增。软件测试的总目标就是确保软件的质量。为了保证软件测试在整个开发周期顺利进行，并有效地保证软件质量，在全程软件测试过程中需要具有可行性的软件测试方案和用例来指导整个测试过程。

1．中期测试阶段测试资料

在全程软件测试过程中，中期测试阶段测试资料包括测试方案和测试用例。

在前期测试阶段，测试计划是测试过程中的纲领性文件，从组织管理的角度来对测试活动进行规划。

在中期测试阶段，测试方案用来指导测试人员快速并准确地设计出合格的测试资料，以便规划后期设计测试用例的范围和方法，从而提高测试团队的整体实力，保证被测试产品的质量。

如果说测试计划提出了“做什么”，那么测试方案则是明确了“怎么做”，即测试方案需要在测试计划的指导下进行，方案是对计划的进一步细化和明确。

测试计划描述了对整个测试过程的组织、测试范围和资源进行规定和约束，制订测试过程中各阶段的任务以及时间进度安排和风险分析。

测试计划是管理层面的，从组织管理的角度规划测试活动，而测试方案是技术层面的，从技术的角度规划测试活动。

测试方案描述需要测试的特性、测试的方法、测试环境的规划、测试工具的设计和选择、测试用例的设计方法以及测试代码的设计方案。这属于技术层面的文档，从技术的角度对测试活动进行规划。

测试计划是测试计划阶段的产物，而测试方案则是测试设计阶段的产物。然而有了测试计划和方案还是不能说明所测试内容的覆盖率，所以还需要对更细粒度的测试进行设计，那就是测试用例。

测试用例贯穿整个软件测试周期，是软件测试的核心。测试用例的设计和编写是软件测试活动中最重要的部分。

2．如何写出合格的中期测试阶段资料

在中期测试阶段输出的资料有软件测试方案和软件测试用例。接下来主要介绍如何设计高效的软件测试方案，指导测试人员快速而准确地设计出合格的测试资料，以便规划后期设计测试用例的范围、细粒度和测试方法，从而提高测试团队的整体实力，保证被测试产品的质量。

测试方案适用于软件生命周期的全过程，但是由于软件在每个阶段的成熟程度不一样，导致所编写测试方案的依据也不尽相同，但是主要依据可以归纳如下：

软件需求规格说明书（含接口需求规格说明），用户需求，软件研制合同。

测试方案在一般情况下由一位熟悉整个系统设计的测试设计人员（测试负责人）编写。从技术的角度考虑，测试方案是对测试活动进行的全部规划，包括测试工具的选择设计、测试用例的设计、测试数据的设计，甚至包括测试周期的设计。测试方案主要包括以下内容：背景说明、测试范围、测试依据、测试要求（测试技术和方法）、测试通过准则、测试环境、职责分工、测试安排以及测试提交文档。

在设计测试方案时要从软件特性进行考虑，对具体的软件测试项，根据软件测试合同（或项目计划）及软件测试项的重要性与完整性级别等要求，设计出被测试特性和不被测试特性。

- 被测试特性：按不同的测试阶段（如单元测试、集成测试、系统测试和性能测试）分别规定需要测试的特性，主要从功能性、性能、可靠性、使用性、可维护性和安全性等方面进行。
- 不被测试特性：按不同的测试阶段（如单元测试、集成测试、系统测试和性能测试）分别规定不需要测试的特性，例如，不考虑可移植性和高效性。

在软件测试过程中，应采用适当的测试方法，实现测试目标。功能测试和系统测试一般采用黑盒测试方法；集成测试一般主要采用黑盒测试方法，辅助以白盒或灰盒测试方法；单元测试一般采用白盒测试方法，辅助以黑盒测试方法；系统测试的后期一般可以加入自动化的测试方法。

在编写测试方案时，一定要明确各阶段通过的准则。一般情况下，根据合同需求或立项申请书，默认要求所有的功能项、性能项和其他测试项通过率均为 100%，如有特殊约定，可按有效约定执行测试。

测试环境的真实性，直接影响到测试执行的结果。所以在搭建测试环境时，一般应符合软件合同（或项目计划）的要求，通常为被测软件的实际运行环境或模拟运行环境。若选择仿真或模拟测试环境，应加以论证并获得批准。

测试环境一般是指在测试过程中用到的硬件资源、软件资源和测试数据。

- 硬件资源指测试必需的服务器、客户端和网络连接设备，以及打印机与扫描仪等辅助硬件设备所构成的环境。
- 软件资源指支撑测试所需的软件、测试工具及其版本。
- 测试数据指本次测试的基础数据。描述该数据的来源，数据是否真实，数据覆盖的时间范围。应对该数据进行标识和备份，以保证测试具有可重复性，在用户正式运行现场进行测试时，应避免将备份数据重新装入。

软件测试应由相对独立的人员进行。根据软件项目的规模等级和完整性级别以及测试类别，软件测试可由不同机构组织实施。

一般情况，软件测试的人员分为以下几类。

- 测试负责人，管理监督测试项目，提供技术指导，获取适当的测试资源，技术协调，负责测试项目的安全保密和质量管理。负责组织测试计划、用例和报告的评审。
- 软件测试开发工程师，设计自动化框架、自动化测试工具、测试脚本和代码测试。
- 测试分析员，生成测试计划、测试策略、测试方法、测试数据和测试报告。
- 测试设计人员，设计测试用例、确定测试用例的优先级和测试数据的设计。
- 测试执行人员，测试环境的搭建、测试用例的执行、缺陷的跟踪、测试结果的记录和汇总。
- 测试配置人员：设置、管理和维护测试配置，包括测试环境和测试资产。

注意：

在整个测试活动周期中，一个人可承担多个角色的工作，一个角色可由多个人承担。

由于测试工作的实际执行时间比较依赖于开发的进度或项目的调整，在测试工作的时间安排上，可以不规定各测试阶段的具体起始时间（有特殊要求时，需要规定具体时间），但是必须规定各测试阶段的相对起始时间或各个测试阶段的测试周期。

一个完整的测试方案包括声明、背景、测试依据、测试环境、测试项说明、测试策略、测试通过准则、职责分工、测试安排和测试提交文档等方面内容。

3．注意事项

（1）在编写测试计划时合理地评估出测试周期，以便测试人员更加充分地对软件进行测试。测试阶段时间评估方法如下。

1）计算需求文档的页数，得出系统测试用例的页数。

需求页数：系统测试用例页数≈1 : 1

2）由系统测试用例页数计算编写系统测试用例时间。

编写系统测试用例时间≈系统测试用例页数×1 小时

3）计算执行系统测试用例时间。

编写系统用例用时：执行系统测试用时≈1∶2

4）计算回归测试包含的时间。

系统测试用时：回归测试用时≈2∶1

（2）方案是在需求整理完成后和开发计划一起制订一份计划书。方案应由项目测试负责人（或测试组长），或具有丰富经验的测试人员来进行编写，并由测试人员来实施。

（3）测试计划和测试方案最大的区别是：测试计划中最重要的内容包括进度安排、人力、物力资源分配（包括组织结构等）、争议事项、质量目标、风险评估风险和规避措施。测试方案中最重要的是测试策略中使用的测试技术和方法。

（4）编写的测试计划和方案要具有可指导性。

4.3.3 如何做好后期测试阶段

1．后期测试阶段资料

在全程软件测试的后期阶段，是研发和测试交流最频繁的时期，测试人员根据测试计划的全程指导、使用测试方案中的测试技术和方法，按照测试用例对软件进行测试。在本阶段需要输出各类测试报告，如单元测试报告、集成测试报告、缺陷分析报告、软件测试总报告和软件验收报告等内容。

■ **测试报告**

测试报告是测试阶段最后的文档产品之一，包括产品质量和测试过程的评价以及测试结果。测试报告基于测试中的数据采集，对发现的问题和缺陷进行分析，对软件产品质量准确评估，为纠正软件的质量问题提供依据，同时为软件验收和交付打下基础。

测试报告提供给项目组研发人员、中层、高层管理者、客户或其他的预期读者。特殊情况要制订特殊的报告。

编写测试报告的目的如下。

- 通过对测试结果的分析，得到对软件质量的评价。
- 分析测试的过程，包括产品、资源和信息等，为以后制订软件测试计划提供参考。

- 评估测试，测试执行和测试计划是否符合。
- 分析系统存在的缺陷，为修复和预防 Bug 提供建议。
- 总结和分析每个测试阶段的工作状态和存在问题。
- 帮助小组成员了解当前项目进度和发现，并解决现阶段存在问题，推动下一阶段工作的顺利开展。
- 测试报告在项目版本发布前进行编写，它反映了整个项目的测试情况，是版本发布的依据。

■ **验收报告**

验收测试是验证软件的功能、性能、稳定性以及其他的可移植性、兼容性与错误恢复能力等是否满足用户需求的一次测试。在验收测试之前需要制定验收测试的方案，规定验收测试的内容和进度。验收结束之后提供验收报告以便软件的交付。

提供验收报告的目的：为软件交付提供依据。在真实的用户（或称系统）工作环境下验证完整的软件系统是否满足软件开发技术合同（或软件需求规格说明）规定的要求，并记录用户在验收过程中的真实结果。其结论是软件的需求方确定是否接收该软件的主要依据。

2．如何写好最后阶段的测试资料

本节以测试报告为例讲解如何写好最后阶段的测试资料。测试报告是对整个测试项目进行的总结，并对测试结果进行的分析。编写测试报告的主要依据可以归纳如下。

- 用户需求（系统与子系统设计说明和软件开发计划等）。
- 详细设计说明。
- 概要设计说明。
- 软件需求规格说明书。
- 软件测试计划。
- 软件测试用例。
- 软件分析报告。
- 软件缺陷记录。

测试报告一般情况下是由测试分析员（测试负责人）编写，对测试整个过程进行分析，对测试结果进行总结，得出测试结论。在编写测试报告时，一定要准确说明使用的硬件资源、软件资源和测试环境，原因是测试环境与实际运行环境有一定区别，有些问题在测试环境中没有体现，但是到用户实际环境中，可能会出现。

在编写测试报告时，以下几个方面需重点编写。

测试过程分析： 根据测试计划或测试方案中的测试策略进行测试过程分析，列出每个测试项的测试结果，以及在该测试项发现的重点 Bug。

测试结果分析： 主要描述本次测试的覆盖率和缺陷汇总分析。覆盖率分析包括需求覆盖率和测试用例覆盖率，避免出现遗漏的测试项以及测试用例的情况。缺陷汇总分析主要涉及被测试系统的质量，这部分成为开发人员和质量人员重点关注的部分。测试人员主要从严重程度、缺陷类型和功能分布这几点对缺陷进行汇总，并以饼状图或柱状图的方式呈现出 Bug 的分布。

测试问题汇总： 根据测试过程分析的测试情况，总结本次所有的测试项和每项功能点的测试结果。

差异： 主要描述被测试系统实现的功能与需求是否存在差异。测试过程中使用的测试环境和测试资源与测试计划的差异，测试结果与测试目标的差异，以及差异带来的影响和风险。

测试总结和评价： 通过对测试结果的分析提出关于软件能力的全面分析，需标明遗留缺陷、局限性和软件的约束限制等，并提出软件测试过程中程序存在的不足之处。根据测试标准及测试结果，综合评价被测试的软件是否已达到预定目标，最后分析产品能否提交给客户进行验收。

建议： 对系统存在问题的说明，描述测试所揭露的软件缺陷和不足，以及可能给软件实施和运行带来的影响；可能存在的潜在缺陷和后续工作；对缺陷修改和产品设计的建议；对过程改进方面的建议。

一个合格的测试报告主要包括以下内容：声明、背景说明、适用范围、测试环境、测试范围说明、测试过程分析、测试结果分析、测试问题汇总以及差异、测试总结、评价与建议等方面。

3. 注意事项

（1）测试报告主要对软件整个测试过程进行汇总和分析，包括单元测试、集成测试和系统测试等每个阶段。

（2）验收报告主要对软件合同或软件需求规格说明书的技术指标进行验证。

（3）在编写测试报告时，一定要真实记录测试过程使用的软件资源、硬件资源和测试环境。

（4）在编写测试报告时，要如实汇报测试结果。

（5）在编写测试报告时，要说明测试前版本、测试的版本以及本测试程序的 MD5 值。

4.4 测试配置管理，不朽的话题

为了在有限的时间内、人和环境下发现软件中潜藏的各种缺陷，仅仅靠投入更多的人力、物力以及其他各种资源不是做好软件测试的最好方法。为了更好地进行软件测试，我们应该对测试人员、测试环境和生产环境进行配置管理。据实际调查，软件缺少配置管理将会带来严重的后果，在软件测试时遇到很多问题，如文件频繁流动和测试环境变动较大等问题。如果没有设计配置管理流程和使用必要的配置管理工具，那么可能就会造成不可估量的损失，甚至导致整个软件项目的瘫痪。既然软件测试配置管理如此重要，那么该如何实现软件测试配置管理的目标？

实现软件测试配置管理目标的步骤如下。

（1）在测试过程中控制和审计测试活动的变更。

（2）在测试过程中根据测试项目的里程碑，同步建立相应的基线。

（3）在测试过程中记录，并且跟踪测试活动过程中的变更请求。

（4）在测试过程中针对相应的软件测试活动或者产品，测试人员应将他们标识为被测试和控制，并且是可用的。

以上目标是在设定的限制条件下，尽可能发现和排除软件缺陷。软件测试配置管理是软件配置管理的子集，作用于测试的各个阶段。其管理对象为测试阶段输出的文档类、测试工具及环境、测试过程记录和缺陷。

对整个测试阶段实施配置管理时，需测试人员按照测试流程执行，具体执行的承诺如下所示。

（1）每个测试项目的配制管理责任明确。

（2）配置管理贯穿项目的整个测试活动。

（3）配置管理应用于所有的测试配置项，包括支持工具。

（4）建立缺陷库和受控库。

（5）定期评审基线库内容和测试配置项活动。

根据上述描述的配置管理的目标和测试流程的执行承诺，需制订软件测试控制程序来控制整个测试阶段，规范测试配置管理。软件测试控制程序规范了测试和研发的交互过程，在每个阶段要求输出相关的测试资料，如测试计划、测试方案、测试用例和测试报告等。测试配置管理主要指对各种配置库的架构和人员职责等规定相关内容的规范，如缺陷库和受控库架构的制定、缺陷生命流程规定等。

1. 软件配置管理过程中主要涉及的角色和分工

■ **项目经理**（Project Manager，PM）

项目经理是整个软件研发活动的负责人，他根据软件配置控制委员会的建议批准配置管理的各项活动并控制它们的进程。其具体职责为以下几项。

- 制订和修改项目的组织结构和配置管理策略。
- 批准和发布配置管理计划。
- 决定项目起始基线和开发阶段。
- 接受并审阅配置控制委员会的报告。

■ **配置控制委员会**（Configuration Control Board，CCB）

负责指导和控制配置管理的各项具体活动的进行，为项目经理的决策提供建议。其具体职责为以下几项。

- 定制开发子系统。
- 定制访问控制。
- 制订常用策略。
- 建立和更改基线的设置，审核变更申请。
- 根据配置管理员的报告决定相应的对策。

■ **配置管理员**（Configuration Management Officer，CMO）

根据配置管理计划执行各项管理任务，定期向 CCB 提交报告，并列席 CCB 的例会。其具体职责为以下几项。

- 软件配置管理工具的日常管理与维护。
- 提交配置管理计划。
- 各配置项的管理与维护。
- 执行版本控制和变更控制方案。
- 完成配置审计并提交报告。
- 对开发人员进行相关的培训。
- 识别软件开发过程中存在的问题并拟定解决方案。

■ **系统集成员**（System Integration Officer，SIO）

系统集成员负责生成和管理项目的内部和外部发布版本，其具体职责为以下几项。

- 集成修改。
- 构建系统。
- 完成对版本的日常维护。
- 建立外部发布版本。

■ **开发人员**（Developer，DEV）

开发人员的职责就是根据组织确定的软件配置管理计划和相关规定，按照软件配置管理工具的使用模型来完成开发任务。

2．软件测试配置管理过程概述

一个软件从出现一个构思之日起，直到最后决定停止使用之时止，包括可行性与计划研究、需求分析、设计、编码、测试、运行与维护等阶段，我们称之为软件生命周期。我们把软件开发和维护及相关产品（如项目计划、文档、代码和手册等）的一套行为、方法、实践及变换过程称为软件过程，软件过程是软件生存周期的框架。

软件测试和软件开发一样，都有一个过程，测试过程的管理显得尤为重要，过程管理已成为测试成功的重要保证。测试过程同样需要规定测试活动的流程和方法，为软件测试管理工作提供指导作用。

测试过程是软件过程的组成部分，明确自己的软件过程，才能明确自己的测试过程。所以在测试过程中应遵循以下理念。

（1）尽早测试。

测试人员早期参与软件项目，及时开展测试的准备工作，包括制订测试计划、制订测试方案以及编写测试用例，尽早地开展测试执行工作。

（2）全面测试。

① 对产品进行全面的测试，包括需求、设计文档、代码和用户文档等。

② 软件开发及测试人员（有时包括用户）全面地参与到测试工作中。

（3）全过程测试。

① 测试人员要充分关注开发过程，对开发过程的各种变化及时做出响应。

② 测试人员要对测试的全过程进行全程的跟踪。

（4）独立的与迭代的测试。

在遵循尽早测试、全面测试和全过程测试理念的同时，应当将测试过程从开发过程中独立出来，作为一个独立的过程进行管理。时刻把握独立的与迭代的测试理念，减少因开发模型的繁杂给测试管理工作带来的不便。对于软件过程中不同阶段的产品和不同的测试类型，只要测试准备工作就绪，就可以及时开展测试工作，把握产品质量。

Chapter 5

第5章 用脑图高效地设计测试案例

随着软件测试行业在我国的不断发展，测试的思路与技能也越来越成熟。根据现在软件产业发展的趋势，软件测试的理论体系也濒临转型或者是在被迫转型中。在这几年的时间，敏捷开发、大数据、互联网+、云计算等词汇与技术在软件行业不断提升，也在不断完善。在这种外力的推动下，越来越多的测试人员发现，现在的用例编写方法或模式已经很难适应这种高复杂度的软件项目或者项目本身的快节奏。为了适应发展的需要，结合作者在实际工作过程中的探索和实践，本章将介绍一种新的分析和设计测试用例的思路，基于思维导图实现测试的设计和分析。

5.1 先谈谈常规测试用例设计的问题

我们所熟知的传统黑盒测试用例编写起来比较繁杂，在大型信息系统产品、快节奏的迭代项目、敏捷项目与耦合度高的产品中，传统的用例编写方法明显滞后或带来较多冗余的工作量，使测试设计人员过度关注用例步骤的编写、修改与再修改，甚至根据现有测试用例的设计原则，若要保证唯一性与可追溯性，就会出现同一条测试用例，经过多人执行而永远得到相同的结果，这让人不得不想到另一个具有挑战性的词汇：自动化测试。这种传统的用例设计方式，一次编写，多人运行相同结果，没有思考的过程，严重阻碍了测试执行人员或者是相关人员的创新意识，并且加大了他们的工作量。

总结起来，大概存在下列几个问题。

（1）测试用例里面写死了数据和业务步骤。

不同测试人员都按照具体步骤来测试，就好比车载导航，变成“导航测试”，如果需要测试其他路径和其他业务时，有些测试人员就再复制一个用例出来，稍微改一个数据，造成用例泛滥。

（2）测试用例依然没有思考的过程。

负责第一次编写的测试人员与负责执行的测试人员，没有再继续跟开发有交互测试过程，更没有深入的思考，而是按照用例执行，这种效果等于是走过场。

（3）遇到十几个，甚至几十个步骤的功能，用例编写耗时。

例如：测试某款产品，通过浏览器正确登录到管理界面。这些其实是不必要展示的步骤，做测试就要熟悉业务，测试人员应当更加关注的是开发是否做了正确的功能，功能是否做了正确的事情，因为测试人员的时间是有限的，不要陷入过份的步骤细节里面去深究，要把重点思路放在运用哪些测试方法、如何组合更加有效且覆盖率更高的测试场景中。

基于以上的问题分析，提出了基于思维导图做测试的设计和分析的思路与方法。在测试中，使用思维导图从分析和设计入手，对需求和产品功能进行测试分析，这种方式很好地解决了传统测试用例设计和分析方面的问题。在介绍基于思维导图实现测试设计和分析之前，一起来认识一下思维导图。

思维导图是有效的思维模式，应用于记忆、学习和思考等思维“地图”，利于大脑的扩散思维的展开。思维导图与人类大脑的放射性思考的方式类似，每一种进入大脑的资料，不论是感觉、记忆或是想法（文字、数字、符号、气味、线条、颜色和节奏等），都可以成为一个思考的中心，并由此中心向外发散出成千上万的节点，每一个节点代表与中心主题的一个连接，每一个连接又可以成为另一个中心主题，再向外继续扩散，呈现出放射性立体结构，如图 5-1 所示。

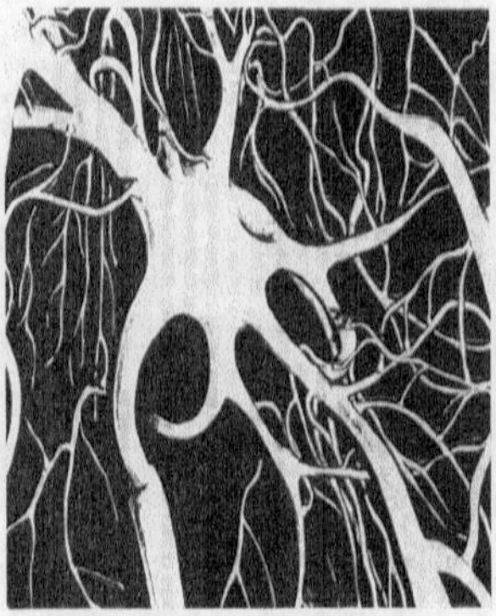

图 5-1　放射性结构示意图

1．思维导图的特点

- 类似于大脑神经元网络分布的图形，让大脑掌握整体内在的联系，同时使一个想法很快而深刻的产生。
- 使用大脑喜欢的思考方式，思维导图是多色彩的，因为大脑不喜欢一种单调的颜色，它喜欢多彩地思考。
- 强调左右脑的协作，在清晰整理自己思维的过程中，尽量使用形象的图，愈生动活泼愈好，使用容易辨识的符号。单一的文字并不是大脑自然适应的思考方式。
- 强调以立体方式思考，将彼此间的关系显示出来。如某产品有新需求时，可在分支上继续编辑。
- 具有强烈的个人色彩，在基本原则相同的前提下，每个人绘制的思维导图具有强烈的个人色彩。

2．思维导图的优势

- 使用思维导图进行学习，可以迅速提高学习的效率，增进理解和记忆力。
- 把学习的主要精力集中在关键的知识点上。
- 增强使用者的立体思维能力（思维的层次性与联想性）。
- 思维导图顺应了大脑的自然思维模式，具有很强的可伸缩性。
- 增强使用者的总体规划能力。
- 思维导图极大地激发了我们的右脑，发挥大脑的整体功能。

在测试中引入思维导图能够提高测试人员对于需求和产品的学习和理解，通过使用思维导图进行测试需求分析和产品测试分析，分析结果具有很强的条理性，并能增强测试人员对产品的理解程度和整体的把控能力。思维导图的引入和使用过程也不是一帆风顺的，会遇到各种各样的问题，比如某测试人员设计的用例只有自己能够看明白，其他同事很难看懂。下面对如何进行基于思维导图的测试设计和分析以及常见的问题进行说明。

5.2 脑图的设计模式

在使用思维导图进行用例设计的实践中，首先需要分离出来两个中心，分别是“需求分析”和“模块用例分析”，如图 5-2 所示。

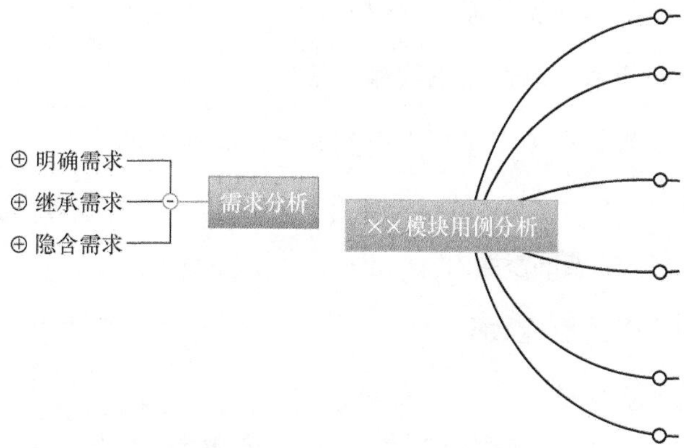

图 5-2 思维导图的“两个中心”

下面分别从需求分析和模块用例分析进行说明。

5.2.1 如何做需求分析

首先探讨一下需求分析的思维导图设计思路。基于思维导图的需求分析分为明确需求、继承需求和隐含需求。

1. 需求分析内容设计

对于明确需求，主要参考指标总结如下几点。

- 软件开发合同。
- 项目开发计划。

- 系统与子系统设计文档。
- 软件需求规格说明书（含接口需求规格说明）。
- 用户需求说明书。
- 软件设计说明。

对于继承需求，主要是该项目或产品的上游内容已有需求或指标，而这一块儿往往是最容易忽略的地方，所以单独拿出来统计分析。正如在做该项目之前，已经有过一个版本存在，并经过了大量的测试与实践，也进行了各种修改以及需求的完善。那么在设计本项目需求分析属性时，就应该继承上一版本的可用需求或指标，避免只是针对本项目的明确需求，而忘记继承需求，导致分析不到位，项目质量不过关。所以，对于继承需求的参考指标，总结如下几点。

- 相关产品或上一版本的软件需求说明书。
- 相关产品或上一版本的测试需求或测试报告。
- 相关产品或上一版本在使用过程中遇到并且需要解决的问题汇总。

隐含需求的指标需要十分有经验的测试设计人员的思考，要对项目或产品非常熟悉，甚至对该产品所属行业清晰明了。其主要的参考内容如下：

- 有关产品使用场景的梳理数据。
- 该产品相关的行业标准。
- 非专业人士不清楚的特性指标（如六性要求和稳定性要求）。

2. 实际案例分析

为了说明如何使用思维导图，以路由器的测试为例，如图5-3所示。

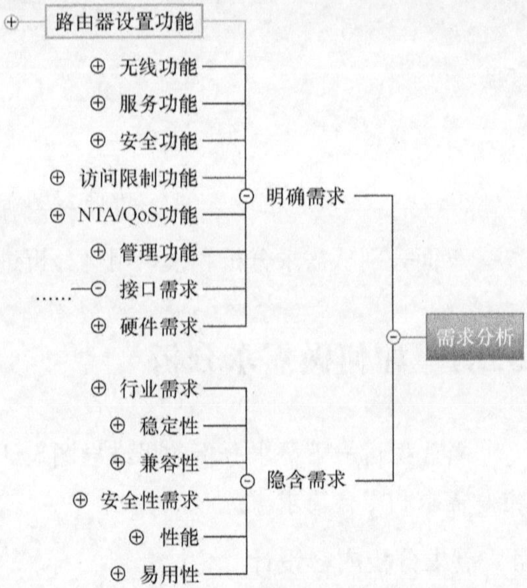

图5-3 需求分析结果

这时，将每一个需求点进行详细的划分，得出最终产品的详细需求，如图5-4所示。

图5-4是经过需求分析后的最终的需求分析思维导图。需求分析思维导图与产品需求列表清单项对应，保证产品的需求一个不漏。在测试用例需求分析方面，只有全面考虑到明确需求、继承需求和隐含需求，才能为产品的质量打下一个好的基础。

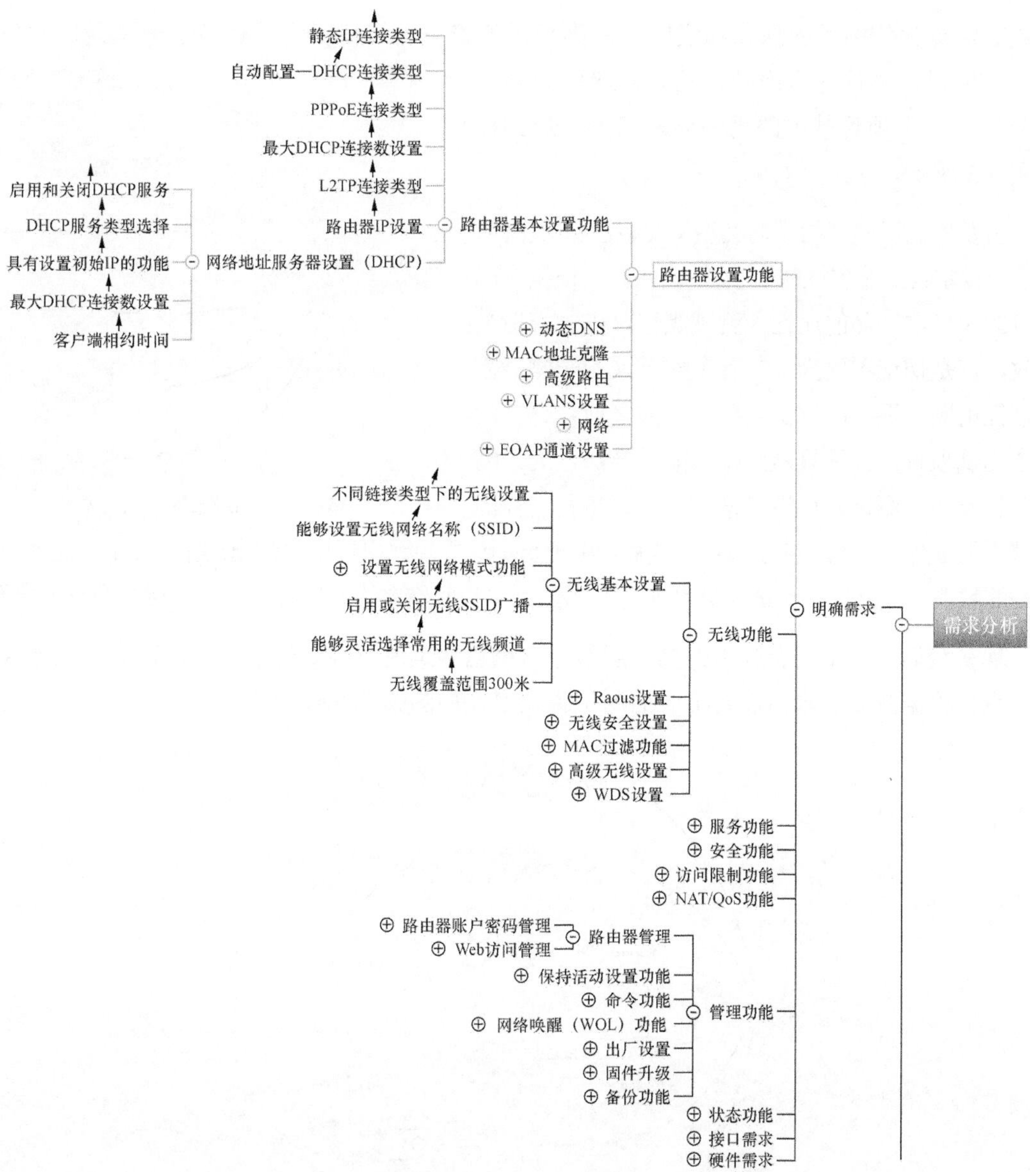

图 5-4 路由器需求细分

5.2.2 案例设计方法

1．模块测试用例分析和设计

为了保证用例设计的完整性和高效性，采取的基本思想也是从点到面的思维导图的探索方式。经过我们的不断探索和实践，思维导图的第一层级使用测试类型划分是最理想和高效的，所以，不论什么产品，第一层级的内容大体一致，一个项目基本的用例分析第一层级结构如图 5-5 所示。

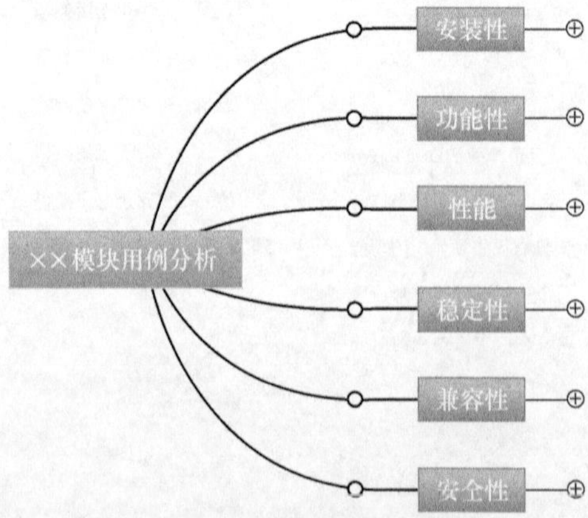

图 5-5 模块用例分析的测试类型

主要考虑了测试的不同类型（安装性、功能性、性能、稳定性、兼容性和安全性），当然，根据实际项目的规模或产品的属性，测试类型可以进行适当修改，但是切记不要为了节省工作量或利于测试而非理性地删除重要的测试类型。正如之前我遇到的一个测试项目，由于只是进行功能的升级，为了缩短项目周期，测试人员没有据理力争，将稳定性的测试类型进行了删减，结果项目上线后，由于长期运行导致出现内存溢出的重大 Bug，这是一次深刻的教训。从此以后测试人员对项目的测试类型和风险评估尤其看重，这在后文会有所提及。

现在我们说一下用例分析的第二层级，这里主要是使用测试的语言把项目的需求点改成测试点，根据测试要求，放到不同的测试类型中，如图 5-6 所示。

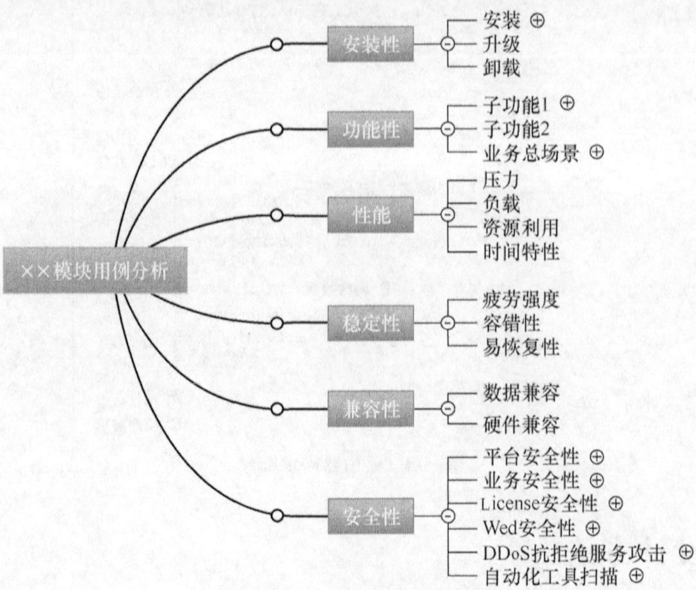

图 5-6 不同测试类型的内容

在本章中，由于只是探讨如何使用思维导图做测试用例分析，所以不对图 5-6 做过多说明，以上是我们在项目中不断探索得出的经验。

我们把重点放到功能性测试设计上，将功能性再进行系统的划分，得出划分架构如图 5-7 所示。

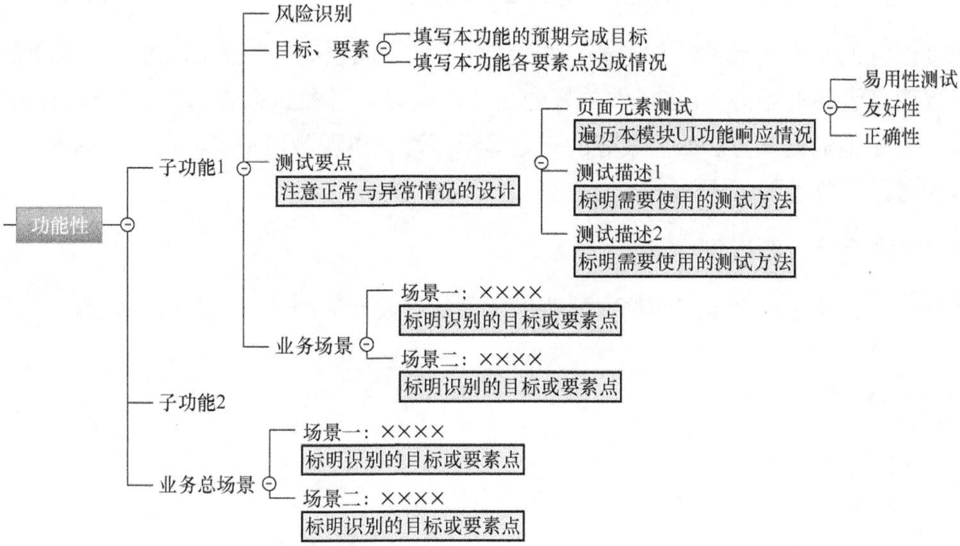

图 5-7 功能项测试分析

对于每一个子功能，都需要依据以下 4 个方面进行编写。

（1）风险识别：任何项目都会有风险，那么我们应该提前想到各种可能的风险，然后想办法去识别、解决或避免它。在一开始使用思维导图设计用例时，如果没有识别到风险，也不应该把该子项删除，而是保留，因为这样可以时刻提醒测试人员要有风险意识。另外，使用思维导图设计用例的出发点就是要让每一个人思考，以思考作为测试的一个基准点，可以更好地提高测试质量。

（2）目标与要素：此处主要是填写该子功能要达成的目标，或者是为了达成目标要解决的问题以及前提条件。如果该子功能是由多个更小的模块组成，还要写清楚模块的情况，便于接下来设计测试用例，提供测试依据，避免遗漏。

（3）测试要点：这里是设计测试用例的主要属性，要对每一个测试要点进行设计测试，但是不要求设计人员把测试步骤写得太过详细，甚至可以不写测试步骤，需要写的只是描述，需要说清楚要验证什么和测试什么，具体的就由测试执行人员进行。但是，为了避免测试遗漏，在测试描述中，需要写清楚测试项所采用的测试方法，例如基本的边界值或者等价类的设计方式，然后还要描述清楚该模块在正常执行和异常执行下不同的结果反馈。

（4）业务场景：此处是对功能点的一个贯穿，使用场景法进行测试设计。尽可能设计少的业务场景把该功能的所有需求点都涵盖进去，保证基本的业务流是可靠且可用的。同时，整个功能性测试设计层级中，有一个“业务总场景”，目的就是把被测试产品的整个业务线连起来，做一次较全面的测试。场景的数量尽量少，但是要精练，把各个要素与节点都包含进去。

需要注意的是，以上所有的测试描述，尽量写事实或预期，不要出现过多的步骤和“死”点（需求明确说明的除外），这样做的好处是让测试设计者和执行者都能充分理解测试的内容，并且给予他们测试方法或要素等的充足提示，避免出现测试不全，也可杜绝本应让自动化工具执行的重复性的工作。

2．测试用例设计分析案例

根据以上方法，结合本书实例中的路由器项目与设计的测试用例分析，如图 5-8 所示。

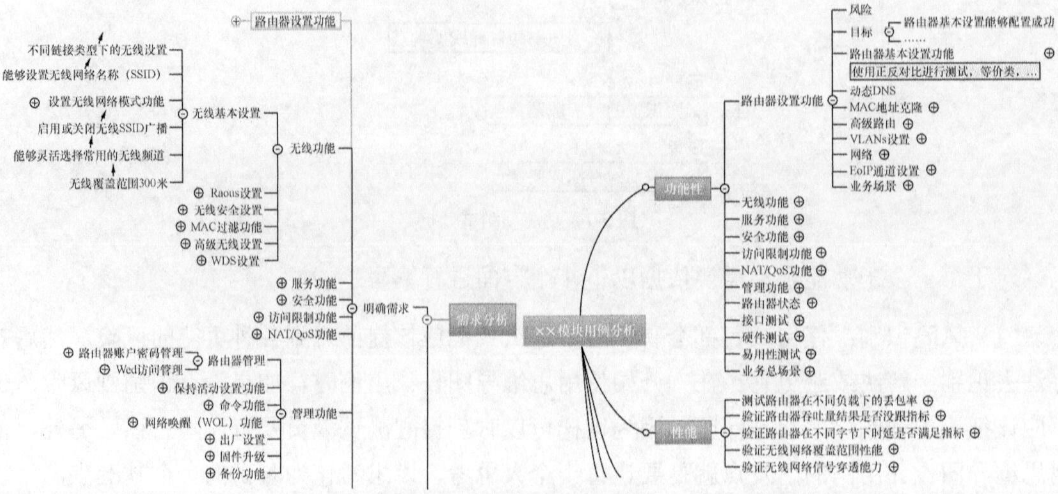

图 5-8　实际案例测试分析

使用思维导图进行用例分析设计到这里还没有结束，还需要一个很关键的步骤，那就是关联。

首先根据需求说明书填写该项目的明确需求点，然后根据路由器的行业标准和测试经验填写隐含需求点以及旧版本的继承需求点，并对各种需求点进行细化。在项目用例分析中，对路由器的功能、性能、稳定性、兼容性和安全性进行了分析，分别写出了各测试性的测试点。

以上内容填写完成之后，把思维导图左侧的项目需求的各个点与右侧的分析做一一关联，这样就避免了测试覆盖率不达标的问题。另外，也可以给相关的关键点或者是指标增加相应的标识（思维导图中有很多形形色色的图标或者是标签）。

最终完成的用例设计（部分）如图 5-9 所示，会有很多的连接线，每一个需求点都会与用例设计中的某个点做 $n:m$ 的对应关系。

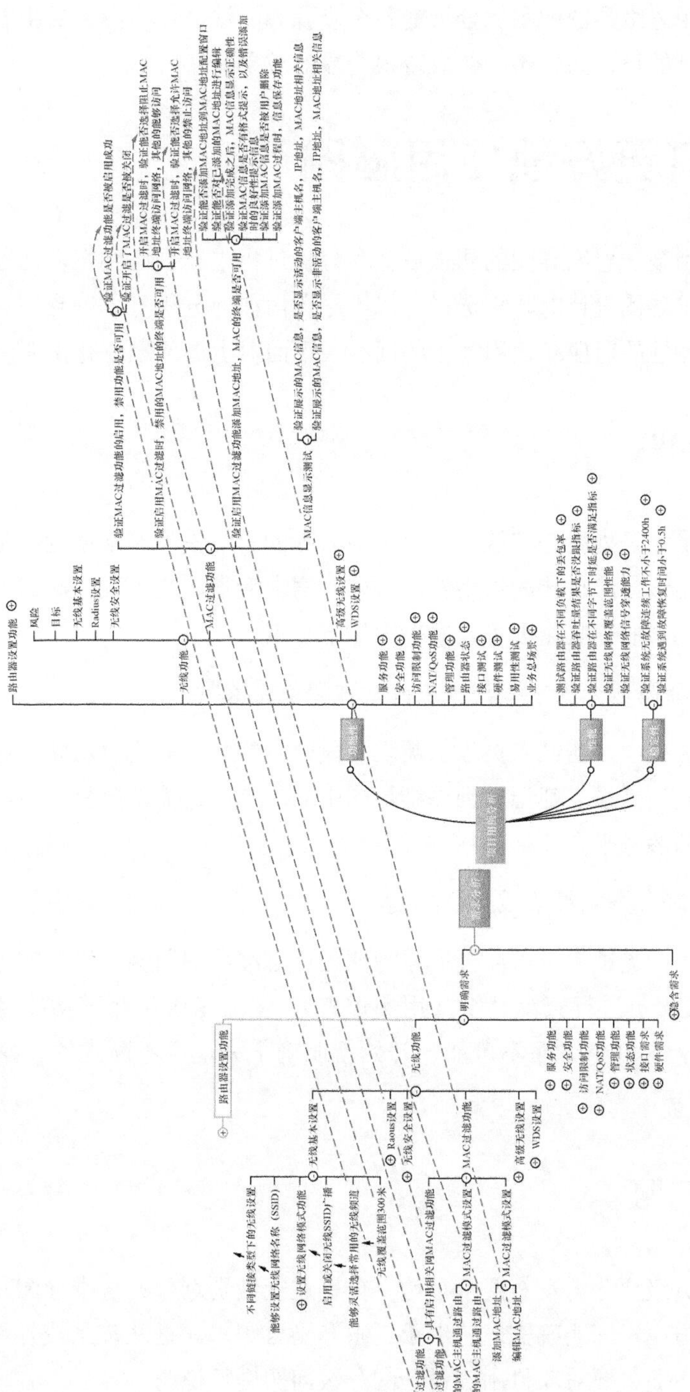

图 5-9 需求与用例对应图

以上就是使用思维导图做用例分析的整个步骤和方法，在实际项目中若能正确运用基于思维导图实现测试的设计的思路，会取得很明显的效果。

5.3 如何更好地使用脑图

在实际的使用基于思维导图的测试设计和分析过程中，会碰到很多问题，经过总结，问题主要体现在思维导图设计的时机选择、思维导图内如何分级、思维导图设计的思路考量、测试类型与质量特性的对应和使用场景的问题，下面对上述问题进行说明。

5.3.1 介入问题

思维导图的最大好处就是其放射性思考与人脑的思维模式非常接近，是一种扩散的设计方法。所以，使用该方法设计测试用例，必须对需求清晰，或者说，测试人员需要在项目中提前介入。主要遵守的一些原则可以概括为如下几点。

- 从项目开始阶段介入，参与需求分析并记录需求要点。

在全程软件测试中，测试人员应从需求阶段开始参与，一起对功能点进行评估，将明确的需求点和不明确的需求点都记录到思维导图中的左半边“需求分析”中，作为思维导图右侧测试用例分析的参考来源。

- 要与产品和开发人员达成一致意见。

在研发过程中，测试人员可以根据原型图设计思维导图用例（没有实际系统，测试也可以先行），与开发人员进行查漏补缺（用例评审），主要是确认测试功能点、测试场景以及测试数据的准备。这几个方面不可能一开始就明确下来，要不断沟通、挖掘和完善思维导图用例。

5.3.2 分级问题

思维导图的分级要分为左右两个半边，分别进行级别划分。思维导图左半部分需求的分级，主要是3个方面，即明确需求、继承需求和隐含需求。这些都是较容易理解和填充的，不做过多探讨。下面主要对项目用例设计的分级问题进行说明。

项目用例设计的分级一般分为3级。

第 1 级：按测试的类型划分，如安装性、功能性、性能、稳定性、兼容性和安全性。当然，根据不同被测系统的特点，测试类型可以有所不同，但是需要慎重考虑系统的各个方面，不要有遗漏。对于功能性需求，涉及面广的一定要严格区分出来，并且需要特别重视异常测试的内容。

第 2 级：该级别主要是按照需求点划分，一般可以划分为多个测试点。

第 3 级：如果测试点可以细分到测试子项，就把测试子项作为第 3 级，否则直接在测试点后面写用例分析。

对于功能测试下的分级：测试点后面的分级情况，可以考虑"风险识别""目标与要素""测试要点"和"业务场景"的内容，每个内容都不应该有空缺，如果实在没有该处的内容，请暂时写"无"，待后续不断完善用例时再进行补充。

对于具体用例设计（测试用例）的编写，注意逻辑性及条理性。

- 不同级别之间，用例设计必须是从属、控制或者包含关系，相同级别间的不同用例设计必须是相互平行、互不影响的。
- 用例设计中，每条设计最好只说明一件事情或一个功能，得出的结论是肯定或者否定性质的，不要出现二义性的结论。
- 如果用例之间执行有顺序要求，则标记好序号，保证用例执行人员能够读懂，并且清晰地依据序号顺序执行用例。
- 用例设计中最好不要出现操作步骤，只做设计，但如果不多可以做备注。

5.3.3 SMART 原则

思维导图作为一种思维辅助工具，根据中心主题关键字，结合相关联的信息和资料，扩散出无数个节点。所以在使用思维导图编写用例分析时并不是漫无目的去思考，有原则的指引很重要。使用思维导图做测试设计时，采取 SMART 原则比较合适。

- Specific（具体的）：测试需要一个具体的目标，用来描述全景图。
- Measurable（可度量的）：有明确的度量可以评估目标是否达成。
- Achievable（可实现的）：当前的目标应该是可实现的。这潜在地要求将一个大的目标分解为多个小目标，每个小目标也是具体的与可度量的。此外，跟踪小目标的完成情况也提供了整体进度的可度量性（一个业务操作会经过很多路径，每个路径可以单独存在或者组合存在，需要切分测试）。

- Relevant（相关的）：测试场景从需求出发（包括功能性和非功能性），结合业务特性，以及相关上下文作为切入点。
- Time-boxed（有时间限制的）：为每一轮思维导图用例的构建设定一个合理的时间窗口，在相应时间内，保证测试任务的完成。

Chapter 6

第6章 精准测试技术与发展

目前的现实物质世界与软件构造的虚拟世界几乎处在同一维度，人的思维有多复杂，软件代码就有多复杂。不管是金融领域的核心系统还是工业嵌入式软件，动辄上亿行的代码量、几百万个函数与数百个进程，这样的研发与维护的工作量难度可想而知。所以，我们经常可以看到各种报道，比如程序崩溃造成几亿元的金融交易损失、机器人失控攻击使用者以及智能生产线效率低迷等。

随着软件开发技术的快速迭代以及互联网+、智能化浪潮下软件复杂性和可靠性要求的快速提升，软件测试技术的发展远落后于软件开发技术的发展。然而软件测试是软件开发的伴生物，有软件开发即存在软件测试，软件越重要，那么测试的要求就越高。

国内专业测试行业历经10余年的发展，已经取得了从业人数的一个巨大的发展，然而大部分企业的测试依然采用人工测试。人工测试具有测试领域所常说的“杀虫剂效应”，面对高复杂度的应用，人工的缺陷检出后期的效率会快速下降，无法发现隐蔽的缺陷。同时，伴随着智能化的发展，产品的外在功能正在简化而内部实现将变得更加复杂。从功能使用层面，寻找办法，解决软件测试的效率和质量将变得更加困难。

纵观各行业，要做到快速发展，依赖于人力经验，显然是不现实的。精确的度量方法、生产的高度量化控制以及智能化的辅助工具，是一个行业真正发展所需要的最基本的条件，而这一切正是几乎完全依赖于人工业务经验的软件测试行业所最欠缺的。

软件测试的发展遭遇尴尬境地，其主要原因是面临的一些测试技术瓶颈问题目前没有突破。其实，造成软件维护困难的深层次的原因在于软件测试的整个过程和方法完全面对一个不知内部结构的BLACK BOX。而测试的难点就体现在以下几个方面。

（1）系统级的测试用例基本都是黑盒测试方法，从根本上导致了基于黑盒测试的方法没有办法直接面对计算机所真正理解的程序层面去解决软件测试问题。

（2）测试过程中所产生的数据基本都是人工或半工具半人工的方式录入，数据的准确性在一定程度上不能保证。在极端情况下，软件测试是否真正有效地开展和执行都是非常难以判断的。软件测试和开发的最大区别是它没有明确的产出物，开发工作目标也不清晰，结果的不可信和成果的不可见性，使得软件测试经常处于被动的局面。

（3）传统的功能测试依赖于测试人员的业务能力和专业技能，即使很优秀的测试人员也会因为状态问题而导致测试用例设计水准出现波动，对于企业来讲，如果将产品质量依赖于个人的经验水平，那会有很大的危险性。同时企业强调的是技术体系，而依赖于经验的测试方法则非常难以传承，同时从工程角度，普通的测试工程师可能即使投入很多的工作时间，短期也难以达到高级测试工程师的测试水准。

（4）业界几乎将自动化测试作为解决软件测试效率和覆盖率的灵丹妙药，但实质上自动化测试无外乎是机械执行人的经验而已，很难解决测试的根本症结。对于绝大部分企业，自动化测试因为存在和被测程序很强的相关性和耦合性，对程序的变化适应性差以及开发难度大等因素，自动化测试通常仅用来解决主干业务流程的测试，真正有效实施的案例也比较少。

（5）最后再分析被认为"高端"的白盒测试技术，白盒测试技术由来已久也并不缺乏优秀的商业工具，但其在企业内的应用范围非常狭窄。其主要有以下的原因。

- 白盒测试难以脱离开发环境，很难适应系统级的测试，并且难以实施。通常测试工程师在对代码内部不是很了解的情况下，很难有效地进行测试。
- 结果依赖于代码版本，代码发生改变后很多数据都会失效，无法适应快速迭代的敏捷开发。白盒测试技术诞生的时候，软件迭代周期非常慢，具有明显的开发与测试交替的界限，而这些界限在当今的软件开发界随着敏捷开发模式的推行已经非常模糊。当今的软件测试周期内，很难有足够的时间针对一个版本做完整的白盒测试。
- 以单机在开发环境内测试方式为主，不支持团队的分布式测试和分析，不适合大型软件的测试，这一点显然也是传统白盒测试不能有效应用的原因。
- 以单元测试为主要方式，无法有效地适应大型和复杂软件的测试，构造驱动和桩程序以及完成所有单元的测试，其时间消耗和周期都是企业无法承受的。同时对于复杂系统，更多的逻辑错误发生在系统各模块串接和组合以后，而不仅仅是发生在单元内部。

那么到底什么样的测试技术才能改变软件测试的尴尬境地？我们可以在车辆功能以及安全标准 ISO26262 安全管理生命周期的细则中总结出软件测试必须具备的基因，从项目管理上来看，测试工作需要达到两点。

（1）实现开发与测试的交互管理。

（2）实现可追溯的工程技术。

从项目测试执行上来看，测试工作需要同时支持静态测试和动态测试。

针对以上提出的问题，如何能够给测试行业带来改革性的创新呢？精准测试技术应运而生，它的核心思想就是用软件测试，它具有工具基因和智能分析系统的基因，并从根本上引领软件测试从经验型方法向技术性方法的转型。

6.1 精准测试的设计思想

“精准测试”的理念能够解决企业面临的测试方法瓶颈问题，以及研发测试交流不充分的问题，它将测试过程变得可视、智能、可信和精准。

- 可视：关联代码的覆盖率计算可视化技术；条件及其组合执行的可视化；实时的程序运行指标图形输出，人工交互式的代码控制流程图和函数调用图。
- 智能：智能的回归测试用例选取算法；基于测试用例执行剖面的用例聚类算法；动态与静态信息的高危测试漏洞检出算法，多版本测试数据的自动聚合。
- 可信：所有测试数据均是在测试执行过程中由软件自动分析并录入的底层代码运行数据，数据没有办法伪造和篡改真实记录测试现场的情况，基于这些可信的数据给出可信的测试结果。
- 精准：通过测试示波器技术，精准记录黑盒测试用例对应的代码逻辑，实现测试用例到代码逻辑的精准记录和双向追溯；精准的代码级缺陷定位和崩溃分析；精准的测试充分度分析。

“精准测试”强调通过技术进行对协作与流程的改进，并强调深挖和放大测试的价值。在传统意义上，测试的工作以及所产生的数据，绝大部分都在缺陷本身，所以测试本身对于研发流程的作用只局限于找到缺陷本身，而精准测试则强调提升测试的价值。例如，通过精准测试系统可以通过测试自动描述功能的代码实现逻辑并且可视化展示和存储，研发团队可以基于这些信息对系统进行迭代和修改，甚至帮助开发者去理解代码实现逻辑。

精准测试的核心特性如下。

- 不改变传统的软件测试方法，在黑盒测试过程中，由计算机软件去采集测试用例的执行逻辑以及其他测试数据的过程，测试过程不需要直接面对程序代码进行。
- 所有数据由系统自动和原生录入，人工不可直接修改，保证数据精准和不可篡改，精准的测试数据可直接用于测试过程的管理和实效分析。
- 采用一系列智能的测试与研发辅助分析算法，可直接改进测试效率提升测试质量。将白盒测试的视角从覆盖率扩展到智能测试分析。
- 基于测试用例和代码的映射关系，支持快速迭代过程中回归测试用例的自动选取算法。

6.2 精准测试的整体架构

“精准测试”首先是一种通用的测试分析系统，其内部算法实现与具体业务无关，对于各种类型的应用软件都可以采用同一套方法进行确认。其核心的方法是建立测试用例与代码的关系，任何类型表现形式的软件都会存在测试用例（功能）与代码的双向关联关系。

“精准测试”的核心组件包含软件测试示波器、用例、代码的双向追溯、智能回归测试用例选取、覆盖率分析、缺陷定位、测试用例聚类分析以及测试用例自动生成系统，这些功能完整地构成了精准测试技术体系。精准测试系统并没有取代人工设计用例和执行用例的过程，但是通过对该过程深入到代码层的分析，可以在很大程度上改进人工测试所产生的各种问题。以下我们就针对“精准测试”核心技术以及带来的效果做详细的介绍。

6.2.1 软件测试示波器

“精准测试”数字化测试在黑盒功能的测试过程中采集动态覆盖率的技术组件，即软件测试示波器，它是对于软件测试的一大创新。精准测试示波器能够在测试过程中自动分析程序运行的一些数据指标，以波形的形式进行实时输出。示波器还能够用来对程序的行为进行深度的分析。例如，可以通过示波器来判断不同的测试用例是否为等价类，因此示波器可以记录每个功能对应的输入精确的逻辑块执行的数量。当程序的行为发生明显变化的时候，示波器可以很精准地分析出来，测试人员可以根据这些数据来进行等价类的判断。在实际测试的过程中，测试工程师可以看到类似于心电图的数据获取模式，使软件测试过程变得可视与精准。具体的如图 6-1 所示。

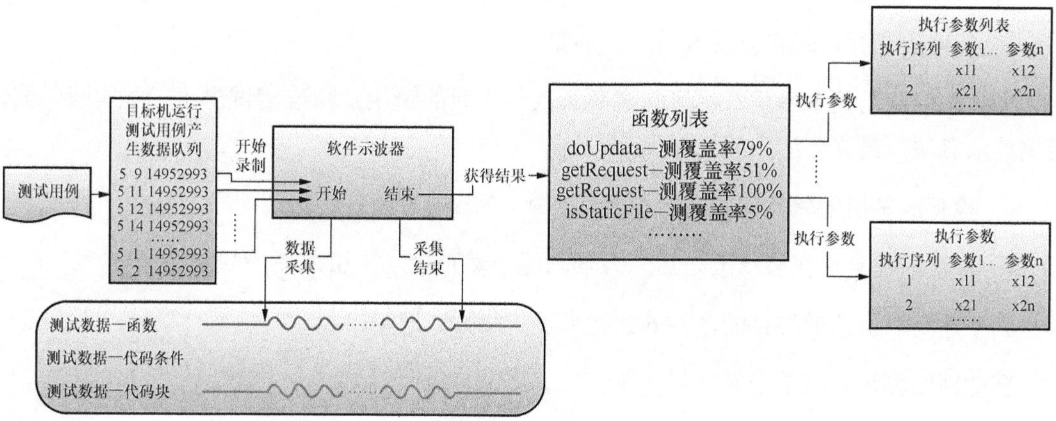

图 6-1 示波器

精准测试示波器在使用上对常规的测试几乎没有特别的干扰，示波器内部也维护一套测试用例，但是更多的是一种符号的象征。示波器最大的作用是在测试用例执行的过程中采集测试用例对应的代码逻辑的运行信息。

软件示波器同样是测试人员的一个非常强大的辅助分析工具，通过它可以轻易辨别测试用例是否为等价类并精确确定等价类的边界。示波器可提供相近测试用例的代码执行序列的比对功能，用于判断两组用例是否完全等价，也可以通过不同用例执行后的指标终值判断两组用例是否等价，同时示波器有助于对平时无法看到的程序行为进行判断。例如不操作被测程序的过程中程序是否有在后台执行的代码，也可以分析出来程序的计算量，是否存在计算密集的功能区域等。

6.2.2 用例和代码的双向追溯

精准测试从开发和测试人员的最主要工作组件入手，率先提出了测试用例和代码的双向追溯。它记录了每个测试用例对应的程序内部的执行细节，细致到每个条件、分支与语句块的执行情况，可以理解为一个全景的调试器。开发人员可以通过双向追溯的结果去理解程序逻辑，进行软件维护以及进行可一致性的修改，因此，开发人员将很大程度上增加对测试人员工作的认同。

6.2.3 智能回归测试用例选取算法

精准测试要使用智能回归算法的原因如下。

- 超过60%的对软件系统的修改会无意中引入新的错误。
- 每修改6行代码就会引入一个新的错误。

如何才能利用技术手段，尽可能避免再次引入新的错误，精准测试提出了智能回归测试用例选取算法，最终要达到的目标如下：

- 检查测试出的软件问题是否得到了正确的修改。
- 保证被测软件在被修改之后，各项功能依然正确（未引入新的缺陷）。

为了达到以上的最终目的，图6-2展示了回归测试逻辑。

智能回归算法选取带来的效果如下。

- 适应快速的版本迭代周期，适应庞大的工程项目。

- 在回归测试时，自动筛选测试用例，大大减小了回归测试的时间以及风险。
- 降低了传统人工回归分析产生的测试盲点。
- 精确计算回归用例的权重，测试人员在时间有限的情况下可以重点回归受改动影响最大的用例。

	版本1	版本2	版本3	版本4	版本…n
测试用例A		1			
测试用例B			1		
测试用例C					1
测试用例D				1	
测试用例…n				1	

测试矩阵 VA1					
	测试用例A	测试用例B	测试用例C	测试用例D	测试用例…n
最后运行版本	版本2	版本3	版本…n	版本4	版本4

测试矩阵 VA1	函数A	函数B	函数C	函数D	函数…n	回归版本矩阵 VA2
测试用例A		代码变化				测试用例A
测试用例B		代码变化	代码变化			测试用例B
测试用例C				代码删除	代码删除	测试用例C
测试用例D				代码删除	代码变化	测试用例D
测试用例…n						测试用例…n

回归结果					
回归版本	测试用例A	测试用例B	测试用例C	测试用例D	测试用例…n
最后运行版本	版本2	版本3	版本…n	版本4	版本4
回归优先级	1	2	4	3	0

图 6-2　回归测试逻辑图

6.2.4　灰盒模式下的代码覆盖率分析

测试覆盖率是测试界公认的最佳的测试结项的可用量化指标。在黑盒测试中，测试人员需要充分了解需求后逐渐细化到小功能而进行测试用例的设计，然后通过测试过程中出现的问题以及和客户的交流再加以完善，这样的过程过度依赖个人经验和能力等因素，并且也不一定能达到完美的效果。在白盒测试中，测试流程需要对每条代码、每个语句以及每个判断进行运行分析，测试周期冗长，大多企业无法承受。而精准测试的设计是通过软件示波器，以透明的测试在系统测试阶段采集代码覆盖率，然后在后台完成运算，这个过程是以灰盒的模式运行。

6.2.5　测试用例的聚类分析

基于精准测试系统构建的测试用例与代码执行剖面的关系，可以对测试用例的执行进行聚类分析。根据真实的执行剖面进行聚类，将会对测试用例的聚集性属性进行分析。测试用例的执行剖面结构矩阵的输入为二维数据，第一维为测试用例的名称（ID），然后是该用例对应的函数执行剖面或者代码块执行剖面，最后将剖面数据向量化以后通过 K-means 等标准聚类算法进行聚类分析。

6.3 精准测试的效率

传统的黑盒测试技术属于经验型模糊测试，质量与进度不可视，系统与人员的管理成本极高，没有实用的工业标准，软件可靠性风险高，并且在传统的黑盒测试的前 70%的阶段，查找 Bug 非常迅速，但之后缺陷的发现效率会急剧地下降。而传统的白盒测试技术直接面对代码测试，难度大且效率低，集成和单元阶段的附加成本很高，无法云化，仅关注覆盖率。

精准测试技术是结合传统的黑盒测试与白盒测试的模式，它可以在黑盒测试过程中，通过专用程序自动采集白盒级别的运行逻辑数据，根据可视化出来的不足点和漏洞点，引导开发和测试有针对性且高效的补充用例。精准测试的效率分析如图 6-3 所示。

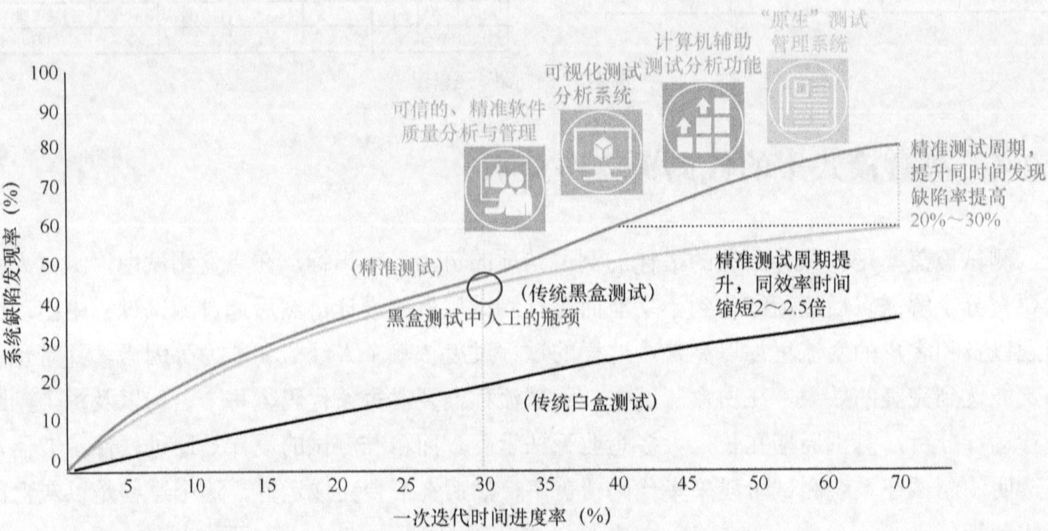

图 6-3 精准测试效率分析

图 6-4 描述的是精准测试系统在长期的软件维护过程中对于维护的效率提升。精准测试下的维护完全由计算机的分析系统所主导，大型软件之所以难以维护，是因为传统的软件开发过程对于软件的维护更多地基于人对于软件系统的理解。而随着维护的进行，人的记忆以及人员的变动都会大幅影响维护的效率。很多大型软件因为无法维护而最终不得不重新开发，主要原因之一就是老的系统维护成本会持续地增加。而精准测试则通过测试过程中所记录的数据，在持续的迭代过程中记录海量的分析数据。随着迭代的进行，数据记录的量更多且更

精确，它反而可以得出更加精准的分析结果。

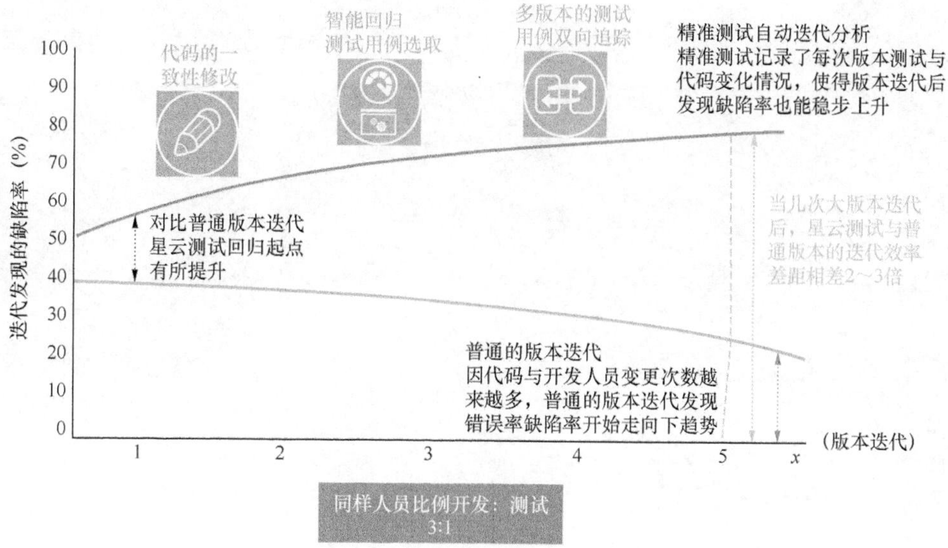

图 6-4　精准测试维护效率分析

6.4 本章总结

精准测试是一个开放体系，未来的发展方向主要是针对被测程序的质量验收并建立良好的测试体系。对于现今互联网企业的崛起，版本高速迭代与程序的质量都影响着互联网企业的发展，精准测试在不为企业增加多余的负担的情况下，逐步地提升程序质量以及建立一套完善的测试体系。精准测试将人工分析转换为人工智能分析，使测试理论和算法落地到企业应用，成为有效地指导企业进行高效率运作的质量保证。

Chapter 7

第7章 谈谈几个高效的测试设计方法

在本章中，主要讨论几套软件测试的设计方法，而不是测试技术。其实，本书至此没有给大家灌输太多的测试技术，只是在测试框架上与大家进行了很多交流与探讨。作为软件测试从业者，必须要学会几套测试方法论，熟练地运用各种测试技能，把被测对象涵盖进自己的五指山。

7.1 基于业务场景的测试设计

7.1.1 业务场景是什么

场景在影视剧中，是指在一定的时间和空间内发生了一定的行动任务或因人物关系所构成的具体生活画面，更简单地说，是指在一个单独的地点拍摄的一组连续的镜头。同样，测试工作也不例外，交付用户使用的产品要想获得用户的认可，必须站在用户的角度，以用户的使用逻辑及操作习惯为出发点，结合功能用例的设计方法，使用例设计更贴近实际，从而更大程度上满足用户的需求。因此，场景就是从用户的角度来描述系统的运行行为，反映系统的期望运行方式，是由一系列的相关活动组成的，它就像一个剧本，是演绎系统未来预期的使用过程，是用户使用产品的一连串输入和行为的组合。

随着科技的发展，越来越多的电子产品与人们的生活紧密地连接在一起。比如手机从原来单纯的通话业务的基础上，实现了越来越丰富和便利的业务功能，比如交友、阅读、购物和办公等业务。上述业务以不同的程序运行在手机上，手机作为一种载体，硬件配置不同，操作系统有差别，使用手机的人群庞大而复杂，每个人使用软件的情景和环境千差万别。每一个人使用手机进行相关业务的操作时的情景都可以说是一个业务场景，业务场景如此多并且复杂，那么作为测试人员如何来测试如此庞杂的业务场景，这也是本章将要说明的内容。

1. 业务场景的来源

现在的软件几乎都是由事件触发来控制流程的，事件触发时的情景便形成了业务场景，而同一事件不同的触发顺序和处理结果形成事件流。这种在软件设计方面的思想被引入到软件测试中，生动地描绘出事件触发时的情景，有利于测试设计者设计测试用例，同时测试用例也更容易得到理解和执行，从而更大程度上覆盖用户需求。

业务场景的来源主要是需求，需求描述用户期望的功能。作为测试人员获取用户需求的途径主要有以下几种。

- 与用户直接沟通交流。

- 从需求规格说明书中获取。
- 与产品经理进行需求的讨论。
- 与研发人员一起参与产品设计的评审。
- 与销售人员的沟通交流。
- 分析产品老版本或者同类竞争产品。
- 从售后人员接到的用户投诉进行分析。

测试人员在设计业务场景的时候，和用户直接沟通是最有效得到业务场景的方式。因为需求规格说明书毕竟不是用户编写的，产品经理的理解可能也会与用户的想法出现偏差，产品功能的实现是研发人员依据需求规格说明书转化而来的。所以业务场景的最佳来源还是用户本身。

2．基于业务场景的测试目的

基于业务场景的测试主要关注用户需要做什么，而不是产品能够做什么，即从用户意图中找出用户要做什么及如何去做。因此，基于业务场景进行测试的目的就是根据需求、业务分析用户的意图和行为，使设计的业务场景能够贴合用户的实际操作，以此业务场景形成的测试案例能够最大限度地测试出产品是否符合用户需求和行为习惯。

基于业务场景的测试减少了两类主要的错误。

- 不正确的规格说明，如果做了用户不需要的功能，或者是缺少了用户需要的功能。基于业务场景的测试是从需求出发，测试人员站在用户的角度去使用产品，如果软件的功能不符合需求或者测试场景，那么这个功能就是不正确的。同样功能缺失也是如此，所以基于业务场景的测试能够很大程度上发现软件设计上的问题。
- 没有考虑子系统间的交互作用。如一个子系统的建立，导致其他子系统的失败。以往的测试方法大多偏重于具体功能的输入和输出情况下的测试验证，对于发现系统级别问题的灵敏度较低，甚至在后期才慢慢发现，严重影响项目进度。

7.1.2　如何进行基于业务场景的测试

基于业务场景的测试，简而言之，就是对测试的产品功能或业务流程进行模拟测试，以提高测试效果。业务场景的测试案例必须是基于一定的业务而产生的，测试人员在这里可以把自己当成实际用户，来模拟用户会如何使用产品，把各种使用的可能流程分别形成一个个案例，每个案例即对应一个业务场景。每个业务场景如果能够从开始走到结束，那么业务场景测试就是通过的。

1. 创建业务场景的方法

创建业务场景常用的方法如下。

- 理解需求，列出产品中主要的业务流程。
- 列出可能的用户，分析他们的兴趣和目标。
- 考虑恶意用户，他们可能如何攻击你的程序。
- 列出系统事件，系统如何处理这些事件。
- 列出特殊事件，系统如何容纳这些事件。
- 列出收益并创建端到端的任务来检查它们。
- 与用户面谈，找出以前系统中他们最不满意的地方。
- 与用户一起工作，观察他们怎么工作，做什么。
- 阅读类似的系统会做什么。
- 研究对这个系统的以前版本和竞争对手的抱怨。
- 创建一个模拟业务，认真对待这个模拟业务并处理相关的数据。
- 试着把竞争对手和以前版本的真实数据转换到新的系统。

2. 创建业务场景的原则

设计一个好的业务场景应遵循以下原则。

- 独立性。要尽可能地让一个业务场景独立于其他的场景。业务场景之间的依赖使得制订计划、确定优先级、估算工作量都变得很困难。通常我们可以通过组合场景和分解场景来减少依赖性。
- 可协商。一个业务场景的内容要是可以协商的，业务场景不是合同。一个业务场景只是对场景的一个简短的描述，不包括太多的细节。具体的细节在沟通阶段产出。一个场景描述如果带有太多的细节，实际上会限制和用户的沟通。
- 有价值。每个业务场景都必须对用户具有价值（无论是用户还是购买方）。一个让业务场景有价值的好方法是让用户来写下它们。一旦一个用户意识到这是一个业务场景并不是一个契约，而且可以进行协商的时候，他们将非常乐意写下来。

- 可以估算。开发团队需要去估计一个业务场景，以便确定优先级与工作量和安排计划。但是让开发者难以估计场景的问题来自：对于领域知识的缺乏（这种情况下需要更多的沟通），或者业务太大了（这时需要把业务进行分解）。
- 短小。一个好的业务场景在工作量上要尽量短小。业务场景越小则设计业务场景和测试执行时也越简便；业务场景越大，在安排计划、工作量估算等方面的风险就会越大。
- 可测试。一个业务场景是可以测试的，以便于确认它是可以完成的。如果一个业务场景不能够测试，那么就无法知道它什么时候可以完成。一个不可测试的业务场景例子：软件应该是易于使用的。

7.1.3 理解场景分析法与基于业务场景的测试设计的异同

下面通过介绍场景分析法和基于业务场景的测试设计，使大家更好地理解两者的异同。

1. 理解场景分析法

场景分析法是一种测试方法，一般把场景分为基本流和备选流。从一个流程开始，通过描述经过的路径来确定业务过程，经过遍历所有的基本流和备选流来完成整个场景。基本流和备选流往往是产品被同一事件的不同触发顺序和处理结果而形成的事件流，事件触发时的情景便形成了场景。通过描述事件的不同触发情景，能够更好地使测试人员理解场景，并设计出适合的测试用例，使测试用例更容易被理解和执行。

2. 理解基于业务场景的测试设计

基于业务场景的测试设计是一种测试设计思路，可以适用于任何产品，对于被测试系统耦合度较高、业务流程或事件比较复杂的产品，往往能够提高测试的效率。

使用基于业务场景的测试设计，需要测试人员理解用户需求的内容，站在用户的视角来描述用户与系统的业务交互。而业务流的功能，则是用户业务需求分解，定义了必须实现的软件功能，也是业务场景执行需要涉及的。

业务场景的使用需要有清晰和明确的上下文环境，说明这个业务场景发生在什么背景下，何时会发生，从用户的角度出发，描述用户做什么，与系统的交互行为，以及用户对出现问题的反应。

在实际工作过程中，除了基本功能的测试可以使用基于业务场景的测试，在性能测试中使用基于业务场景的测试也具有很好的效果。性能测试中的业务场景设计是实施性能测试的基础，只有合理地设计测试场景才能获得有价值的测试数据，从而为接下来的确认瓶颈和系统调优打下基础。在性能测试中业务场景是一种用来模拟大量用户操作的技术手段，通过配置和执行业务场景向服务器产生负载，验证系统的各项性能指标是否达到用户要求，而性能测试一般需要借助专业的测试工具帮助我们对场景的设计、执行以及监控进行管理。

同样基于业务场景的测试还可以运用到安全性与稳定性等其他测试活动中，我们运用基于业务场景的测试设计，只要明确测试对象是什么及测试要达到的目标，就可以合理地设计业务场景。基于业务场景的测试设计主要检测业务需求的正确性，通过事件来触发某个动作的发生，观察事件的最终结果，从而发现需求中存在的问题。

3. 两者的异同

- 本质上的不同：场景分析法是一种测试方法；基于业务场景的测试设计是一种测试设计思路。
- 对象的差异：场景分析法面对的是具体的功能，对测试过程的每一步具有严格的限定；基于业务场景的测试设计面向产品的需求，通过需求来确定业务场景。
- 设计上的不同：场景分析法从具体功能的角度进行分析，设定功能测试的基本流和备选流，每一步都是明确的；基于业务场景的测试设计则从业务需求的角度出发，保证业务场景能够覆盖需求即可，满足用户的业务要求。
- 测试覆盖程度不同：场景分析法对测试的功能需要设计足够多的用例进行测试覆盖，覆盖率较高；基于业务场景的测试设计通过对用户业务进行优先级别排序，选取用户主要的业务需求（符合二八法则，即 20%的功能项满足用户 80%的业务需求），重点设计满足用户 80%业务需求所对应的功能。剩余 80%的功能项（可能只满足用户 20%的需求）可以采用其他的测试方法进行补充测试，以此来提高效率的同时提高测试覆盖率。

7.1.4 基于业务场景测试的优缺点

使用业务场景测试的优点如下。

- 基于业务场景进行测试的最明显的优点就是通过分析需求，从需求出发，站在用户的角度进行测试，使测试具有很强的实用性。

- 基于业务场景进行测试设计，能够从整个系统的角度体现数据的流向及紧密的业务流程关系，能够比较真实地模拟用户实际使用业务的情况，测试系统是否“流程走得顺，数据流得通”。
- 通过运用业务场景来描述系统的功能点或业务流程，使业务场景贯穿于整个产品功能，易于发现各功能模块之间接口数据和业务流向的问题，从而提高测试的有效性。
- 学习产品。学习在基于业务场景的测试中非常重要，一个测试人员如果想要设计出符合需求的和用户逻辑的场景，需仔细理解需求说明书或直接与用户沟通，分析产品的功能和想要达成的效果。通过学习还可以更好地分辨产品的问题，为业务场景设计和测试提供材料。
- 将需求文档和测试联系起来。需求文档是测试设计的主要依据，业务场景设计同样也不例外并且尤为重要。
- 暴露产品的设计缺陷。业务场景的设计依赖于需求文档和用户沟通等，对产品整体业务流程进行测试，通过业务场景测试可以充分暴露出产品的设计问题。
- 探索产品的专业用法。产品设计完成后，第一批用户就是测试人员，测试人员根据业务场景进行测试，对产品的使用进行记录，为编写用户操作手册积累素材。

使用业务场景测试的缺点如下：

- 在早期不稳定的代码上，业务场景测试的效果不如其他方式，因为用户场景比较庞大，业务场景测试比较复杂，包含许多特性，一旦某个特性出错或没有实现，就会阻碍测试的进行。
- 基于业务场景的测试主要对用户的业务需求进行测试设计，而满足用户 80%业务需求相对应的功能可能仅占全部功能的 20%，导致无法全面覆盖产品功能。
- 业务场景测试经常发现的是设计问题，而不是代码问题，代码问题更适合由其他的测试来发现。

无论设计出多少业务场景，在没有最终用户使用的情况下，模拟的业务场景永远不可能做到对用户场景的完全覆盖。因此，问题往往在产品发布后被用户发现。为了解决这部分问题，可以采用众包或发布 Beta 版本的方式，让真实的用户参与到测试中。而测试人员进行业务场景测试的作用就是保证基本的业务流程没有问题，以避免出现严重的问题影响产品声誉和用户体验。

7.1.5 基于业务场景测试设计时的注意事项

在进行业务场景设计之前，首先需要问自己是否看过需求文档并理解用户需求，需求中有没有无法理解的项，对于无法理解的有没有去咨询和学习；是否理解用户想要实现的业务，对业务是否了解或者需要学习；测试人员的技术能力是否符合测试要求；测试周期是否满足测试要求，测试重点是什么等问题，如果对于所有的问题你的答案都是肯定的，那么就可以进行业务场景设计。

一个合格的业务场景测试有几个特征。

- 基于一个用户如何使用软件，包括用户的初衷。
- 业务场景必须在实际用户使用过程中具有一定的需求量，通过业务场景执行失败产生的影响程度来促进缺陷的修复。
- 业务场景要可信，不仅在真实的世界中可能发生，而且将很可能发生。
- 业务场景是复杂的，不仅包括对软件的复杂使用，还包括使用环境的复杂和输入数据的复杂。
- 测试结果容易评估。

测试人员使用描述用户意图的业务场景来进行测试，因为它模拟的是真实用户的行为，所以能够有效地发现异常，而且还能够发现那些其他测试方法遗漏的缺陷。但是在真正的用户使用过程中，用户可能不全按照我们测试时设计好的业务场景去使用软件，用户可能根据自己的习惯或偏好来使用软件，这样就与我们预期的业务场景或多或少地有所区别。为了避免或减少给用户遗留缺陷，还需要使用后续章节介绍的基于风险的测试设计和基于探索的测试设计，并且结合传统的测试方法，丰富并完善用户场景，留给用户一个相对完美的体验。

基于业务场景的测试设计主要从系统层面对产品的业务流程进行测试，发现更多的业务流程性错误。在业务场景确定后，面对具体的输入需要使用其他的测试方法进行测试用例的设计。

在面对更具体的输入和输出时，有些软件有明确的规则，这个时候用因果图法理清因果之间的关系是最好的选择。针对每一个输入有无数种情况，需要用等价类划分的方法把无限测试变为有限测试。而边界值分析法等其他的测试方法都能够对测试案例进行补充。

在基于业务场景的测试中使用的等价类划分法、边界值分析法、因果图法和场景分析法等传统的测试方法，它们之间没有包含与被包含，也没有相悖的地方，更多的是相互促进相互补充，从而提高测试的覆盖率和测试质量。产品是复杂的，测试同样也是复杂的，我们只有选择最适合的测试方法和技术，才能使测试更有效率，产品质量才更有保障。

7.2 基于风险的测试设计

基于风险的测试设计是指测试人员根据不同的风险度（通过出错的严重程度和出现的概率计算）来决定测试的优先级和测试的覆盖范围。通过基于风险的测试来降低产品质量风险和项目风险是一种测试设计思路，按照该思路进行测试设计能够很大程度上提升产品的质量和项目组成员的信心。按照该思路对被测对象的内容进行风险度等级划分，保证风险度较高的项优先进行测试设计和测试实施，从而保证重要功能或用户主要业务需求的可用性。完成测试设计后，在具体的测试过程中还需要使用传统的测试方法进行用例设计和补充测试，提高测试覆盖率。

7.2.1 浅析风险与测试

1．什么是风险

在讲解基于风险的测试设计之前，我们先要了解一个概念：什么是风险。即可能存在的问题或有可能发生的事件。也就是说：在某一特定环境下，在某一特定时间段内，某种损失产生的不可预料的后果。风险是潜在的，只有具备了一定条件才可能发生，但是也不一定成为现实，还需达到一定的触发条件，风险才能真正产生，如图 7-1 所示，图中的低头族们正在全神贯注地玩手机、Pad 时，没有注意周围的环境变化，让自己掉进马路边的窨井里面，或者是被天上的不明物砸伤自己，这就是风险。这些情况都是我们无法预知的，但是这些情况一旦发生，就变成了事件或现实。

风险一旦变成现实，就会给人们造成各种损失。有了风险，我们就会考虑风险的影响程度是多少，是否造成较大的损失等。为了减少和避免这种损失，人们开始设法避免、减轻和转移风险。

产生风险的因素多种多样，只要风险因素具备并达到触发风险的条件，风险就会产生。由于风险是无形的，它不以人的主观意志为转移，为了减少和避免风险，就必须及时发现并减小或消除可能导致风险的因素。完全避免风险是不可能的，那么，风险具有那些特性呢？接下来将介绍风险具备的 4 种特性：不确定性、有害性、客观性和无形性。

图 7-1 风险

- **不确定性：**一定发生的事件不是风险，不会发生的事件也不是风险。风险是潜在的，只有具备了一定条件才可能发生，这样的条件是转化条件。即使具备了转化条件，风险也不一定就演变为现实。只有具备了另外一些条件，风险才会真正发生，这样的条件叫触发条件。
- **有害性：**如果风险变成了现实，就会给人们造成各种损失。不带来负面后果或影响的事件不是风险。风险的有害性提醒人们必须设法避免、减轻和转移风险。
- **客观性：**风险的产生取决于产生风险的各种因素。也就是说，不管是否意识到风险，只要产生风险的各种因素出现了，风险就会产生，它不以人的主观意志为转移。
- **无形性：**风险不像一般的物质实体，能确切地进行描绘和刻画。分析风险，一般是从定性和定量两个方面结合进行分析。分析中需要用到概率等概念进行界定、估计和测算。虽然风险的无形性增加了识别和把握风险的难度，但是只要认真查清产生风险的内外因素，恰当地应用定量的方法和手段，标志和度量风险还是可能的。

2. 风险与测试的关系

上面的内容说明风险是无处不在的，那么在产品测试过程中也不可避免地存在着各种各样的风险。为了更顺利地完成测试，测试之前要对测试过程中的风险进行评估，分析出风险带来的危害并给出预防措施和解决方案。当然，在避免了一种风险时，另一种风险可能会随之产生。在测试过程中，其风险和测试（例如测试工作量）之间的关系类似于线性的关系，体现的测试思想是：测试任何内容，都将会降低测试对象的风险。如图 7-2 所示。也就是，在测试过程中，我们测试得越全面，风险就越小。

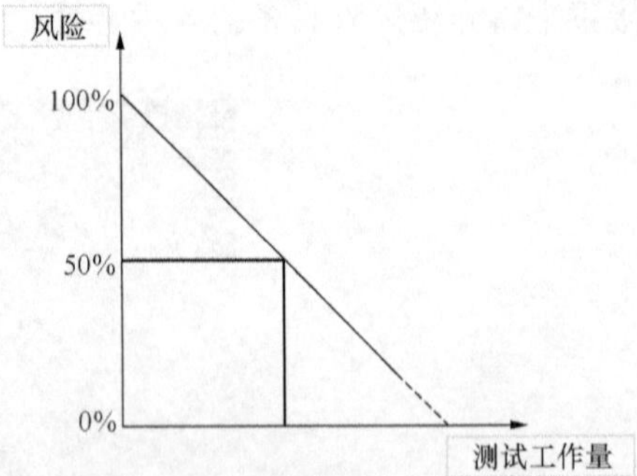

图 7-2　风险和测试的线性关系

但是，在实际的软件测试过程中，二八法则可能更符合风险和测试之间的关系：测试对象 80%的风险来自于 20%的功能。因此，风险和测试之间的关系应该更类似图 7-3 所示的曲线。

从图 7-3 可以看出，测试人员应该采取一个更加合理的优化测试工作量分配的测试策略，从而减少风险。但是，不管测试人员开展多少测试工作，也不可能完全消除测试对象中的风险。因此，测试对象的发布，需要评估利益相关者可以接受的风险程度。

假如将测试作为投资，图 7-3 所示的测试策略可以理解为：在达到可接受的风险程度的前提下，应该寻求最小的测试工作量。也就是说，测试人员需要首先关注的是图中的阴影区域，这就是基于风险的测试的核心思想。

将图 7-2 和图 7-3 合并之后，基于风险的测试的优势将更加明确地显示出来：假如测试人员基于风险进行测试优先级的划分，并将测试工作量首先放在高风险和高优先级的区域，那么覆盖测试对象 50%的风险需要付出的工作量要少得多，如图 7-4 所示。

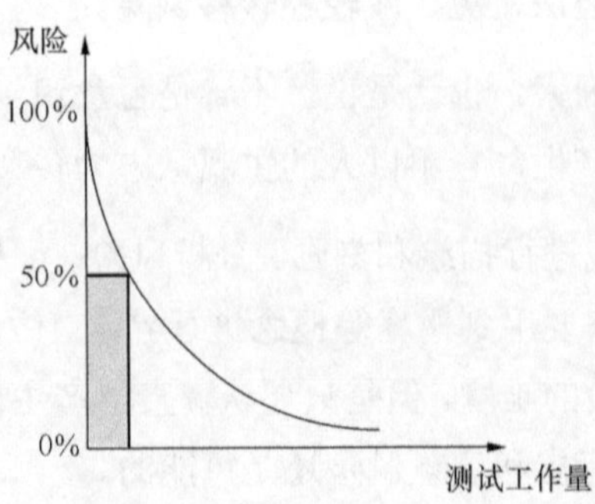

图 7-3　风险与测试的曲线关系

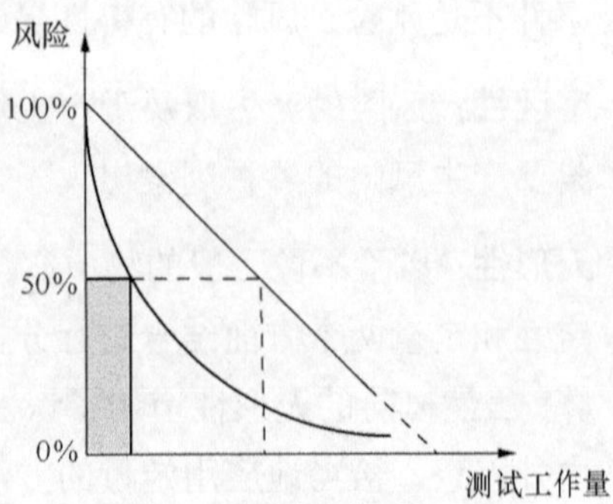

图 7-4　不同策略下的风险与测试

7.2.2　测试中为何引入基于风险的测试

基于风险的测试设计就是将风险分析贯穿于整个测试活动，是一个完整的质量度量过程，以产品质量风险作为测试的出发点和测试活动的主要参考依据。通过对项目质量相关信息的收集与分析处理，人们可以有效地识别风险，并对其进行级别的划分和分类，通过相关的测试方法降低风险。

基于风险的测试设计就是根据风险分析结果，优化测试方法、测试资源和测试顺序，更好地利用测试资源（时间、环境和人）获得最佳的测试效果。其目的是为测试提供指导，发现测试过程中的风险并进行分析、预防和转移。其特点是将产品潜在风险的严重程度作为测试安排的依据和目标，针对业务功能潜在的风险，安排适当的测试方案、资源和测试周期，就可以有效地发现更多的系统缺陷，将测试从被动变为主动，提高测试效率、降低产品的质量风险。

1. 测试中基于风险测试的意义

在测试领域，风险处理最早的应用之一是 Boris Beizer 在他的传奇著作——《软件测试技术》中讲述了测试时需要考虑到风险。

James Bach 在 1995 年以更时髦的方式第一次介绍了基于风险的测试，然后他在 1999 年写的一篇叫作“启发式基于风险的测试” Heuristic Risk-based Testing 的文章中更详细地描述了风险的测试，描述如下。

- 列出一个风险的列表。
- 进行考察每项风险的测试。
- 当风险消失而新的风险出现的时候，调整测试策略。

自此之后，基于风险的测试得到了广泛的关注，并在测试活动中得到了广泛的应用，对降低产品的质量风险和测试过程风险起到了很好的作用。那么，采用基于风险的测试设计的意义有那些呢？

基于风险的测试设计的意义如下。

- 通过识别、评估和防控风险使产品质量提高。

基于风险的测试设计最重要的就是将产品的潜在风险作为测试安排的依据和目标。虽然任何测试都是为了验证产品的潜在风险，但只有对当前潜在风险进行全面分析和把握，才能有效地设计并组织恰当的测试。用尽可能少的测试资源，发现尽可能多的潜在缺陷，并最大限度地评估和防控风险，从而提高产品质量，降低维护成本。

- 将基于风险测试设计并结合其他测试方法提高测试覆盖率。

使用基于风险的测试设计对产品进行风险度等级划分，根据风险程度的高低，对于相应的功能模块结合传统的测试方法进行测试用例设计，提高测试的覆盖率。

- 可以快速提升对产品质量的信心。

基于风险的测试设计可以加速提升对产品质量的信心。当时间、成本和资源等条件有限且在测试完成率为“可以发布”时，可能结束测试，而不是达到 100%的测试完成率。测试完成率没有达到 100%意味着低风险或优先级比较低的测试对象可能没有被测试或未完成测试，实际上这种情况也是存在风险的，需要进一步采取一些措施来减轻这方面的风险。

在产品发布以后，测试团队在时间和资源允许的条件下，应该继续进行后续的测试。直到测试计划中的测试全部执行完毕，达到 100%的测试完成率。将测试的产品和测试环境移交给产品的维护组，使其能够快速地定位并解决市场和用户反馈的问题与缺陷。

2．测试中常见的风险

上面讲到了基于风险的测试设计的意义，在进行测试时，大家都很清楚在有限的时间和资源的情况下，穷尽测试是不可能的，测试团队需要在时间、成本和质量等各个方面进行平衡和协调。产品对硬件平台、操作系统、网络环境和测试数据的依赖性很强，要求测试时必须最大限度地模拟被测产品的实际运行环境，以保证测试的可靠性。在产品测试过程中，风险识别除了关注测试周期、过程、人员和资源的风险，还要关注产品所依赖的软硬件平台。该设计思路作为一种有效的手段，可以解决测试过程中面临的很多问题。下面对测试过程中常见的风险进行说明。

（1）测试时间的风险。

几乎所有的测试项目，很少有测试项目可以获得足够的时间进行充分的测试。相反，测试一般都是有时间限制的，例如：项目具体里程碑时间、客户或者用户要求产品提交的时间等。基于风险的测试设计可以提供一种思路，对测试用例和测试任务进行优先级排列和测试重点的有效选择。测试的时间限制，其面临的挑战实际就是确定测试的覆盖率。

通过基于风险的测试，可以从无限的测试中选择重要的和风险高的测试，从而降低风险，提升质量和对产品的信心。测试的时间压力不仅存在于测试实现和执行阶段，同样也存在于测试分析和设计阶段。通过基于风险的测试，可以在早期将时间和资源关注在高风险的地方，同时可以告知利益相关者这样做的意义和可能存在的风险。

（2）测试过程的风险。

测试过程中的风险很多，包括测试文档的编写和评审、测试的执行、测试场景的缺失以及测试平台和测试工具选择不当。在测试过程中，我们要识别出这些风险，提高产品的质量。

测试过程中常见的风险如下。

- 测试计划或方案设计有误：测试计划设计不能指导整个测试过程，测试方案没有正确采用测试方法和技术，或者某些测试方法被忽视掉，如边界测试、错误推测法、判定表驱动法和正交试验法等，从而导致测试不充分。
- 测试用例设计问题：因对需求没有进行完整的测试分析，导致测试用例设计不能完整覆盖需求；因测试方法使用不当或方法缺失导致测试用例不完整；设计测试用例的预期结果存在歧义。
- 测试用例执行风险：因测试进度原因或是回归测试原因导致测试用例执行不充分。
- 场景缺失或部分缺失：因关注点主要放在功能测试上而导致忽略了业务场景测试，或是导致部分业务场景的缺失。
- 测试数据准备不充分：测试过程中测试数据准备不完整，或是测试数据没有依照业务流程进行准备而导致测试数据不准确。
- 工具的风险：测试工具有许多种，测试人员对测试工具选择不当，会给产品带来难以预知的风险。
- 研发人员修复缺陷带来的风险。
- 潜在未测试的区域的风险。

（3）资源的风险。

产品测试过程中，往往面临的最大难题就是测试资源问题。测试人员、测试环境准备不到位以及测试资料准备不全面都会影响整个测试过程或者项目的整个周期。常见的资源风险如下。

1）人员风险——测试人员的风险。

- 业务不熟：由于测试前期对需求理解不准、不透彻和错误，导致测试人员对被测系统的业务流程不熟悉。
- 测试人员变动：人员变动的风险在整个测试过程中是最难把控的，项目组测试人员临时调到其他项目或者离职，请假等，导致项目不能按计划进行，这是最常见的风险之一。
- 定位效应：多次测试过的功能被认为是没有问题的，在回归测试时，错误理解为不需要进行测试。

- 疲态：某些功能点一直由同一位测试人员测试，经过多次回归后，测试人员对该功能点的测试显示出倦意和缺乏兴趣。
- 盲目测试：测试人员为了项目进度盲目测试，没有按照设计好的测试方案和用例进行测试。
- 思想同化效应：经过和开发人员的长时间接触，往往会被开发人员的思维逻辑所同化，渐渐丧失从用户角度出发的测试观察点。

2）资料的风险。

- 文档缺失：部分测试文档不完善。如缺少原始需求、测试计划、测试方案、测试用例以及项目后期的验收大纲等，导致测试覆盖率较低、测试不全面、测试杂乱无序。
- 需求发生变更：需求变更在产品生命周期中较频繁，将会影响到整个测试，甚至重新制订测试计划和设计测试用例。
- 设计不充分（计划、方案、用例和测试数据）：由于设计文档人员的个人原因或是时间限制等方面的原因导致输入测试的文档设计得不充分、不完整，遗漏了一些重要内容，造成测试不全面，覆盖率低。
- 质量标准不统一：由于文档和测试过程中的质量标准没有统一的标准，导致测试人员和开发人员认识不同。
- 文档质量问题：输入测试的文档内容含糊、表述不清以及内容不完整，都将影响测试质量和初期测试设计质量。

3）环境的风险——测试环境的风险。

产品对硬件平台、操作系统、网络环境和测试数据具有很强的依赖性，在测试进行环境风险分析时，我们要分析仿真环境、交叉测试环境和测试环境，甚至包括生产环境的风险。

常见的环境风险如下。

- 测试环境问题：测试环境所需要的硬件设施未及时到位，使用的测试硬件环境不满足用户需求、产品需求或者项目需求，使用的软件环境如操作系统类型、操作系统干净程度等不满足要求，导致测试环境配置错误、测试准确性低。
- 兼容性问题：测试环境中软硬件不兼容。
- 测试程序版本不一致：程序版本导致测试不准确，由多种原因造成，包括开发人员没有提交最新程序版本和测试环境没有及时更新到最新的程序版本等问题。

7.2.3 对测试风险的识别、评估与防控

基于风险的测试设计在测试实践中，几乎每个测试人员都会或多或少地运用它。前面已经介绍过基于风险的测试设计是为测试设计提供指导，发现测试过程中的风险，并对其进行分析、预防和转移。对于基于风险的测试设计，测试人员首先要考虑测试的风险在哪里？如何从无限的测试可能中执行正确的测试？如何根据进度要求放弃一些测试？如何在保证产品质量和进度的情况下执行风险测试？

通过以上描述我们明确了基于风险的测试包括 3 个主要活动。

- 风险识别：找出项目和质量的风险。
- 风险评估：通常是基于可能性和影响逐项评估。
- 风险防控：通过测试执行等活动发现风险并控制影响。

1．风险识别的常用方法

风险识别是指识别出产品潜在的风险因素。识别出整个测试过程中存在的风险，通过风险识别，对风险进行评估并把产品测试的风险降到最低。在风险识别阶段我们尽可能多地识别出重要的风险，将测试实施中的不确定性转变为明确的风险。风险识别是一个重要的过程，识别风险不仅要确定风险来源，还要确定风险何时发生以及风险产生的条件，并描述其风险特征并确定哪些风险事件有可能影响本项目。风险识别不是一次性的活动，应当在项目执行过程中自始至终地定期进行。

从项目管理角度讲，风险识别依据有合同、项目计划、工作任务分解（WBS）、各种历史参考资料（类似项目的资料）、项目的各种假设前提条件和约束条件。

从产品开发的生命周期来看，每个阶段的输出（各种文档）都是下一阶段进行风险识别的依据，许多技术风险都可以此来分析。

常见风险识别的方法如下。

- 风险检查表：建立在以前开发类似的项目中曾经遇到的风险基础上，比如开发时利用了某种技术，那么有过这种技术开发经验的个人或者项目组，就能指出他们在利用这种技术时遇到过的问题。常见的风险列表，如图 7-5 所示。
- 头脑风暴会议：围绕项目中有可能会出现哪些范围、进度、成本和质量方面的问题这一议题展开，讨论并列举出项目可能出现的风险。

- 项目人员面谈：通过召开项目会议，分析出每个阶段存在的风险。
- 经验教训：项目结束时，召开项目总结会议，对测试过程中遇到的风险进行汇总，为下一项目提供参考。
- 问卷调查：根据以前项目经验，列出整个过程中的问题，包括文档的编写和人员的技能是否达到要求，测试之前测试环境是否准备完毕。问卷调查内容如表 7-1 所示。问卷调查表根据实际情况会有所差异，希望表 7-1 所示的内容能够为大家提供有价值的参考。

复杂性：规模庞大、复杂以及难以理解的对象。
新的：产品功能对项目成员都是全新的，没有任何可以借鉴。
变更的：变更或者进行了改进的功能对象。
关键的：系统或者产品的某个部分的失效会导致严重的后果。
精确的：系统或者产品的某个部分需要达到严格的精度。
常用的：客户经常操作或者使用的部分。
特殊的：对于组织特别重要的部分，例如：竞争对手不具备而运营商关注的功能。
第三方软件：系统或者产品中使用的不是该项目团队开发的部分。
分布式的：需要集成工作，但是由不同地点或者团队所开发的部分。
缺陷集群：已知的缺陷很多的地方。

图 7-5　常见风险列表

表 7-1　　问卷调查

项目名称：XXXXXX 项目
参与人员：***、***、***
时间：YYYY-MM-DD

问卷调查表

序号	问卷问题	是/否	备注
1	需求说明书是否在开始设计之后还在修改？	……	
2	需求说明书是否存在“不确定”的内容？	……	
3	功能的复杂性是否超出组织目前的经验和技能？	……	
4	根据需求展现的功能是否难以设计？	……	
5	功能实现是否做过分析？	……	
6	性能指标是否做过分析？	……	
7	需求提到的功能是否达到可测试性？	……	
8	硬件系统是否及时到位？	……	
9	测试相关的测试设备和工具是否及时到位？	……	
10	测试人员是否熟悉测试设备的功能？	……	
11	……	……	

2．如何评估被识别的风险

当对风险进行识别之后，就需要确定每个风险因素发生的可能性及其造成的损失，这个过程称为风险评估。风险评估是在风险识别的基础上，对识别的风险进行评估。评估主要从下面几个方面入手。

- 风险概率分析，即对风险发生的可能性设置一个衡量尺度，如很高、较高、中等、较低以及很低。
- 风险影响的严重程度分析，即对风险发生后产生的影响严重程度进行评估，严重程度可划分为很大、较大、中等、较小和很小几个级别。
- 确定风险评估的正确性，要对每个风险的表现、范围和时间做出尽量准确的判断。
- 根据损失（影响）和风险概率的乘积来确定风险的优先级别，定制风险应对措施。

风险识别主要从弱点识别、威胁识别以及已有控制措施识别等方面进行风险的影响和可能性分析，确定风险的结果，并确定产品各业务系统所需要的防护级别。

风险评估是对内部和外部风险进行分析确认和衡量。同样在测试的整个阶段，使用定性分析法结合项目实际情况，分析出每个测试阶段的风险，并体现在风险列表中，然后对风险进行分析，根据风险对项目的影响程度，确定每个风险的估值，并确定出风险的优先级别，然后采取合适的风险防控措施。

在进行风险评估分析时常采用风险矩阵评估法。该方法将风险发生的概率和影响程度分级评分，然后根据风险矩阵的行和列形成风险矩阵，将风险概率和风险后果估值相乘得到风险值，然后按照风险事件在矩阵中的位置做出评估。风险矩阵评估方法对风险发生概率进行评价，对风险影响所造成的损失进行评价，风险矩阵评估方法不但考虑事故发生的可能性，还考虑后果的严重程度，并将其分为不同的级别，进行量化处理，实现了定性向定量的转化，同时考虑各种危害的后果。风险矩阵评估法根据对风险影响和风险概率划分等级，较为直观地判断出风险等级，如表 7-2 所示。

表 7-2　风险等级对照表

严重程度 / 发生概率	很小	较小	中等	较大	很大
很低	低	低	低	中	中
较低	低	低	中	中	高
中等	低	中	中	中	高
较高	中	中	中	中	高
很高	中	高	高	高	高

3. 风险的防控

一个产品或项目的研发，它的过程状态主要体现在项目进度、成本和质量3个基本要素上。后期遇到的问题越多，说明软件存在的风险越大，测试投入就越大，项目投入的成本也就越多。在整个项目周期中，前期我们通过分析一些风险来减少损失，但是还有一些隐含的风险。当这些隐含的风险暴露出来时，为了保证软件的质量，我们需采取一些应急措施去弱化、避免和承担风险，以保证软件在合理的成本范围内按期完成。

（1）常用的风险控制策略。

风险伴随着整个测试过程。由于有些风险是不能控制的，因而严重影响了测试进度甚至影响了产品的发布和交付。针对这些未知的风险，我们如何预防，并设法把这些风险降到最低，采用的主要控制方法如下。

1）风险避免。

在项目开始前，把一些环节或边界上的可能会有变化以及难以控制的因素列入风险管理计划中；并针对测试的各种风险，建立一种“防患于未然”或“以预防为主”的管理意识，例如：确定采用的测试技术和方法；确定测试范围；确定测试用例的优先级，测试资源的分配。我们还可以对软件生命周期的所有过程进行日常跟踪，及时发现影响测试风险的各种征兆，采取适当措施避免风险。

2）风险弱化。

将风险事件的概率或结果降低到一个可以接受的程度。例如，制定文档标准或模板，并建立相应可行的管理机制和变更措施，以保证文档及时产生和适时变更。制定测试流程，在日常测试工作时，严格按照测试流程执行，避免盲目性测试。对测试生命周期中的必要工作进行评审，以便能够及时发现问题并解决问题，包括对不同的测试人员在不同的测试模块上相互调换。

3）风险承担

通过资源、时间和成本的控制进行风险承担，如：做资源、时间和成本等估算时，要留有一定余地，不要过度饱和。对每个关键的测试工程师培养后备人员，做好测试人员流动的准备，采取适当措施确保当人员产生变动时，其所在项目的测试工作不会受到严重影响，仍然可以正常有序地开展。

（2）风险控制策略的选择。

上述内容说了那么多风险，相信大家在测试中会经常遇到。一旦遇到这些问题，如何找到合适的方法去解决，接下来将要介绍。

1）测试时间进度风险控制：该风险触发时，可采取与客户协商的方式，顺延交付产品或者推迟交付已有的低优先级的功能和特性，或采取降低对低优先级的功能或特性的测试要求。

2）测试方法：测试负责人需要有良好的测试技术基础和一定的实践经验，能很好地把控测试计划和测试策略；能够对测试人员进行测试技能培训；能够从根本上解决测试方法问题。

3）需求变更：适时对需求变更进行跟踪，并及时同项目经理、产品经理和研发人员进行沟通，以确认最新的需求并适当调整测试。

4）测试质量保证：依照测试生命周期过程，对每个阶段输出的资料都要进行相关评审，对整个过程进行监控。

5）测试用例与数据设计不充分：尽可能地让测试经验丰富的人员设计，以保证测试用例和数据的充分性，如测试负责人或测试专家。

6）测试环境：在测试环境配置前，对所有相关的环境检查进行列表核对，在测试环境配置完毕后，由指定人员按已列出的环境检查内容逐一检查。

7.3 基于任务驱动的测试

在日常生活中，任务通常指交派的工作或担负的职责与责任。而测试任务是指为完成某个测试流程所执行的活动。一个测试项目可以分成多个任务，每个任务是一个逻辑执行单元，不可再分。

所谓任务驱动测试，是指整个测试项目以通过执行测试任务的方式来达成。在完成所有任务测试后，即完成了测试项目。以任务驱动为导向的测试可以称为基于任务驱动的测试。任何一个测试项目，都可以按照任务驱动的方式进行，第三方测评、外包测试、OEM 测试和自动化测试是较常见的基于任务驱动的测试模式。

7.3.1 浅谈基于任务驱动的测试

在介绍常见的基于任务驱动的测试前，先来了解该测试设计的目的和特点。

1. 任务驱动测试的目的及特点

基于任务驱动的测试以任务驱动为导向，可以实现以下目的。

- 通过任务的形式约束测试，提高测试效率。
- 降低研发、测试成本和周期。
- 尽快确认和保障产品质量。

基于任务驱动的测试设计具有以下特点。

- 以任务为导向，测试目的和范围明确。
- 具有明确的输入条件和数据，测试内容清晰。
- 严格依据测试结果判定测试是否通过。

2. 任务驱动测试的常见模式

（1）第三方测评。

对软件产品的测评是典型的任务驱动的测试。第三方测评受客户委托申请验证产品的质量并出具测试报告，以达到客户评判、验收产品获取相应认证报告的目的。

第三方测评机构应具有独立的、测试检验能力和检验资质，以公正和权威的非当事人身份，依据有关法律、标准和合同进行商品检验活动的机构。检测机构应是独立法人，不受任何利益方干预，由专业的测试人员应用专业的测试工具和方法对软件的质量进行全面审核。

第三方测评有别于软件厂商自己进行的测试，其目的是为了保证测试工作的客观公正性以及相关资质和能力的证明。第三方测评主要包括需求分析审查、设计审查、代码审查、单元测试、功能测试、性能测试、可恢复性测试、资源消耗测试、并发测试、健壮性测试、安全测试、安装配置测试、可移植性测试、文档测试、验收测试和资质能力认证等。对于通过测试的产品出具测评报告或证明，以说明产品具有相应的资质或能力。测评是软件测试的一个阶段性结论，用所生成的测评报告来确定测试是否达到完全和成功的标准。

（2）外包测试。

在当今市场环境中，对软件企业的产品质量、开发成本和开发周期都提出了越来越高的要求。在这种趋势下，为了降低成本、提高效率、增加企业的市场竞争力，软件外包测试应运而生。软件外包测试是指软件企业将软件开发项目中的全部或部分测试工作，外包给专门公司或组织完成。由于不同企业或不同软件项目的特殊性，会选择不同程度或模式的外包策略。测试外包的模式分为现场测试、外部测试和分布式测试。

现场测试就是采用人力外包的模式，是指测试外包公司派遣测试人员到软件开发商的工作地点进行驻场测试。该模式一般适用于保密要求较高或者对产品运行环境有特殊要求，方便软件开发商对测试进度和保密的控制。

外部测试就是采用项目外包的模式，由软件开发商提供产品和测试需求，由外包公司组建测试团队，根据外包合同和测试质量体系进行相关工作，测试结束后由软件开发商进行项目验收。

分布式测试比较典型的模式有众包测试和 Bata 版本测试，通常是通过互联网把需要测试的工作分配出去，通过众包志愿者或用户对产品进行测试，可以加快测试过程，并获取真实用户的反馈。

（3）OEM 测试。

OEM 是英文 Original Equipment Manufacturer 的缩写，按照字面意思，应翻译成原始设备制造商，是指 OEM 厂商（乙方）根据另一家厂商（甲方）的要求，为其生产产品和产品配件，亦称为定牌生产或授权贴牌生产。OEM 测试是指对 OEM 厂商提供的产品进行测试验收。OEM 测试是一个过程，是一个以合同为依据的测试。OEM 测试一般是在乙方的产品完成开发并完成内部测试后，提交给甲方进行测试验收，验收产品是否与合同约定的一致。

（4）自动化测试。

自动化测试可以理解成使用自动化代替繁琐的手工测试，在具体的输入和输出的条件下，使用自动化程序来代替手工测试执行。自动化测试根据测试任务选择不同的软硬件资源，将手工测试的测试用例和测试结果，转化为自动化执行和结果判定的运行程序。

可以看出，基于任务驱动的测试都是具有明确的输入与输出来作为判定条件，不要求测试者有过多的测试思路扩散。第三方测评需要根据测评规范和方案对产品进行测试评估，依据测试结果对产品进行合格性判断；外包测试则是由外包合同对测试项目的具体内容进行详细的说明，并依据合同中的测试内容进行测试执行和结果判定；OEM 测试则由依据技术合同等方案设计 OEM 验收方案，依据方案对产品进行测试和结果判断；自动化测试依据手工测试的用例和结果进行自动化测试平台的搭建，把测试用例和数据作为输入，并依据预期测试结果对自动化测试结果进行判断。

3．基于任务驱动的测试设计的优点和缺点

通过上述内容的介绍，可以发现基于任务驱动的测试有以下优缺点。

（1）基于任务驱动的测试设计的优点如下。

- 测试公平公正且专业透明。基于任务驱动的测试总是把任务分配给专业的团队去测试，保证测试的质量；具有明确的任务，测试任务决定测试内容，测试内容明确则执行结果统一。每个过程都经过相关方的评审通过，评判标准透明，测试结果和验收依据标准进行，直观公正。
- 节约成本。基于任务的测试往往把任务交给专业的机构或组织，减少人员招募、人员管理、设备和工具等资源的配置，以及对测试人员的培养等成本的开支。以自动化测试为例，自动化测试能够把需要多人执行的测试任务快速执行完毕，不仅能够减少人员的需求，而且能够节省时间成本。
- 权威性。任务往往分配给专业的测试团队或测评机构，它们一般具有公正和权威的公信力以及专业的测试仪器，从客户的利益考虑，对测试的严格程度和测试策略都是通过评审来确定，具有很好的说服力。
- 严格的文档审查。基于任务驱动的测试通常不仅验证产品的能力，还对测试文档资料进行审查。这对于产品的验收和推广应用具有非常重要的意义。

（2）基于任务驱动的测试设计的缺点如下。

- 测试可能不全面或测试深度不够。基于任务驱动的测试都具有明确目的，测试范围明确的同时限定了测试的全面性，比如外包测试，一般对于外包出去的业务都是非核心业务，可能会把测试任务分配给不同的外包公司，每个外包公司只负责其中的一个或者几个功能，这就导致交互功能无法测试或被遗漏。第三方测评往往验证产品是否达到了某个程度，而不是证明产品无误，所以第三方测评只能发现功能系统级别的问题，而无法发现细粒度的缺陷。自动化测试只能发现已经存在的缺陷或者证明原来的功能没有问题，而无法发现新的缺陷。
- 沟通不畅会影响测试进度。任务驱动的测试需要有明确的输入，当任务双方在沟通过程中出现沟通不及时、需求传达理解不透彻、沟通接口太多等导致信息同步不全面，都可能使测试延期或返工，所以在此类测试中，需要有专门的人员进行项目沟通。
- 需要增加保密成本。由于涉及不同地点或组织的参与人员，机密信息的保护显得尤为重要。特别是第三方测评和 OEM 测试都需要给测试方提供后台账户和密码，这些密码是否和本公司其他产品密码一致而导致公司产品后台防护的缺失。解决这些问题都需要投入成本，造成成本的增加。

7.3.2 如何进行基于任务驱动的测试

1. 明确约束条件和目的

基于任务驱动的测试都是带有目的的，做某项任务是想要达成某种结果，而满足这些结果需要经过若干条件的约束。任务双方的目的是一致的，都是希望测试的产品满足需求。约束条件是双向的，规定双方需要履行的责任和义务。比如第三方测评任务，引入第三方测评的目的一般有两点。

- 作为某个产品验收的第三方，对产品进行系统性的验收，机构的测评能够给予产品一个客观的评价，证明产品具备的质量和能力，达到用户验收的效果。
- 软件开发商期望通过第三方测评机构的专业测评，取得具有权威性和专业性的测评报告或认证资质，为产品的销售与推广提供必要的信誉担保。

不管何种测评目的，在测评前都要签署合同。合同对双方进行约束，规定测评双方的关系、职责和义务，并保护各自的权益。在测试的过程中，不管是委托方、开发方还是测评机构，测试的依据都是测试方案，目的都是确认系统能否稳定运行并测试通过。

外包测试同样如此，外包方和承包方在签署合同之前，往往需要明确测试需求、范围、时效和质量目标，这些明确的项都需要在合同中记录和体现，作为项目测试实施和测试验收的依据。

外包合同的内容规定十分详细，不仅包含测试内容，还包括承包方的测试计划和维护计划，外包方的监管和验收计划、保密和风险等内容。合同不仅是约束任务双方的文件，而且是测试的入口文档，测试人员依据合同中的测试需求分解出测试项，根据需求和测试项编写测试用例，执行测试用例，执行的结果汇总后，经过分析得出测试结论。整个测试过程就是外包测试任务实施的过程。

2. 测试任务的划分

如果一个项目就是一个任务，那么项目中每一步的实施和每条测试用例的执行就是一个小任务。在传统的项目测试计划中需要确定测试周期，基于任务驱动的测试比一般项目更应该加强时间管理，对项目进度应该严格控制，作为该项任务测试的负责人更需要有效地监控项目的进度和风险，才能避免项目的延误，避免额外的支出费用。负责人拿到任务的项目计划后，要详细地进行审核并制订测试计划和测试方案，使其符合项目计划的要求。通过这些活动和过程，负责人进一步了解整个项目的流程、内容、估计的工作量和资源的安排是否与项目本身的要求吻合，若有明显的差异都需要及时澄清并建立共识。确认了项目计划后才能够正式地启动项目，开始实施项目测试。

3. 测试实施

测试计划和测试方案确定之后，一个重要的任务就是搭建测试环境。当测试计划和方案明确并经过评审后，测试环境就是明确的，只需要根据网络拓扑环境准备必要的软硬件资源就可以搭建测试环境。基于任务驱动测试的特点就是任务目的明确和输入条件明确，同样测试环境也是明确的。测试执行按照测试计划和测试用例进行，对每一项测试用例的执行结果进行记录，发现的缺陷提交到指定的软件缺陷跟踪管理系统中，并报告软件缺陷。

不同的基于任务驱动的测试模式，测试执行管理不同。下面以外包测试在实施过程中的执行管理进行说明。

- 现场测试的测试环境和测试资源由外包方提供，测试人员根据提供的测试用例进行实施工作，对测试发现的问题提交汇报。
- 外部测试需要外包公司提供并搭建测试环境，测试人员除了需要执行测试用例，还需要根据合同规定，对测试进度进行“每日汇报”或“每周汇报”，需要把其间发现的缺陷、测试存在的问题和测试进度进行说明并汇报。同时外包方会对测试过程进行监督，检测测试内容是否按照测试计划进行，是否执行了所有的测试用例，是否提交了无效的缺陷，检测缺陷的有效性。
- 分布式测试通过互联网进行测试的发布和管理，外包方设定相关的测试需求，规定测试内容和周期。普通用户通过领取任务，在规定的周期内提交测试结果。该方法能够快速获取测试结果，并尽早地发现产品问题；分布式测试人员一般不收取报酬或极低的报酬，可以降低成本；通过大量的普通用户测试，可以获取大量真实用户的反馈。

除了测试环境的搭建和测试用例的执行，还要求对产品文档进行测试。一般需要测试的内容如下。

- 查看文档内容与产品功能是否相符。
- 检查文档的流程图是否与程序一致。
- 检查文档是否有错别字或不符合语法的地方。
- 用户说明和帮助文档是否准确且通俗易懂。
- 对文档的完整性、正确性、一致性、易理解性、易浏览性和版本统一性进行校验。

4. 测试结果的判定

基于任务驱动的测试结果的判定十分明确，每个任务在开始前都具有明确的约束性文档、合同或验收方案，依据规定的内容进行测试验收，需要对测试中每个流程的内容、任务、目标进行确认和评估。对测试结果进行确认，并出具测试报告或相关证明。比如第三方测评认证在测试完成后，测评机构根据测试结果出具测评报告，并在报告中说明测试结论。

无论哪种基于任务驱动的测试模式，其测试报告的内容都大体类似。对于任务结果的判定，主要判断的依据如下。

- 是否满足需求。
- 是否通过了验收测试。
- 是否执行了全部的测试用例。
- 是否遗漏了重要的缺陷。
- 任务过程是否有完善的记录文档。

7.3.3 测试任务的把控

以上内容对基于任务驱动的测试的模式、目的、特点和测试要点进行了说明，并通过案例分析的方式对测评任务过程进行了说明。那么在测试任务开始到结束的过程中，作为测试人员如何对测试过程进行跟踪和把控呢？下面将分别对测试内容、沟通交流、过程控制和文档管理 4 个部分逐一说明。

1. 测试内容

测试内容是基于任务驱动测试的关键，任务可以是功能测试、性能测试、本地化测试、兼容性测试、硬件测试和安全性测试等。任务的主体就是测试内容，同时包括完成测试内容的时间周期、测试地点、测试场景、人员组织、沟通协调和结果验收等。一切都是围绕着测试内容展开，测试内容的多少、测试内容应用的场景有哪些、测试内容的复杂程度以及需要多少人员参与等。基于任务驱动的测试，将测试内容梳理并定义清楚，测试将变得可控和可衡量，测试结果将是可预期的。

2. 沟通交流

基于任务驱动的测试在选择测试团队和管理时，需要重点考虑沟通的问题。在任务初期需要明确沟通方式和方法，特别是一个项目分为多团队协作时，不仅需要明确各团队与任务分配方的沟通交流方式和方法，还需要明确不同团队之间的交流方式，明确定义各个团队的目标、任务和交付内容。同时项目团队必须对沟通过程做记录并存档，一切争议事项或问题都有文档依据可查。

3．过程控制

当测试任务复杂、任务量大且分配团队多时，对不同团队进行有效地监管是一个挑战，监管的缺乏也是一个潜在的风险。对监管工作的重要性认识不足，常常导致监管的人力不够，或者监管的人缺乏足够的技能。由于监管的对象很多，对监管团队成员的要求相应较高。监管团队成员不仅要具备较强的技术，而且监管过程中还会涉及很多非技术方面的问题，所以团队成员还应具备相应的管理技巧、商业经验和社交技能等。基于任务驱动测试的监管团队一定要具备技术、管理和商业社交的能力。

4．文档管理

践行“以测试者引导开发，以文档化把控质量”的理念，每个测试任务的开始、实施与结束都需要相关的文档作为记录和支撑，开始初期的测试任务的内容、时间和质量目标都需要测试人员进行分析和确定，形成测试计划、测试方案和验收方案等文档，分别作为测试任务的开始、实施和验收测试的重要依据。在实施阶段测试用例的编写、测试环境的描述、缺陷的记录和分析都由相关文档进行记录并汇总。测试结束验收时，验收的依据就是验收方案，通过对测试过程中的文档、数据、缺陷及测试报告进行审查，并对相关功能项的验收测试，出具验收报告。以上的任何一个阶段，出具的测试文档都需要任务相关方人员的参与评审，出具评审报告，所有的一切质量标准都以文档内容为准，文档记录着测试任务的每一步发展。所以在任务期间，一定要做好测试文档的记录和管理工作，保证所有文档具有上下关系，并保证文档的可追溯性和真实性。

基于任务驱动的测试中除上述需要重点关注的内容，还要特别关注人的作用和特性。基于任务驱动的测试过程，人的沟通协调占据重要的比例和地位，前期任务信息的沟通、测试任务过程中的沟通和测试任务结果的确认与总结，人的特性往往影响任务的进展和测试质量的好坏。

Chapter 8

第 8 章 自动化测试架构设计

由于产品开发进度紧张，产品开发的团队资源有限，有些企业产品质量总是在较低水平徘徊，虽然了解到测试是提高产品质量的重要手段，但总是不得要领，不知如何提高测试技能，严重者导致产品质量问题频频暴露，导致顾客满意度下降，利润降低，甚至产品召回，给企业的正常运作带来许多不利的影响。

——引子

以上那段话是我做企业培训时经常对学员说的，目的只有一个，那就是现在的软件迭代越来越快，只靠手工的方式远远达不到效率与质量的要求。所以，我们必须要走自动化测试这条路。当然，这条路不好走，也不能一步到位，只能一步步地探索，也不能把其他公司的成功案例直接放到自己公司中（每个公司的情况是不同的，复制很难成功）。

下面首先介绍自动化测试框架，然后详细介绍如何进行自动化测试。

8.1　为什么设计自动化测试架构

8.1.1　大部分企业测试现状举例

大部分企业现状如图 8-1 所示。

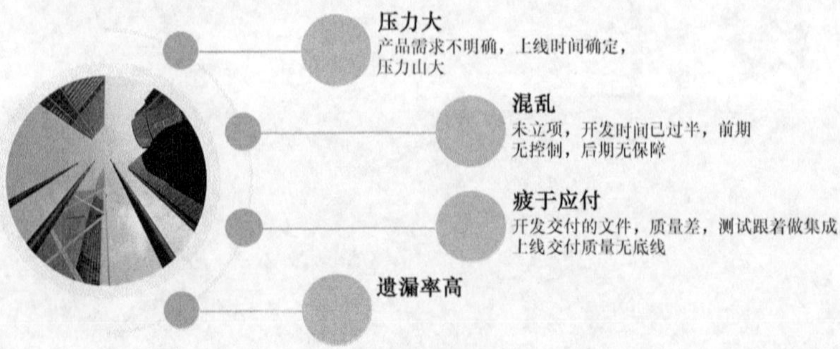

图 8-1　企业现状分析

- 压力大：产品需求不明确，上线时间确定，压力山大。
- 混乱：未立项，开发时间已过半，前期无控制，后期无保障。
- 疲于应付：开发人员交付的文件质量差，测试跟着做集成，上线交付质量无底线。
- 遗漏率高：为什么 Bug 测试不出来，在用户使用中或在合作伙伴那里反而被测试出来 Bug。

8.1.2　提高测试效率的疑问

提高测试效率的六大疑问如图 8-2 所示。

图 8-2　提升测试效率的疑问

- 如何在短时间和资源不足的情况下，尽可能测试出多的 Bug？
- 如何减少重复工作的工作量？
- 如何更好地对组员的测试质量进行监控？
- 测试文档很多，如何保证测试文档的质量？
- 如何衡量测试的效率，及人员绩效考核？
- 如何改进测试过程？

8.1.3　大部分企业测试效率低下的实际原因

大部分企业测试效率低下的实际原因如图 8-3 所示。

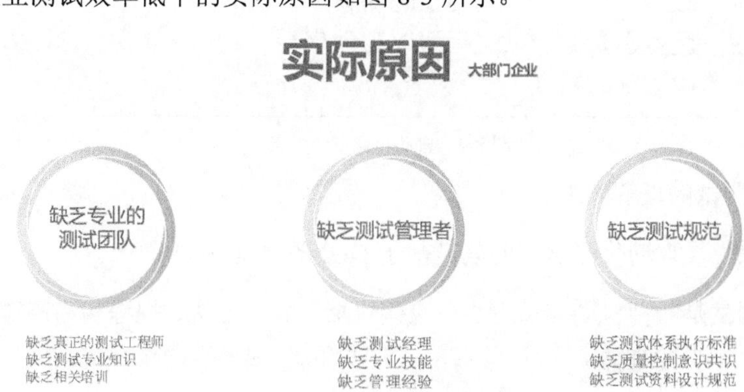

图 8-3　企业现状分析

8.2　认识自动化测试

8.2.1　明确几点问题

- 自动化测试永远不可能完全替代手工测试。
- 手工测试发现的缺陷远比自动化多。
- 项目周期长、需求变更少且不存在大量不可识别的第三方控件可以进行自动化测试设计。
- 对可靠性和性能测试要求高以及反复进行的测试，建议使用自动化。

8.2.2　什么是自动化测试

自动化测试的定义如图 8-4 所示。

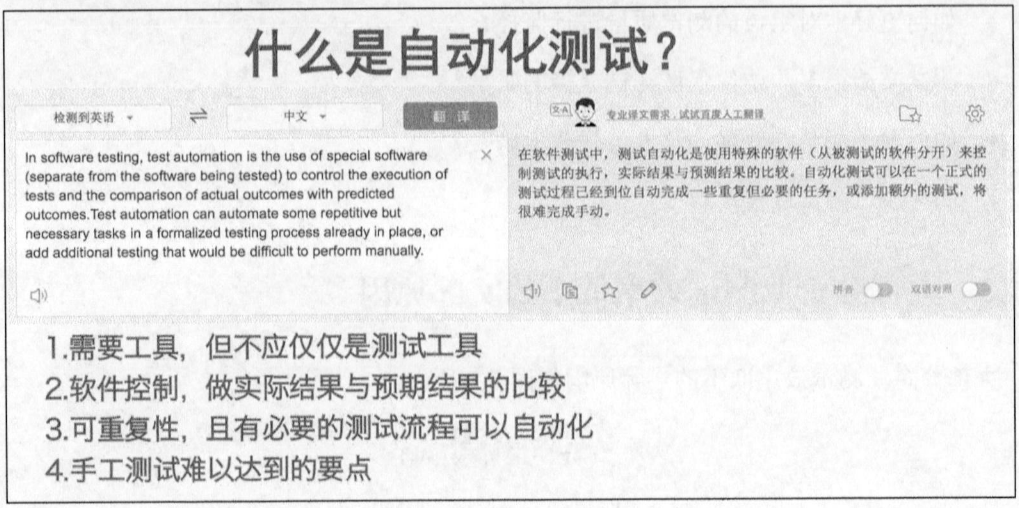

图 8-4　自动化测试的定义

我对自动化测试的理解如下。

- 狭义上来说，自动化测试指的就是基于 GUI 的自动化测试。
- 自动化测试是一种自动测试思想，应该包括工具、方法、规程和沟通等内容，是测试工程师“手”的延伸。

你有没有想过，不借助任何工具，实现自动化测试。

有这种思想的人，我个人认为：天生就是搞自动化测试的人才。

8.3 自动化测试框架该具备的要素

8.3.1 测试体系与测试平台整合

测试体系与测试平台整合如图 8-5 所示。

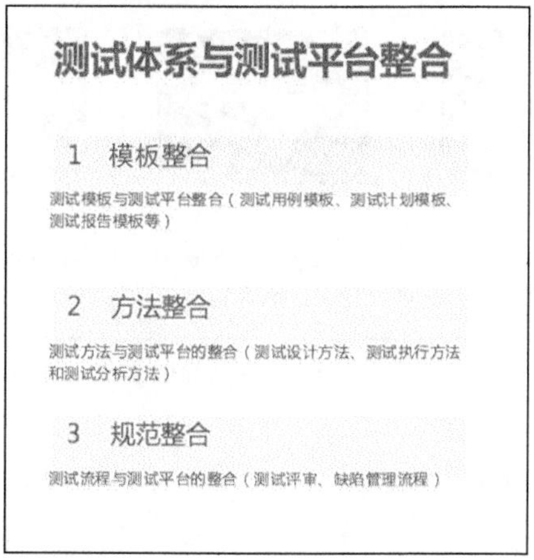

图 8-5 测试体系与测试平台整合

8.3.2 测试用例标准化整合

测试用例标准化整合如图 8-6 所示。

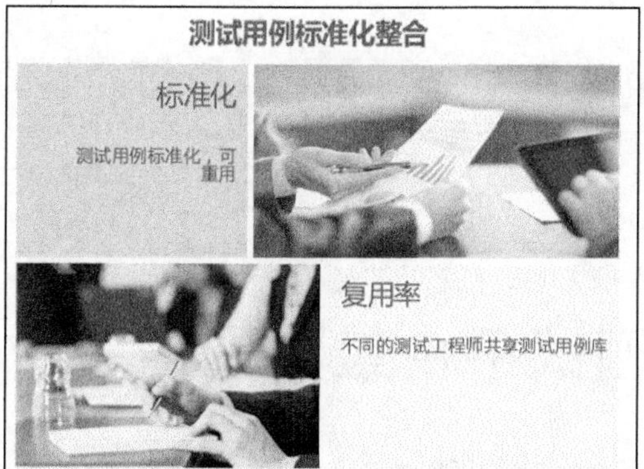

图 8-6 测试用例标准化整合

8.3.3　回归测试自动化执行

回归测试自动化执行如图 8-7 所示。

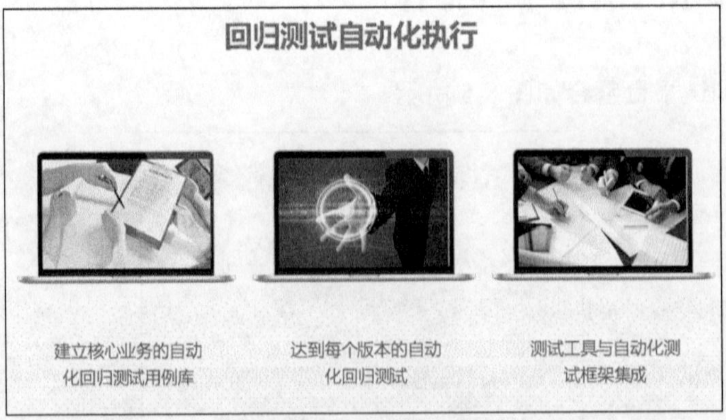

图 8-7　回归测试自动化执行

8.3.4　最终目标

最终目标如图 8-8 所示。

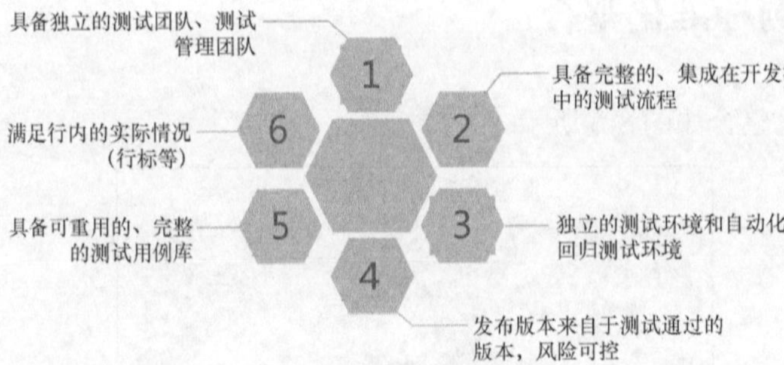

图 8-8　最终目标

8.4　自动化测试平台最终图谱

自动化测试平台框架如图 8-9 所示。

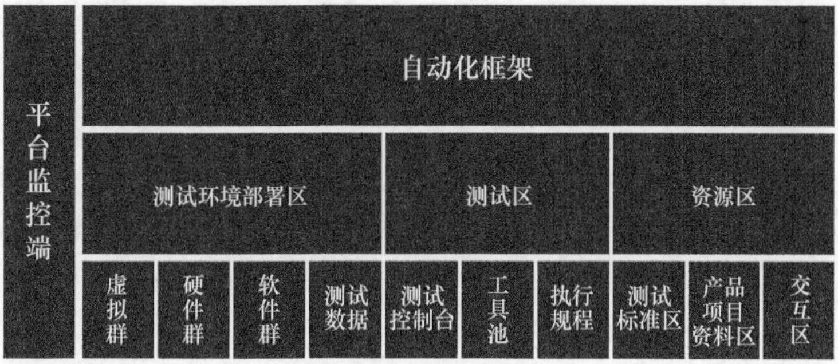

图 8-9 自动化框架

基于以上内容，接下来的章节着重介绍自动化构建相关的内容。

Chapter 9

第 9 章 三库管理实战

俗话说“无规矩，不成方圆”，我们都知道，在工作中，缺少明确的规章制度与流程，就容易产生混乱。在软件发展前期，一个项目从立项开始到退出市场的整个过程中，由于缺少软件管理规章制度或职责分工不明确等原因，导致在项目进行时不能严格把控。为了确保产品整个周期配置项的完整性、唯一标识和可追溯性，特此制订了相关的管理规定，对产品过程版本、文档资料进行严格控制。本章就站在测试库、受控库与缺陷库 3 个角度，与大家探讨一下“三库”的管理内容（强调一点，本书提到的三库，不是军用产品软件中的三库要求）。

9.1 测试库

测试库主要对软件测试过程中输出的文档与工具进行严格控制，主要包括：测试库框架说明、测试库人员权限说明以及相关的配置项目。

9.1.1 框架分析

为了对测试阶段输出的文件进行统一管理，测试库框架如图 9-1 所示。

```
测试库
  ├── 测试项目/产品之一
  │     ├── 过程文档
  │     │     ├── ×××_测试计划.doc
  │     │     │        ⋮
  │     │     └── ×××_操作手册.doc
  │     ├── 测试用例
  │     │     ├── ××_×××功能测试用例.xls
  │     │     │        ⋮
  │     │     └── ×××_×××功能测试用例.xls
  │     └── 测试报告
  │           ├── ×××_测试报告.doc
  │           │        ⋮
  │           └── ×××_测试报告.doc
  ├── 测试项目/产品之一
  └── 测试工具
        ├── ×××测试工具
        │        ⋮
        └── ×××测试工具
```

图 9-1 测试库框架图

- 测试库以项目或产品为单位进行管理，使用 SVN 软件对测试库进行搭建。
- 测试报告主要放置文件：各阶段的迭代测试报告、性能测试报告、验收报告和各类文档的评审报告等。
- 测试用例主要放置文件：界面测试用例、功能测试用例和性能测试用例等。
- 过程文档主要放置文件：测试计划、测试方案、验收大纲、操作手册以及与项目相关的文档（如立项申请表、项目周报等）。
- 测试工具主要存放在测试过程中使用的工具、测试环境（目的是复现缺陷和留档）。

9.1.2 权限划分

测试库主要是测试内部人员使用，项目组参与人员包括配置管理员、普通研发人员、研发接口人员、测试经理与测试人员、产品与项目经理、质量人员和临时人员。下面是测试库中各角色的权限说明，如表 9-1 所示。

表 9-1 测试库权限说明

人员角色	读权限	写权限	删除权限	备份权限
配置管理员	√	√	√	√
普通研发人员	×	×	×	×
研发接口人员	×	×	×	×
测试经理/测试人员	√	√	√	√
产品/项目经理	×	×	×	×
质量人员	×	×	×	×
临时人员	×	×	×	×

注：√表示允许，×表示禁止。

9.2 受控库

为了确保产品研发周期配置项的完整性、唯一标识、可追溯性和安全性，特制定了受控库的管理规范，对研发过程中测试与研发的交互关系、程序版本和文档资料等内容进行严格控制。其主要包括受控库框架说明、受控库人员角色划分、产品版本标识说明、权限管理规范和受控库出入库原则。

9.2.1 框架分析

为了确保测试阶段产品配置项的完整性和追溯性，测试和研发交互受控库框架如图 9-2 所示。

```
SVN
├── 项目/产品名称或简称之一
│   ├── 需求规格说明书
│   ├── Install-package
│   │   ├── Vx.x.x.x（****）
│   │   │   ├── 安装包.tar
│   │   │   ├── 安装说明文档.doc
│   │   │   ├── 风险评估.doc
│   │   │   ├── 更新说明.doc
│   │   │   └── 自测报告.doc
│   │   └── Vx.x.x.x（序号）
│   └── Update-package
│       ├── Vx.x.x.x（****）
│       │   ├── 升级包.tar
│       │   ├── 升级包安装说明文档.doc
│       │   ├── 风险评估.doc
│       │   ├── 更新说明.doc
│       │   └── 自测报告.doc
│       └── Vx.x.x.x（序号）
└── 项目/产品名称或简称之二
    ├── 需求规格说明书
    ├── Install-package
    └── Update-package
```

图 9-2　受控库框架图

1．框架图说明

- 受控库以产品或者项目为单位进行管理，使用 SVN 软件对受控库进行搭建。
- install-package：此处提交安装包，提交时，以安装包的产品版本标识命名的方式创建文件夹；每次版本提交都应该提供框架图中的内容，如安装包、安装说明文档、更新说明（新增功能、修复的问题或 BugID、遗留问题和文件 MD5 值）以及自测报告等，如需要提供该版本有关风险评估的说明或在更新说明中附加。

2．安装包

安装包的打包按照公司发布的相关版本规范进行命名，不得随意命名。

安装说明文档：对于提交的安装包需提供对应的安装方法说明文档，此文档作为检验安装过程的一部分。

3．更新说明

- 新增功能，对于新产品主要说明此次实现的功能，对于迭代产品主要说明此次变更的功能项或计划实现而未实现的功能点说明。

- 修复的问题或 BugID，主要面向迭代产品或二次开发产品继承的缺陷的修复说明。
- 遗留问题，上一次迭代提交的缺陷而此次未修改或延后处理的缺陷的说明文档。
- 文件 MD5 值，提交文件的 MD5 值必须记录到更新说明中，以便对文件进行校验。

4. 自测报告

研发人员对提交版本安装包功能的自测说明。

5. 风险评估

- 研发对此次提交安装包可能存在的风险的说明，提示重点缺陷区域或注意事项。
- update-package：指每一个小版本的升级，此处提交升级包，提交时以升级包的产品版本标识命名的方式创建文件夹；每次版本提交都应该提供框架图中的内容，如升级包、升级包安装说明文档、更新说明（新增功能、修复的问题或 bugID、遗留问题和文件 MD5 值）和自测文档，如需要提供该版本有关风险评估的说明或在更新说明中附加。

6. 升级包

升级包的封包按照公司发布的相关版本规范进行命名。

7. 升级包安装说明文档

说明升级包的升级方式或方法。

8. 更新说明

- 新增功能，主要说明对于新产品主要说明此次实现的功能，对于迭代产品主要说明此次变更的功能项或计划实现未实现的功能点说明。
- 修复的问题或 BugID，主要面向迭代产品或二次开发产品继承的缺陷进行的修复说明。
- 遗留问题，上一次迭代提交的缺陷而此次未修改或延后处理的缺陷的说明文档。
- 文件 MD5 值，提交文件的 MD5 值必须记录到更新说明中，以便对文件进行校验。

9. 自测报告

研发人员对提交版本升级包功能的自测说明。

10. 风险评估

- 研发对此次提交升级包可能存在的风险的说明，提示重点缺陷区域或注意事项。

- 需求规格说明书，明确产品需求，研发与测试依据文档之一，该文档需放置在项目或产品的根目录。

9.2.2 权限划分

表 9-2 为受控库的权限划分。

表 9-2 受控库权限划分

序号	人员角色	主要工作	备注
1	配置人员	受控库的配置管理权限管理与系统维护工作 受控库人员增加、删除的工作 受控库数据备份和数据恢复工作 受控库使用情况统计并定期汇报工作	删除文件操作属敏感操作，需慎重
2	研发人员	普通研发人员不直接提交文件到受控库 研发接口人提交文件到受控库	
3	测试人员	下载受控资料进行测试 反馈受控资料的正确性	
4	产品/项目经理	发起项目入库和人员权限需求 查看项目和产品的文件	
5	质量人员	审查项目文件	
6	临时人员	查看项目和产品的文件	短期权限

受控库的主要参与人员为配置管理员、普通研发人员、研发接口人员、测试人员、产品与项目经理、质量人员以及临时人员（短期权限）。下面根据某一项目库中各角色的权限进行说明，如表 9-3 所示。

表 9-3 受控库权限管理规范

人员角色	读权限	写权限	删除权限	备份权限
配置管理员	√	√	√	√
普通研发人员	√	×	×	×
研发接口人员	√	√	×	×
测试人员	√	×	×	×
产品/项目经理	√	×	×	×
质量人员	√	×	×	×
临时人员	√	×	×	×

注：√表示允许，×表示禁止。

9.3 缺陷库

缺陷库主要是对软件缺陷的生命周期进行规定，包括缺陷如何创建与关闭及缺陷的描述或定级。目的是更好地完成产品或项目，保证测试产品的质量。

9.3.1 框架分析

为了对测试阶段发现的缺陷进行更好的管理和控制，测试和研发交互缺陷库框架如图 9-3 所示。

缺陷库
- 产品/项目名称之一
  - 缺陷属性设置
    - 缺陷状态
    - 缺陷严重程度
    - ⋮
    - 缺陷优先级别
    - 检测版本
    - 缺陷优先级别
    - 检测日期
  - 邮件发送设置
  - 缺陷更改权限划分
- 产品/项目名称之二
  - 缺陷属性设置
  - ⋮
  - 缺陷更改权限划分
- 缺陷编写要求

图 9-3 缺陷库框架图

- 缺陷库以产品或者项目为单位进行管理，使用 QC 软件对缺陷库进行搭建。
- 项目与产品成立需测试负责人创建缺陷项目。
- 创建的缺陷库需根据项目或产品名称标识。

- 测试负责人为创建项目的管理员。
- 测试负责人对于项目组成员设置项目用户和权限以及缺陷属性。
- 设置自动发送邮件功能。

9.3.2 配置规范

1. 缺陷属性设置

新建缺陷属性设置如表 9-4 所示。

表 9-4 缺陷属性设置表

属性类型	属性说明
摘要	对缺陷的简单描述
部门	缺陷处理者所在的部门
迭代次数	提交缺陷时，产品或项目所在的测试迭代次数
分配给	缺陷的处理者
检测日期	缺陷提交时间
检测于版本	缺陷提交版本号
检测者	缺陷提交人员
项目	缺陷所属的子项目（如果设置的缺陷库只有一个项目，该属性可不设置）
严重程度	缺陷的严重级别，包括紧急、高、中和低
业务模块	发现缺陷所属的模块，根据实际项目模块定义
状态	缺陷所属的状态，包括新建、打开、延后解决、已否决、已关闭、已解决和重新打开
可重现	记录缺陷是否可重现，根据缺陷描述的问题，Y 表示可重现，N 表示不可重现
处理方式	缺陷的处理方式，包括新需求、当前版本解决、下一版本解决、忽略。 该属性可根据实际项目情况选择设置
优先级	处理缺陷的优先级别，包括紧急、高、中和低
描述	对缺陷进行的描述性文字

2. 角色权限划分

为了防止缺陷库遭到未经授权的访问和操作，可以通过 QC 将每个缺陷库成员分配到指定的用户组，用户组权限设置如表 9-5 所示。

表 9-5 人员角色权限设置表

用户组	操作权限	状态更改权限	备注
Developer	研发人员在该分组中，可以对已有缺陷更改状态、添加注释、更改本人用户密码	新建→打开 打开→已解决 打开→延后解决 打开→已否决 延后解决→已解决 重新打开→延后解决 重新打开→已解决	
Tester	测试人员在该分组中，可以添加缺陷、更改状态、添加注释、更改本人用户密码	已解决→已关闭 已解决→重新打开 已否决→重新打开 已否决→已关闭	
Viewer	产品、项目组内其他人员在该分组中，可以对缺陷进行查看、添加注释和更改本人用户密码	不设置状态修改权限	

职责规定详细说明，如表 9-6 所示。

表 9-6 职责规定详细说明

管理角色	职责划分内容
测试负责人	1．定期审核测试人员提交的缺陷 2．定期对缺陷库进行分析，描绘出曲线图等，报告现状、预测趋势 3．对缺陷状态为已否决、延后解决等可能影响产品质量的问题，需要时时跟踪并与项目组相关人员确认 4．在测试总结报告中给出意见
研发负责人	1．确认并分配状态为新建的缺陷，同时确定缺陷优先级、解决的研发人员、填写计划修复时间，计划关闭版本 2．有否决性质和延后解决性质的缺陷可召集项目组成员（测试负责人、研发负责人、项目与产品经理）会议讨论最终状态 3．有可能是需求的问题，分配给产品经理
项目/产品经理	1．把握缺陷修复的整体情况，确认研发分配的缺陷修改优先级别是否准确 2．确认已否决和延后解决的缺陷是否合理，如果有意见，可与项目组成员一起商量定夺，确定最终的缺陷优先级和处理意见
测试人员	1．发现并提交缺陷，提交测试过程中发现的问题，编写规范须符合缺陷编写规范 2．时时跟踪自己所提交的缺陷情况，直至关闭 3．对于缺陷更改等不清楚的问题，与测试负责人及时交流
研发人员	1．确认分配给自己的问题并安排时间修复 2．修复完成后，把缺陷状态改为已解决，并在注释中添加缺陷产生原因及解决大概方法

3. 邮件通知设置

自动发送邮件，可以及时对缺陷进行跟踪，提醒相关人员对缺陷进行处理，主要规定如下。

- 当缺陷被新建、状态更改、添加注释时，需要自动发邮件给测试负责人、研发负责人、以及该缺陷的直接测试人员和研发人员。
- 当缺陷的任何内容有变化时，需要自动发送给该缺陷的直接测试人员和研发人员。

9.3.3 缺陷生命历程说明

1. 缺陷生命流程图

缺陷生命流程图如图 9-4 所示。

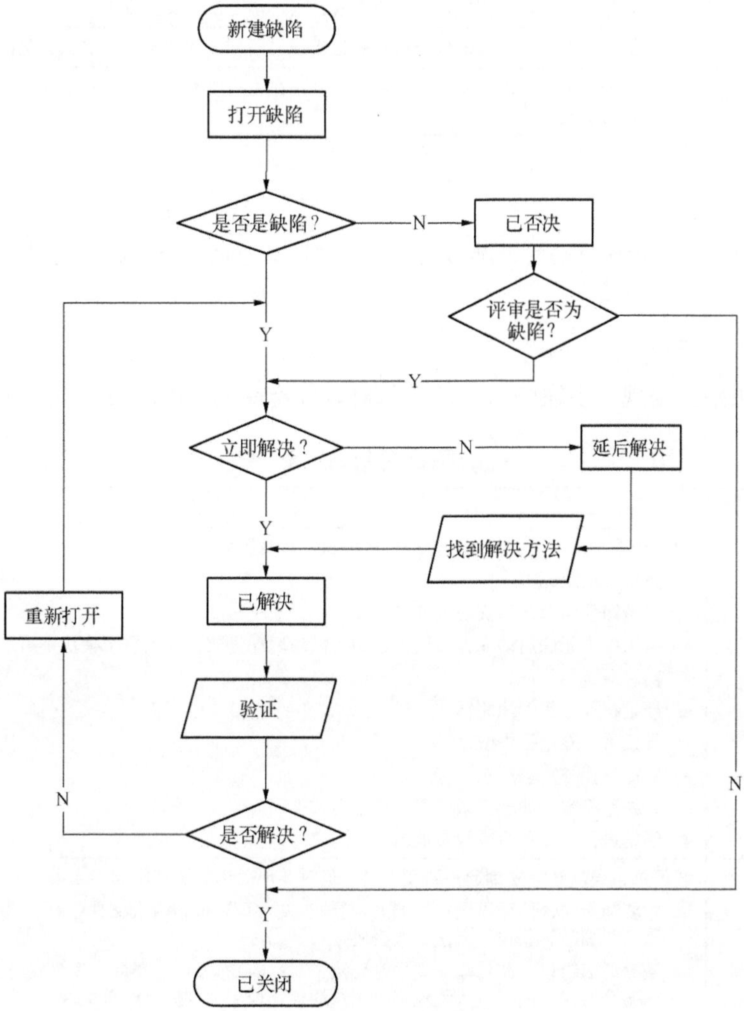

图 9-4 缺陷生命流程图

在整个的缺陷生命周期中，一共有如下 7 个状态，如表 9-7 所示。

表 9-7　　缺陷状态

序列	状态名	详 细 说 明
1	新建	测试人员首次提交缺陷的状态，需要标明缺陷的严重级别等要素。由测试人员改变
2	打开	研发负责人对新建缺陷的确认，变成打开状态时，需要同时确定缺陷优先级、解决的研发人员、填写计划修复时间，计划关闭版本。由研发人员改变
3	已否决	研发负责人认为不是缺陷、描述不清、重复、不采纳所提意见建议、或者测试人员提错，从而拒绝的问题。由研发负责人来设置
4	已解决	研发人员修改问题后所标识的状态。由研发人员改变
5	重新打开	测试人员对缺陷状态为已解决的问题进行验证后，没有验证通过所标志的状态或者已经修改正确的问题，又重新出现错误。由测试人员改变
6	已关闭	测试人员对修改的问题进行验证后通过所标志的状态。由测试人员改变
7	延后解决	研发负责人确定是缺陷，但该缺陷不在本阶段修复或由于外部因素等情况，延后解决。由研发负责人改变

注意：

除第一次新建缺陷外，其后的每一次缺陷状态的更改都必须为其添加注释。

2．缺陷严重级别定义

缺陷严重级别主要规定由缺陷引起的故障对软件产品的影响程度，如表 9-8 所示。

表 9-8　　缺陷严重级别定义

缺陷严重级别	描　　述
紧急	致命错误导致无法进行测试，或导致测试严重受阻的缺陷，如： • 系统崩溃或死机 • 安装卸载问题，如安装包安装不成功，无法正常使用 • 应用模块无法启动或异常退出，如某模块启动失败，导致整个模块不可测试 • 内存泄露 • 严重花屏导致无法测试 • 导致用户数据丢失或破坏 • 功能设计与需求严重不符 • 系统不稳定，如一定条件下系统重启或关闭等 • 系统进程反复重启或异常退出
高	较严重错误，必须立刻通知研发人员，但对其他用例的执行影响不太大，如： • 主要功能错误但可以运行，如 ftp 传输小文件可以但传输大文件中断；次要界面 503 错误；次要界面跳转错误，无法修改密码 • 数据通信错误，如传输大文件时连接中断；UDP 丢包率严重；多个应用协议同时传输时导致某个协议中断；或大量策略时无法通信，使用文件同步时丢文件 • 较严重的安全性问题，如 DDos 攻击时其他业务无法正常使用

续表

缺陷严重级别	描　述
高	• 业务流程错误或不完整，如 ftp 支持的编码格式不完整，IPMAC 地址未绑定 • 关键性能不达标 • 兼容性问题，如浏览器支持问题，驱动不兼容问题
中	次要功能未实现或与需求不符；不影响业务继续开展，但造成使用障碍，如： • 模块部分功能点有缺陷，但不影响使用，如过滤关键字或后缀名时不区分大小写；一些插件未添加开关功能，修改密码后没有相应提示 • 初始化未满足客户要求或初始化错误，如打上升级包后程序版本没有相应更新，默认情况下 log 日志没有关闭 • 日志记录不正确或应记录而未记录
低	装饰性或易用性问题，如： • 个别不影响产品理解的错别字 • 操作时未给用户提示 • 辅助说明描述不清楚 • 文字排列不整齐等

9.4 归档与备份

项目结束后，配置管理员会对测试项目或产品的过程文档、测试代码和缺陷进行统一归档。归档后，该项目归档的内容，对外只提供“只读”权限，不允许任何修改。对于归档的项目或产品，配置管理员进行整库备份。

Chapter 10

第 10 章

绩效的设计与运行

绩效考核是把双刃剑。如果你用得好，不仅可以更有效地激发团队能力，也会给企业创造更大的价值，但是反过来，如果用得不好，一定会降低员工的工作积极性，导致工作效率低下，甚至人员流失加重，给整个企业带来严重的运营风险。本章，我就以自己的实际工作经验，从维稳和如何提高员工工作积极性的角度，与大家分享绩效的设计方法。

要明确一点，绩效考核的对象是人，但同时也考核了一个团队的工作模式。因为从公司的层面考虑，绩效考核的目的是激励整个团队为公司创造更大的价值。而团队的好坏，直接影响到团队中的所有人，类似于古语说的“人以群分”的概念，只有团队中每个人都积极向上，才能创造出合格的团队，这才是绩效考核的核心意义。

单纯的从个人（测试工程师）考虑，绩效考核能够让他们明确自己的方向，从而获取更多的测试技能和更广阔的发展前景。通过绩效考核，员工能更清楚地知道自己哪些地方存在问题，哪些地方需要改进，哪些地方做的比较好，员工对自己能有更深层次的认识，同时还能意识到自己的工作重点，从薪资待遇上对员工也是一个激励。

在绩效考核时，一定要注意，处于发展期的公司，不适用严格的管理制度和考核办法，应该鼓励员工积极地发挥个人能力，提升公司效益。公司达到稳定状态，即可制定严格的考核制度。在执行绩效考核时，一旦被考核人觉得制度不公平，心里产生抵触时，就要好好调整考核内容，避免产生相反的效果。

10.1 绩效考核的作用

绩效考核的作用如下。

（1）提高工作效率。

要求员工在工作时按照合理的工作标准，制定一个可达成的目标，使他们有团队成就感、安全感和责任感。让他们合理地完成工作，从而提高团队的整体水平和质量。

（2）避免人才流失。

要合理地制定绩效考核体系，体现出员工的价值，这样才能使员工更有信心地去学习更多的技能，并且还会引进新的测试技术。相反，如果采用不合理的体系进行考核，员工受到不公平的待遇，则会引起不满，甚至导致人才流失。

（3）辅助实现企业的战略目标。

对测试人员考核，要与企业的战略目标保持一致。测试团队的发展目标要紧跟着企业的发展做详细规划。虽然说在进行绩效考核时，考核的是人，但是在工作中，需要团队之间的合作，才能更好地完成任务。所以绩效考核时，考核的不仅是个人，而是一个团队的目标。只有整个团队的目标提高了，才能实现整个企业的战略目标。

（4）量化地提拔任用人才。

绩效考核能体现出员工的能力，为晋升、薪酬的制订和任务安排提供重要的依据。让员工了解自己的优缺点，给自己一个合理的定位。

10.2 绩效考核的原则

目标管理是使经理的工作变被动为主动的一个很好的手段。实施目标管理不但有利于员工更加明确、高效地工作，更是为未来的绩效考核制订了目标和考核标准，使考核更加科学化和规范化，更能保证考核的公开、公平与公正。目标看似一件简单的事情，每个人都有过制订目标的经历，但是如果上升到技术的层面，经理必须学习并掌握 SMART 原则，具体如下所示。

- 目标是具体的。
- 目标是可以衡量的。
- 目标是可以达到的。
- 目标是以结果为导向的。
- 目标是有时效性的。

在遵循 SMART 原则的同时要遵循公平与公开的原则。在进行绩效考核时，应避免主观偏见，力求实事求是、真实、科学和公开地对每个员工进行考核，避免在考核过程中出现假公济私的现象。

10.3 绩效考核内容

为了更方便、真实地与大家探讨考核的内容，下面给大家列举一个我之前做的绩效考核表作为参考，如表 10-1 和表 10-2 所示。

表 10-1　　　　目标承诺

20 年 Q 测试部绩效考核表					
被考核人	***	所在部门	测试部	考核日期	……
考核周期	第*季度	考核人（直线经理/主管）	***		……

目标承诺（结果性目标）权重 70%

项目	考核内容	权重	评分依据			审核方法	自评得分	主管评分	实际完成情况
			完全完成状态	基本完成	最差完成状态				
			系数：0.8～1	系数：0.6～0.7	系数：0.5 以下				
擅长域(测试积累性工作）*分	某项目自动化测试实现	*%	本度季度实现该项目中某某功能的自动化测试，达到两倍效率小组满分；项目组验证	本度季度实现该项目中某某功能的自动化测试，1～2 倍，0.7；项目组验证	本度季度实现该项目中某某功能的自动化测试，一倍及以下 0 分；项目组验证	人工与自动化工具对比			
	shell 学习	*%	达到 shell 初级能力，考试得 80 分以上满分；	60～80 分，0.6～0.8	其他 0 分	部门经理考核			
	技术交流	*%	本季度完成二次以上技术交流；完成绩效得满分	本季度完成一次以上技术交流；绩效得 0.7	本季度没有技术交流；绩效得 0 分	部门经理考核			
	……	*%	……；完成绩效得满分	……；绩效得 0.7	……；绩效得 0 分	***考核			
测试任务 *分	***项目	*X**30%	所负责产品在计划的测试周期提前完成	所负责产品在计划的测试周期内完成	所负责产品在计划的测试周期延迟完成	查看项目测试情况			
		*X**20%	测试相关配置管理：如缺陷库、测试库等，在测试之前提前 3 天创建完成	测试相关配置管理：如缺陷库、测试库等，创建及时，没有影响测试进度	测试相关配置管理：如缺陷库、测试库等，创建不及时，且影响测试进度	查看相关的工作			
		*X**20%	测试计划、测试用例、测试报告、操作手册、测试评审完成及时，并提交到 SVN	测试计划、测试用例、测试报告、操作手册、测试评审资料不全，提交 SVN 及时	测试计划、测试用例、测试报告、操作手册、测试评审资料不全，且提交 SVN 不及时	查看相关资料是否提交			
		*X**30%	测试用例、Bug 描述、测试计划、测试报告、操作手册的编写符合规范、描述清楚、准确，测试评审有记录且发放准确及时	测试用例、Bug 描述、测试计划、测试报告、操作手册的编写符合规范、描述较清楚、较准确，测试评审有记录且发放准确及时	测试用例、Bug 描述、测试计划、测试报告、操作手册的编写不符合规范、描述不清楚或不准确，测试评审无记录				

续表

项目	考核内容	权重	评分依据			审核方法	自评得分	主管评分	实际完成情况
			完全完成状态	基本完成	最差完成状态				
			系数：0.8～1	系数：0.6～0.7	系数：0.5 以下				
加分项 *分	工作量	*分	工作量很大，紧急任务比较多，经常加班加点才能完成	工作量较大，有一些紧急任务，有一些加班加点	工作量较大，有少量紧急任务，有少量的加班加点				
	用例复用率	*分	测试用例复用率在 80%以上	测试用例复用率在 70%～80%	测试用例复用率在 60%～70%				

表 10-2　　**执行措施承诺**

执行措施承诺（强调动作和行为）权重 30%									实际完成情况
工作态度 20%	敬业精神/责任心/主动性	5.0%	严格认真履行岗位职责，考虑问题周全，预先采取措施以避免工作疏漏；工作非常积极主动，乐意承担除本职工作外的其他工作	对待工作认真负责，能经常检查自己的工作，做到不出差错；或工作出现问题，但能够及时补救，工作比较积极主动	由于责任心不强，导致工作出现疏漏，没有及时补救，对部门/公司造成一定影响；主动性比较差，需要经常督促				
	团队协作	5.0%	积极主动配合他人工作，分享信息和建议，在达成团队整体目标的同时，实现个人目标	分享相关信息，在他人请求时能主动配合帮助	会从他人处寻求信息和帮助，但对不是自己工作范围内的工作不配合，不响应，不与团队成员沟通				
	技能水平/学习培训意识	5.0%	业务水平有明显提升，在专业上独当一面，有一定影响力；主动学习相关业务知识并参加培训	业务能力有一定提升，专业上进步很快，比较主动学习业务知识并参加培训	业务能力停滞不前，专业能力没有进步，并没有学习培训意识，比较懒惰				
	领导满意度	5.0%	对员工所承担的工作完成情况非常满意	对员工所承担的工作完成情况比较满意	对员工所承担的工作完成情况不太满意				
规章制度遵守 10%	保密意识	5.0%	保密意识强烈，严格遵守公司保密规定，确保每个环节不出任何差错	有一定的保密意识，偶尔会有违反保密规定的情况发生	保密意识淡薄，经常发现违反保密规定的情况，造成较为严重的后果				
	成本意识	5.0%	成本意识强烈，在工作中能够积极节省，用最少的资源达到效果，并在公司范围内有节约意识	有一定节约成本意识，偶有浪费现象	成本意识淡薄，经常存在浪费现象，在公司范围内没有成本节约意识				

续表

执行措施承诺（强调动作和行为）权重 30%									实际完成情况
加分项 10 分	创新力	5%	有创新意识并付诸实施，取得显著的效果	有创新意识并付诸实施，取得一定的效果	有创新意识但没有付诸实施				
	培养他人	5%	担任项目经理，职责中有培养其他员工的责任，项目运作良好，所带团队人员整体提升很快 加 5 分	担任小组负责人，职责中有培养其他员工的责任，有一定下属人数，所带团队运作良好 加 3 分	虽然没有下属，但承担了指导培养他人的工作，效果良好 加 1 分				
					执行承诺得分：				

考核人签字：	被考核人签字：	最终得分：		

大家可以看到，在以上的绩效考核案例中，我没有把 Bug 数作为衡量标准来评价一个工程师是否优秀，因为这种评估方式往往起到反向效果。在进行绩效考核时，发现 Bug 的数量只能作为一个参考，而 Bug 的质量才是真正要思考的。例如，一个人发现了 50 个 Bug（但是无效 Bug 有 30 个，低级别的 Bug 有 15 个），这些恰恰只能说明这个人在认真工作，却不能反映出这个人的技能水平。这样非但没有提高测试效率，反而增加了工作量，开发人员为了达到绩效费尽心机去完成代码编写，测试人员更是大多时间浪费在发现浅层简单的 Bug 和提交 Bug 上面，而更重要、更有意义的工作却没有做，如测试计划编写、用例的编写和完善，日常测试工作的安排等。因为站在不同的角度，处于不同的环境，对问题的理解也不同，所以我们要多方面进行考核，如考核工作内容、擅长域和创新等。

下面介绍一下上面绩效考核的设计原则。

1．测试任务

测试任务是测试人员日常的工作，考核的内容包括以下几项。

（1）测试资料的质量，如测试计划、方案、用例和测试报告编写的质量和评审等。

（2）Bug 的质量，主要评估提交的 Bug 描述是否准确可复现，发现 Bug 的严重程度是否高级。

（3）测试相关资源准备情况，如缺陷库、测试库以及测试环境，有没有在项目需要之前准备完毕。

2．擅长域

擅长域，顾名思义，即是一个人擅长的技能。擅长域与员工自身的职业规划相关，也与企业的战略目标息息相关。例如，小李的职业规划是往自动化测试方向发展，在填写擅长域时，往往与自动化测试工作相关，如使用自动化测试工具，提高工作效率等；小王职业规划是做性能测试工作，那么在填写擅长域时，则与性能测试等相关的工作有关。用这种方式，不仅提高了员工的积极性，给了他们实现自己职业目标的机会，也给企业带来了很大的利益，因为让一个人做自己喜欢做的事情，效率永远是最高的。

3．创新能力

随着互联网的发展，技术也在不断更新换代。在很多情况下，需要引进一些新技术和新知识。只有不断地创新，接受新知识，才能更好地提高测试团队的整体水平。

4．加分项

加分项包括工作量和测试用例复用率。

在工作中，多少会有一些临时项目或紧急任务。在这种情况下，如何去衡量工作量，主要是通过一些紧急任务的完成情况来衡量，这种情况也能锻炼测试人员处理紧急项目的能力和技能水平。

在整个测试工作中，大部分时间都是用来设计测试计划、方案或者测试用例，测试执行的时间占用很少。测试用例复用可以节省更多的时间去完善测试案例的设计，提高工作效率。

5．工作态度

测试人员的考核绩效是在整个企业的绩效考核之下完成的，一个人的工作态度、规章制度执行情况、创新力和培养他人的能力息息相关。

工作态度主要考核敬业精神、责任心、主动性、团队协作、技能水平、学习培训意识和领导满意度。

规章制度执行主要包括保密意识和成本意识。

10.4　绩效考核存在的误区

1．考核目标唯一性

在进行绩效考核时，由于每个人的工作重点不同，考核的方式或内容不同。并且在进行绩效考核时，考核的不是个人的能力，而是考核整个团队的能力。因为团队成功，很大程度上依赖于团队成员间的团结合作和理解支持，若只停留在个人层面，会导致个人主观意识太强，忽视团队之间的合作、交流、技能共享和绩效提高，降低团队工作的优势。

2．考核注重结果，不注重实际过程

在绩效考核实施的过程中，考核的目标需要量化，我们考核的是结果，而不是过程，但是在过程中要帮助员工完成目标。在进行季度考核时，要不定期的检查每个员工的工作情况和内容，在出现问题的地方给予指导，而不是批评指责。并且要及时与员工沟通，获取最真实的工作情况。在绩效考核完成之后，还要积极与测试人员面谈，告诉他们扣分的原因，哪些地方需要改进。

3．不要盲目引进自动化测试

目前很多公司逐渐趋向发展自动化测试，很多情况下，都是刚引进或尝试阶段，所以在这个阶段不要轻易地纳入绩效考核。如果自动化测试引进成功的话会起到很好的作用，但是一旦失败，将造成损失，甚至影响测试人员的工作积极性。所以对于自动化测试，要慢慢引入。

4．合理设计权重系数

特别是在团队里面，权重系数非常重要。设计权重系数时，要与每个季度的绩效目标结合，根据重要程度划分权重。

5．绩效考核与工资挂钩

当绩效考核跟工资挂钩时，会导致员工产生不公平的念想，由于收入受影响，他们可能会选择离职。若不跟工资挂钩，可能就没有人关注这个绩效考核，这时很可能就实施不起来，导致不了了之。针对这个问题，我的建议是控制量与度，即必须完成一件什么事情，才能获得绩效的一部分结果，否则为零。而且，对这一部分的内容，整个团队最好是公开，坚持“公平、公正”的原则。

Chapter 11

第 11 章

自动化持续集成测试实战

持续集成（Continuous Integration，CI）正在不断崛起。CI 其实是一种软件开发自动化实践，在整个软件开发周期中，自动化的概念往往出现在软件测试阶段，CI 的出现就打破了这种状态。CI 不仅要实现自动化测试，甚至在开发阶段就已开始实现自动化。

本章主要介绍如何利用 Jenkins 来实现软件测试集成的自动化过程，其中包括编译、打包、测试及开发。另外，此次还将测试管理加入到了持续集成的行列中，测试管理的持续集成大大减少了频繁登录缺陷管理工具的时间成本。

11.1 自动化持续集成测试任务的提出

11.1.1 任务目标

本章节以某医院预约挂号系统的后台为背景，该系统是一个 JSP 项目，通过一系列的工具对其进行一步步集成，集成结束后的效果是将测试通过的代码打包部署到 Tomcat 容器中。具体步骤大致如下。

- 研发用 GIT 提交代码到 Gitlab 服务器。
- Jenkins 检测到 Gitlab 上有代码更新，自动触发测试。
- 禅道检测到 Gitlab 上有代码更新，自动将 Bug 状态改为已解决。
- 测试通过，将代码打包并部署到外部 Tomcat 中。
- 测试未通过，自动发邮件给相关负责人。
- 精准测试 ThreadingTest 进行测试实施与回归测试任务。

11.1.2 工具准备

通过任务目标，我们来对持续集成中的各个环节进行分析，分析每个环节所需要的工具。首先要选择开发工具，因为被测试的是一个 JSP 项目，所以我们可以选择开源的 Eclipse。下一步是选择 Web 应用测试工具，我们选择目前比较流行的 Selenium3 测试工具。因为 Selenium3 要求 JDK8 以上版本，所以我们就必须要安装 JDK8 以上的 Java 开发工具包。测试工具选择完成后，我们要确定单元和集成测试框架，目前有两大测试框架：“Junit”和“TestNG”，我们对“TestNG”的集成功能与最后的测试报告更感兴趣，所以我们选择功能更加强大的 TestNG

框架。到这一步，其实就可以对项目进行测试了，但是要想实现持续集成，还需要自动化构建工具与持续集成工具的支持。“Ant”和“Maven”是比较常用的自动化构建工具，“Ant”是软件构建工具，“Maven”的定位是软件项目管理和理解工具。Maven 除了具备 Ant 的功能外，还内置依赖管理和 Repository 来实现依赖的管理和统一存储等功能，为了以后集成更方便一些，我们选择 Maven 来构建项目。最后就是选择 CI 工具，CI 工具的鼻祖是 CruiseControl，后来又相继出现 Hudson 与 Jenkins，大约 2007 年的时候 Hudson 已经超越 CruiseControl，但是后来 Hudson 被 Oracle 收购后走商业用途，而 Jenkins 依然走开源道路，在这里我们就选择 Jenkins 作为持续集成工具。

在搭建 CI 环境之前，我们先将 CI 中所用到的工具进行统一下载归类，本文用到的工具如表 11-1 所示。

表 11-1 工具归类

序号	工具名称	版本	功能及介绍
1	JDK	JDK-8u131	JAVA 开发工具包
2	Eclipse	Java EE	开发/测试环境
3	TestNG	6.11	单元/集成测试框架
4	Selenium	3.4.0	Web 应用测试工具
5	Maven	3.5.0	自动化构建工具
6	Jenkins	2.60.2	持续集成工具
7	Gitlab-ce	9.5.4	版本控制器
8	ZenTaoPMS	开源版 9.4	禅道项目管理软件
9	Tomcat	9.0.0.M22	Web 应用服务器
10	Git	2.14.1	Git 客户端
11	TortoiseGit	2.5.0	Git 图形界面客户端
12	TurtleZenTao	1.0.0.0	TortoiseGit 集成禅道插件
13	ThreadingTest	2.0	精准测试

11.1.3 环境说明

1. 网络拓扑图

本节只对搭建过程进行讲解，没有对研发、测试和运维的环境进行单独划分，具体网络结构如图 11-1 所示。

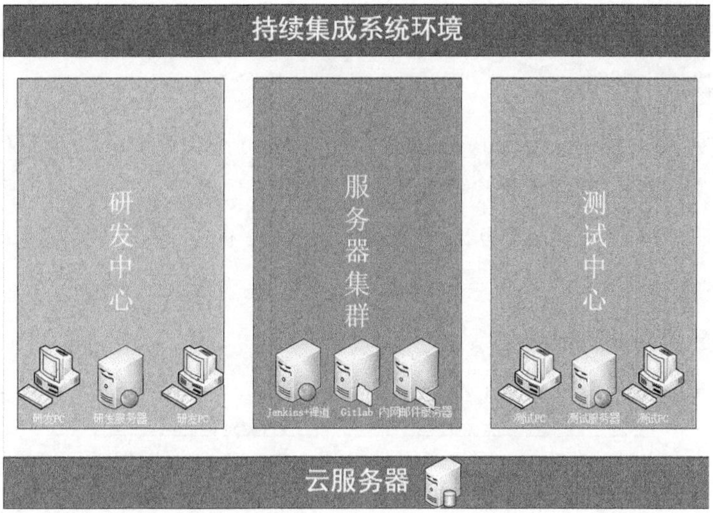

图 11-1　网络结构示意图

2．环境说明

本节中用到的服务器及其安装软件如表 11-2 所示。

表 11-2　　各服务器安装软件一览

序号	区域	说明	安装软件
1	测试中心	持续集成控制区别	JDK、Eclipse、Jenkins、TestNG、Tomcat、Selenium、Maven、星云测试软件等工具
2	研发中心	编写程序代码提交 Gitlab	JDK、Eclipse、Git、TortoiseGit、TurtleZenTao 等工具
3	服务器集群	测试与研发数据交互区	Gitlab、Jenkins、禅道、邮件服务等
4	云服务器	发布服务器	JDK、Tomcat 等

11.2　服务器集群搭建

服务器集群作为测试与研发交互的服务器，需要安装两种服务。

- Gitlab 版本控制服务。
- 禅道服务。

11.2.1　Gitlab 服务搭建

Gitlab 服务器中主要存放研发提交的源代码，所有研发人员可以将自己负责模块的代码提交到 Gitlab 版本库中，最后由构建工具将最新的 master 分支代码进行打包。

1．Gitlab 的安装

Gitlab 有 3 个版本，即 Community Edition（CE）、Enterprise Edition Starter（EES）、Enterprise Edition Premium（EEP）。其中后两个为企业版，提供了更加安全与专业的服务。对于一个中小型团队来说，Gitlab-CE（社区版）足以满足要求。接下来，我们将以 Gitlab 社区版为例，介绍 Gitlab 在 CentOS7 系统中的部署与配置。

（1）安装并配置必要的依赖关系。

1）运行以下命令，安装 sshd 服务，如图 11-2 所示。安装成功后，如图 11-3 所示。

```
sudo yum install -y curl policycoreutils openssh-server openssh-clients

sudo systemctl enable sshd
sudo systemctl start sshd
```

图 11-2　安装 sshd 服务的命令

```
更新完毕:
  curl.x86_64 0:7.29.0-42.el7             openssh-clients.x86_64 0:7.4p1-12.el7_4      openssh-server.x86_64 0:7.4p1-12.el7_4
  policycoreutils.x86_64 0:2.5-17.1.el7

作为依赖被升级:
  libcurl.x86_64 0:7.29.0-42.el7 openssh.x86_64 0:7.4p1-12.el7_4 openssl.x86_64 1:1.0.2k-8.el7 openssl-libs.x86_64 1:1.0.2k-8.el7

完毕!
[root@localhost ~]# sudo systemctl enable sshd
[root@localhost ~]# sudo systemctl start sshd
```

图 11-3　安装并配置 sshd 服务

2）如果系统开启防火墙，运行以下命令，将取消防火墙对 http 协议的拦截，如图 11-4 所示。

```
[root@localhost ~]# sudo firewall-cmd --permanent --add-service=http
success
```

图 11-4　放行 http 协议

3）接下来，安装 Postfix 服务，Postfix 服务用来发送邮件通知。如果你想用其他的方式来发送邮件，则可以跳过这一步，如图 11-5 所示。

```
[root@localhost ~]# sudo yum install postfix
已加载插件：fastestmirror
Loading mirror speeds from cached hostfile
 * base: mirrors.aliyun.com
 * extras: mirrors.aliyun.com
 * updates: mirrors.sohu.com
软件包 2:postfix-2.10.1-6.el7.x86_64 已安装并且是最新版本
无须任何处理
[root@localhost ~]# sudo systemctl enable postfix
[root@localhost ~]# sudo systemctl start postfix
```

图 11-5　安装并启动 Postfix 邮件服务

在 Postfix 安装期间，可能出现一个配置屏幕。选择“Internet 站点”并按 Enter 键。使用服务器的外部 DNS 作为“邮件名称”并按 Enter 键。如果出现额外的屏幕，继续按 Enter 键接受默认值。

（2）将 GitLab 安装包存储到仓库并进行安装。

1）添加 GitLab 包存储库，如图 11-6 和图 11-7 所示。

```
curl -sS https://packages.gitlab.com/install/repositories/gitlab/gitlab-ce/script.rpm.sh | sudo bash
```

图 11-6　执行命令

图 11-7　添加 Gitlab 包到仓库中

2）安装 GitLab 包，如图 11-8 和图 11-9 所示。

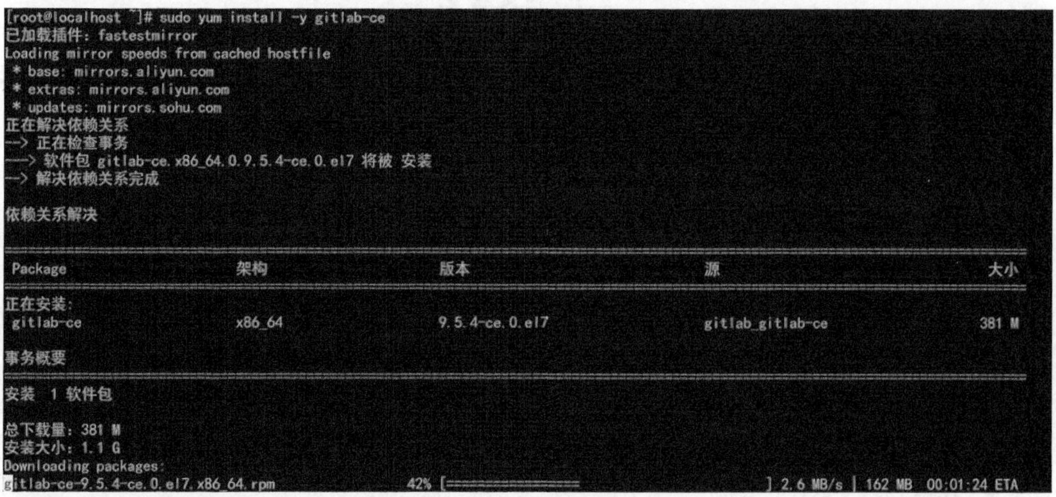

图 11-8　下载 Gitlab 包

（3）配置并启动 GitLab。

修改 Gitlab 的 URL，如图 11-10～图 11-12 所示。

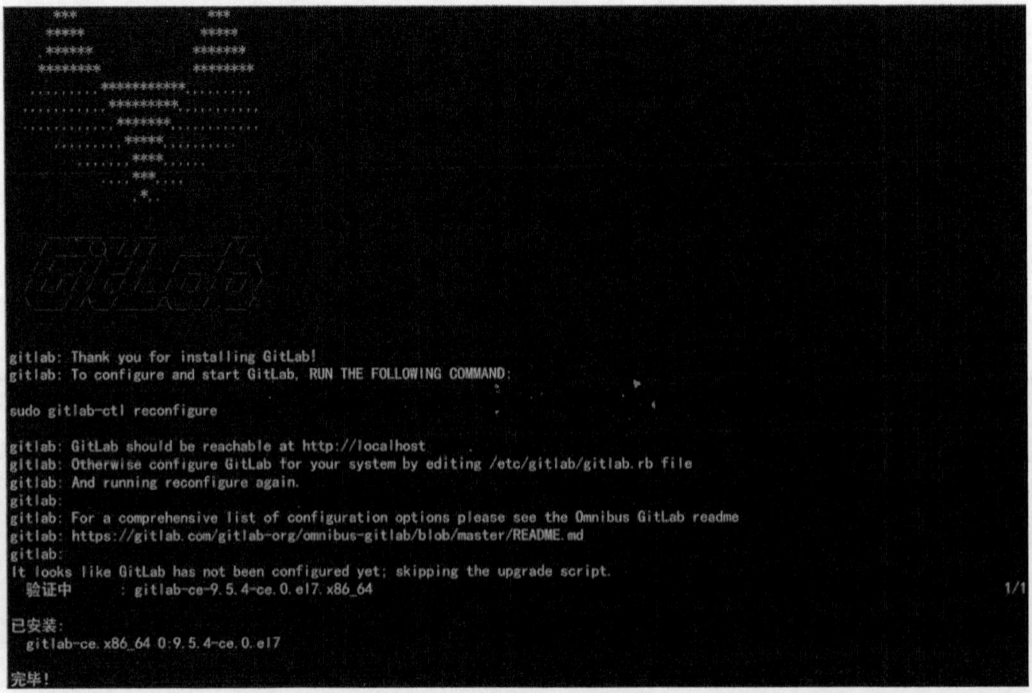

图 11-9 Gitlab 安装完毕

```
vi /etc/gitlab/gitlab.rb
```

图 11-10 修改 gitlab.rb 文件

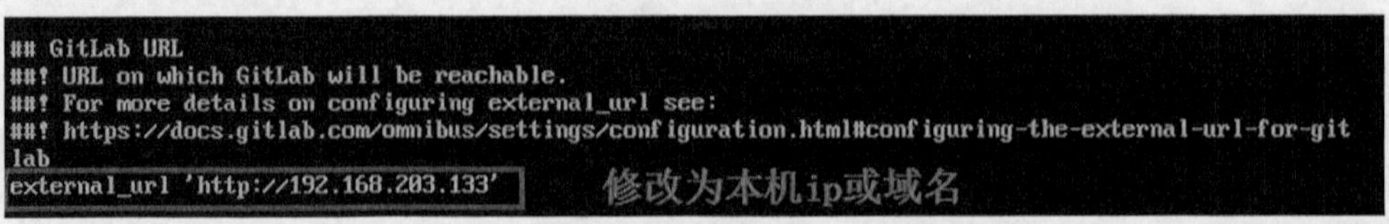

图 11-11 将默认的 localhost 修改为 IP 地址

```
sudo gitlab-ctl reconfigure
```

图 11-12 执行 sudo gitlab-ctl reconfigure

因为 Gitlab 的所有组件已经设置和启动，所以重新配置 Gitlab 需要几分钟的时间。在重新配置的过程中，将显示所有操作的日志，其中包括绿色和灰色的行，如图 11-13 所示。

（4）使用 Gitlab。

在浏览器中打开 Giblab 的管理页面。在第一次访问时，你将被重定向到一个密码重置屏幕，已为初始管理员账户提供密码。输入密码，你将被重定向回登录屏幕，如图 11-14 所示。

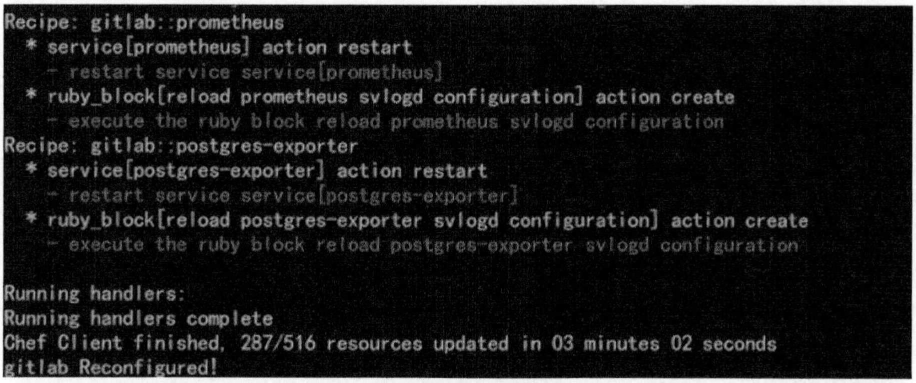

图 11-13 Gitlab 重新配置成功

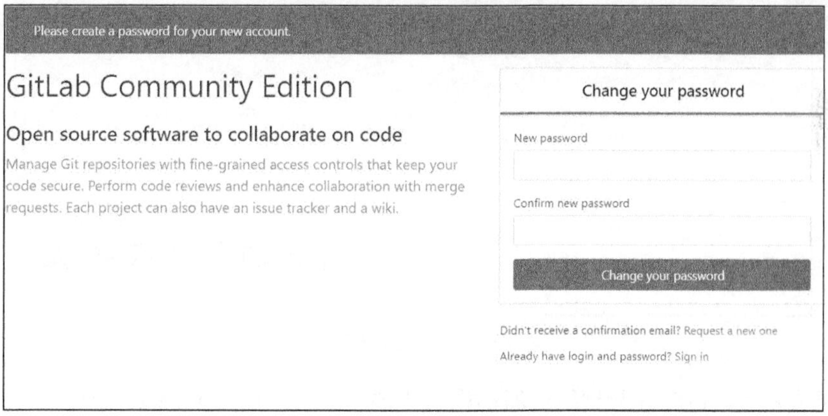

图 11-14 首次访问 Gitlab

默认账户的用户名是 root。提供你先前创建的密码并登录，如图 11-15 所示。登录后，你可以更改用户名。

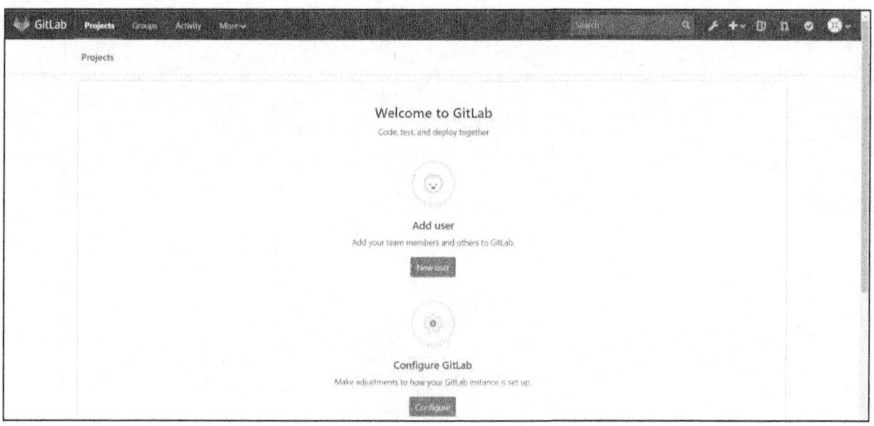

图 11-15 利用 root 用户登录 Gitlab

2．Gitlab 项目配置

（1）创建项目。

1）Gitlab 安装完成后，通过浏览器打开 Giblab 管理页面。

2）在 Gitlab 中注册一个新用户，如图 11-16 所示。

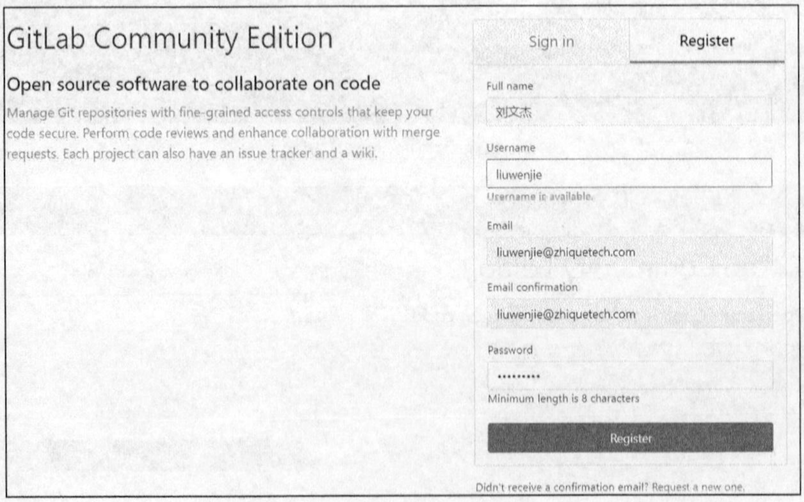

图 11-16 注册新用户

3）注册成功后，自动登录到新注册的用户界面，单击“New project”新建项目，如图 11-17 所示。

图 11-17 用户界面

4）填写项目的基本信息并设置项目的可见级别，如图 11-18 所示。

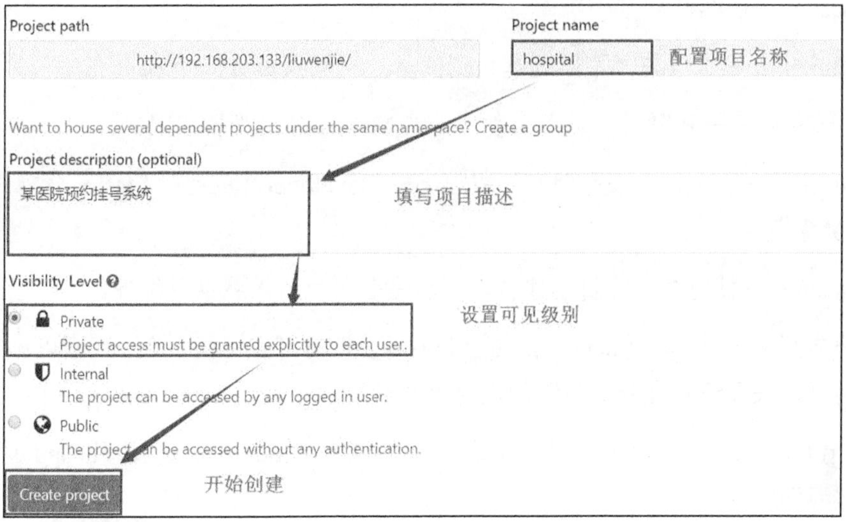

图 11-18　新建项目

5）项目创建成功后，如图 11-19 所示。

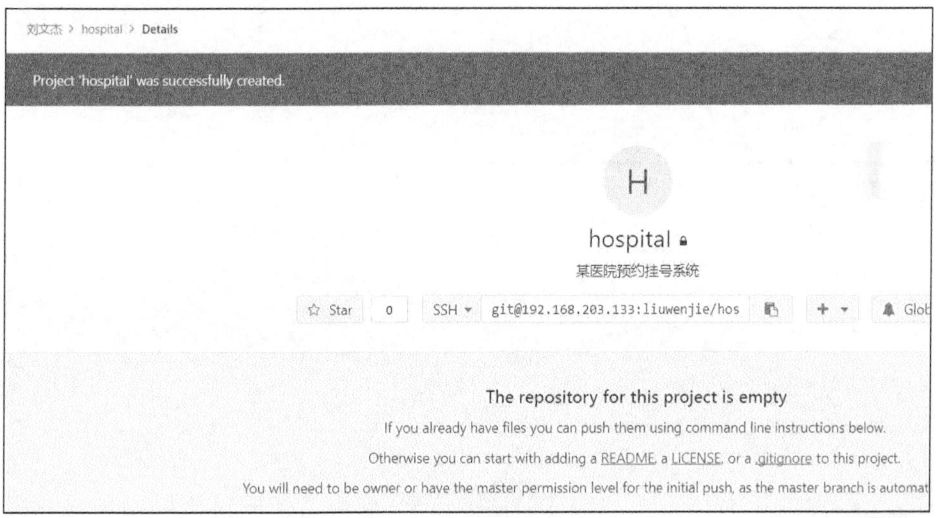

图 11-19　创建项目成功

（2）添加项目成员。

项目创建成功后，需要项目负责人添加项目成员。在 Gitlab 中可以添加 5 种角色：Guest、Reporter、Developer、Master 和 Owner，每种角色所拥有的权限不同。

角色权限说明如下。

- Guest ——访客。
- Reporter ——报告者，可以理解为测试员，一般只负责提交 issue 等。
- Developer ——开发者，负责开发，无对 Master 分支维护权限。
- Master ——主人，一般是组长，权限高于 Developer，负责对 Master 分支进行维护及成员管理。
- Owner ——拥有者，项目创建者，一般是项目负责人或项目经理。

作为一名测试人员，实现持续集成测试，不需要拥有开发者的权限。下面以添加 Reporter 角色成员为例，来介绍 Gitlab 如何添加项目组成员。

1）利用 hospital 项目“Owner”角色的用户登录到 Gitlab 中，选择“hospital”项目，进入项目管理界面。

2）依次单击左侧的“Settings”→“Members”，打开成员管理界面，根据要求填写成员信息，如图 11-20 所示。

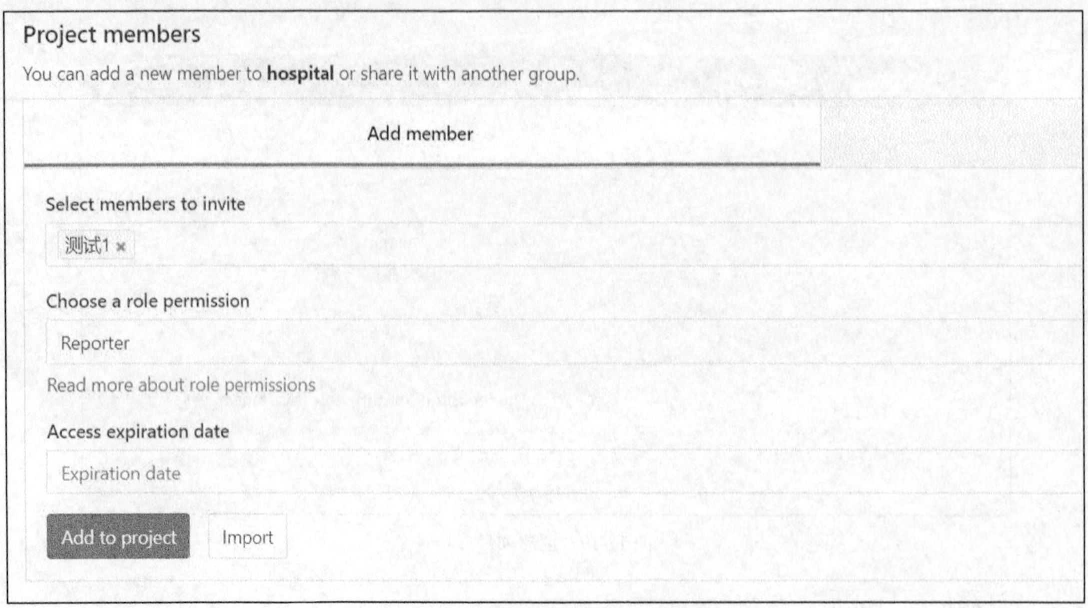

图 11-20　添加项目成员及配置角色

3）单击“Add to project”，成员添加成功，如图 11-21 所示。

图 11-21　添加项目成员成功

4）项目成员添加成功后，利用刚添加成员（测试员）的账号登录 Gitlab，可以发现项目列表中的 hospital 项目，如图 11-22 所示。

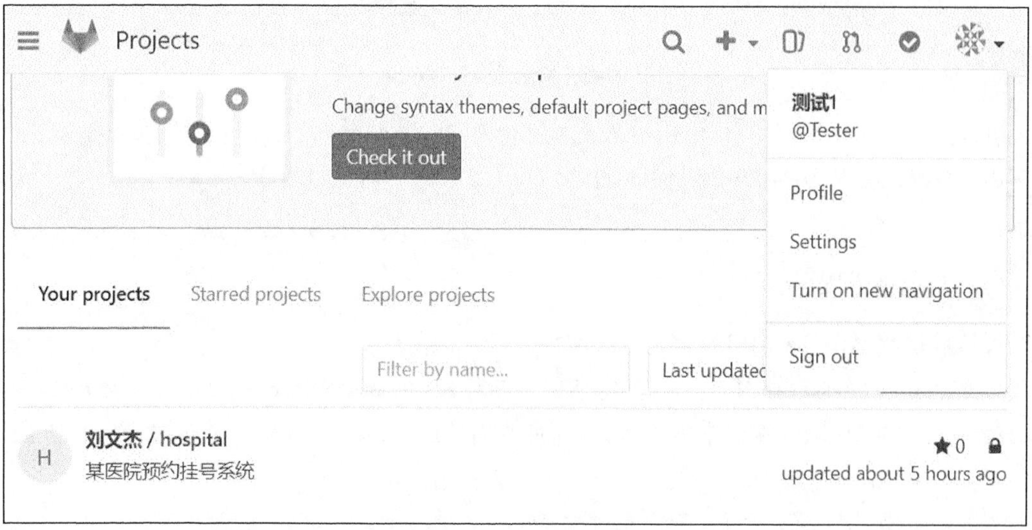

图 11-22　项目授权成功

11.2.2　禅道服务搭建

为了简化大家在 Windows 下面的安装，禅道在 xampp 基础上做了 Windows 一键安装包。xampp 是业内非常著名的 AMP 集成运行环境。禅道的一键安装包主要在它基础上做了大量的精简，并集成了其自主开发的控制面板，使用起来会更加方便。关于 xampp 一键安装包，大家有兴趣可以访问官方网站。

1．禅道的安装

禅道 9.2.stable 版本升级了 Windows 一键安装包。禅道运行控制面板升级到 2.0.0 版本，禅道针对 64 位和 32 位分别打包，请根据自己的计算机下载对应的 Windows 一键安装包。

（1）运行 Windows 一键安装包。

在我们的站点下载新的 Windows 集成运行环境（截至本书发稿前的最新版本为 9.4）。

双击解压缩到某一个分区的根目录，比如 c:\，或者 d:\，必须是根目录，如图 11-23 所示。

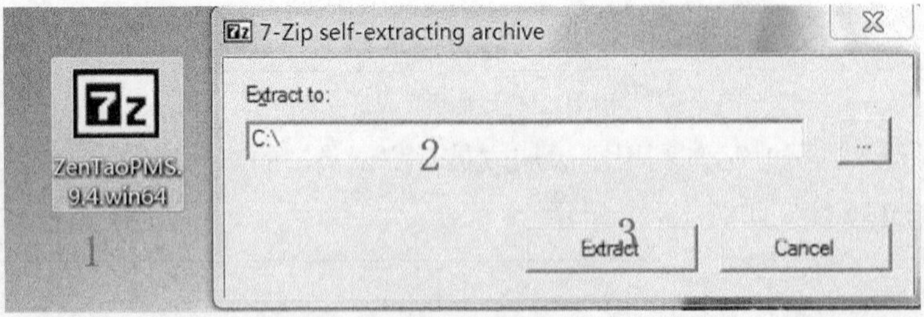

图 11-23 将禅道安装到 C 盘

进入到 C:\xampp 文件夹，单击 start.exe 启动禅道时，如果你的计算机没有安装过 VC++运行环境，会提示安装 VC++环境，如图 11-24 所示。

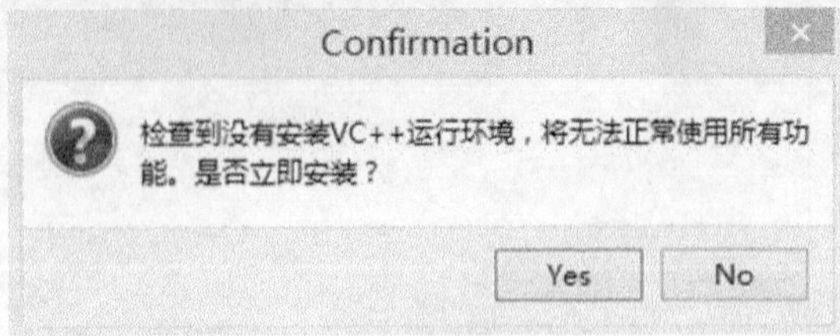

图 11-24 Windows 一键安装包的运行需要安装 VC++环境

（2）启动禅道服务。

禅道默认将 Apache 端口设置为 81，为了我们之后访问时不写端口号，可以将 81 端口改为 80（前提是 80 端口未被占用），同时取消勾选“自动更改端口号”，如图 11-25 所示。

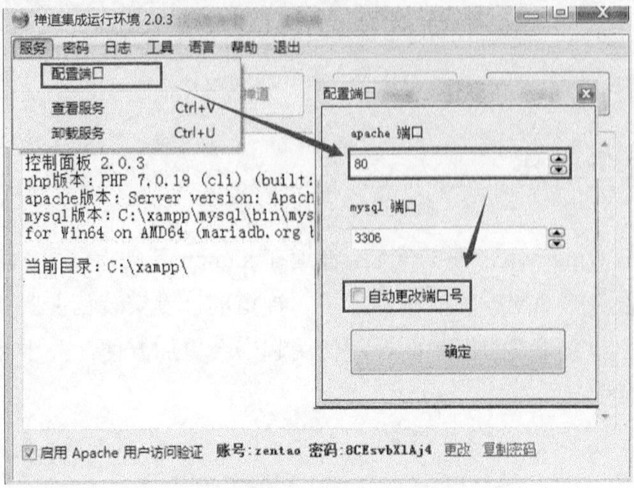

图 11-25 修改 apache 服务端口

（3）修改数据库密码。

禅道服务启动后，会提示数据库密码太弱，建议修改密码。界面会默认显示一个密码，你也可以自己设置一个密码，单击“OK”后数据库密码会自动修改。你可以在控制运行面板左上角“服务—修改数据库密码”里查看到当前的数据库密码，也可以在 xampp/zentao/config/my.php 里查看到数据库密码，如图 11-26 所示。

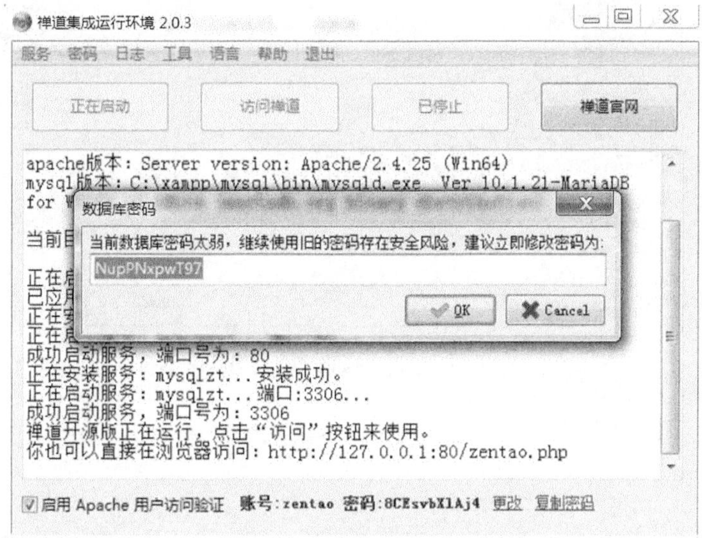

图 11-26　首次启动修改数据库密码

（4）取消 Apache 用户访问验证。

禅道启动后，默认是开启了 Apache 用户访问验证。如果不想开启，直接不勾选即可。

启用 Apache 用户访问验证后，除了单击控制运行面板里的访问禅道按钮和不需要输入 Apache 用户访问验证的账号和密码外，其他用户都需要输入才可以访问到禅道（非管理员用户访问禅道时，需要向管理员索要这个账号和密码）。

如果需要修改 Apache 用户访问验证的账号和密码，可以在运行控制面板左上角“服务—更改访问验证账号”里操作，如图 11-27 所示。

（5）超级管理员登录密码修改。

服务启动成功后，打开 IE 浏览器，在地址栏中输入对应网址，打开禅道登录界面。

禅道默认的超级管理员账号和密码是“admin，123456”。登录后系统会检测密码，提示修改弱口令密码，按照提示修改即可。如果想改为不需要修改弱口令密码，超级管理员账号登录到“后台—安全”里修改，如图 11-28 所示。

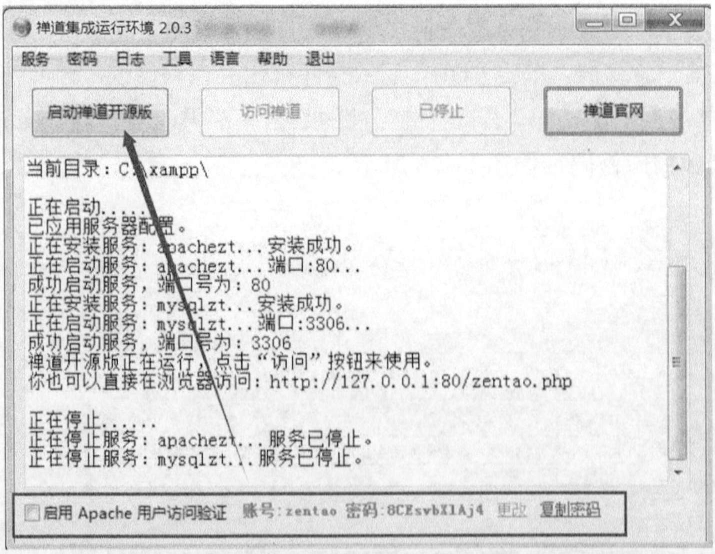

图 11-27　取消 Apache 用户访问验证

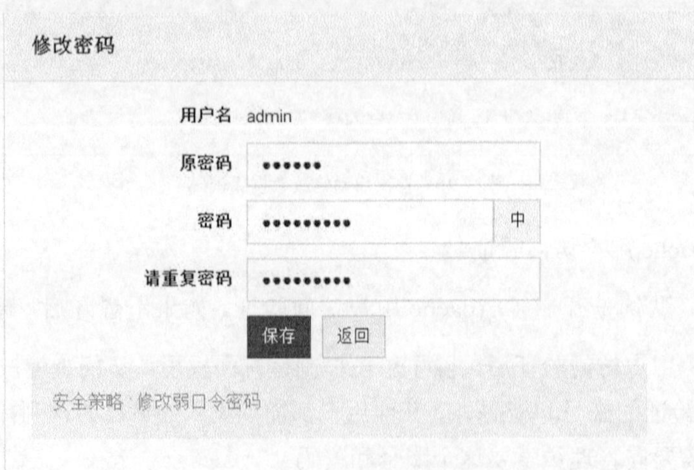

图 11-28　首次登录时修改 admin 密码

（6）首次使用禅道教程。

admin 密码修改完成后，安装基本完成，之后会弹出首次使用禅道的教程的对话框，根据自己的实际情况进行选择即可。

2．使用禅道来做缺陷管理

禅道不仅是一个缺陷管理软件，更是一个项目和产品管理软件，在本节中我们只讲用禅道的 Bug 管理来与 Git 进行持续集成。

下面对禅道的 Bug 管理功能进行最简配置演示。

（1）创建分组和用户。

禅道安装成功之后，管理员的第一件要做的事情就是设置部门结构。

1）设置公司名称。

以管理员身份登录禅道系统，进入组织视图，选择“公司”栏目，修改公司信息，如图 11-29 和图 11-30 所示。

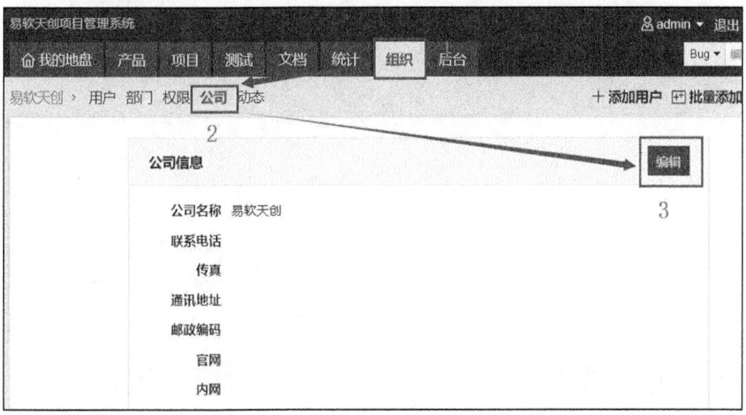

图 11-29　编辑公司

图 11-30　继续编辑公司

修改完成后，单击“保存”即可。

2）划分下级部门。

公司信息修改完成后，进入“部门”栏目，添加部门，为了能体现出研发与测试的交互过程，在这里我们添加两个部门“测试部”与“研发部”，如图 11-31 所示。

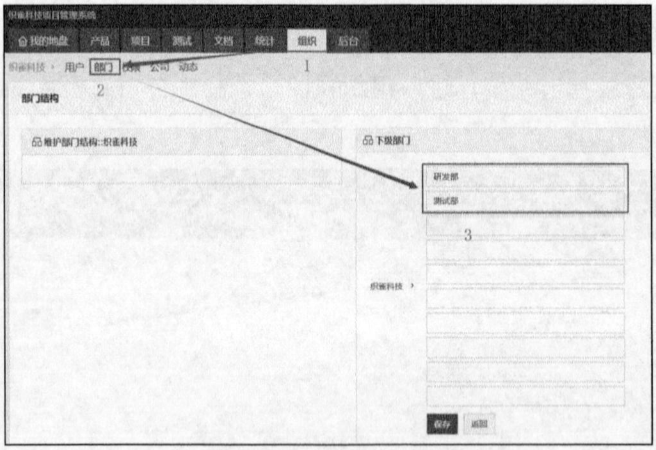

图 11-31　添加下级部门

所有部门划分完毕后，单击“保存”完成对部门的设置。

3）添加用户。

添加用户是最为关键也是最重要的一步，这里面不仅要配置禅道的用户名，还要将用户与 svn 中的进行对应。具体步骤如图 11-32 所示。

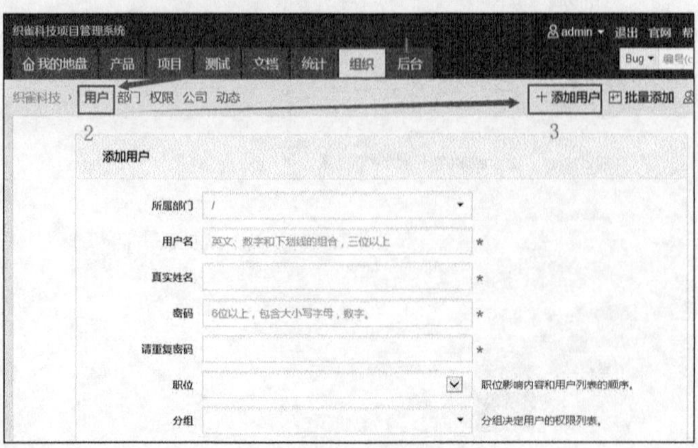

图 11-32　添加用户

在这里我们为每一个部门添加一个用户，并让用户与 Git 中的用户进行绑定，如图 11-33 所示。

图 11-33 添加研发人员账号并绑定 Git 账号

利用相同的方式，添加测试人员账号，如图 11-34 所示。

图 11-34 添加测试人员账号并绑定 Git 账号

添加完成后，所有用户添加完成，如图 11-35 所示。

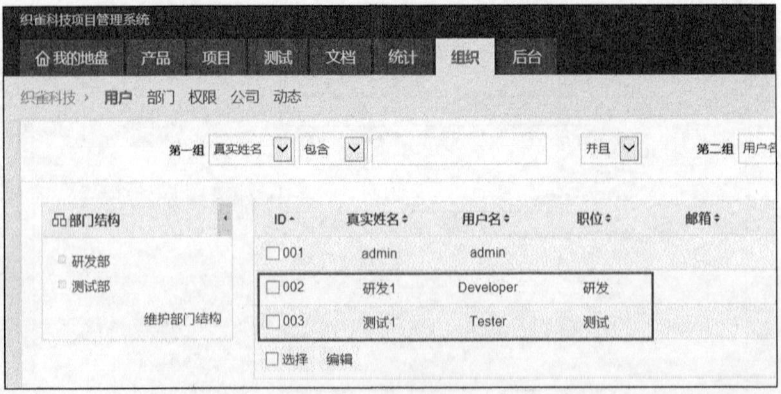

图 11-35 用户添加完成

（2）创建产品。

使用 Bug 管理功能之前，需要先创建产品。禅道设计的理念是 Bug 主要附属在产品概念下面的。具体操作如图 11-36 所示。

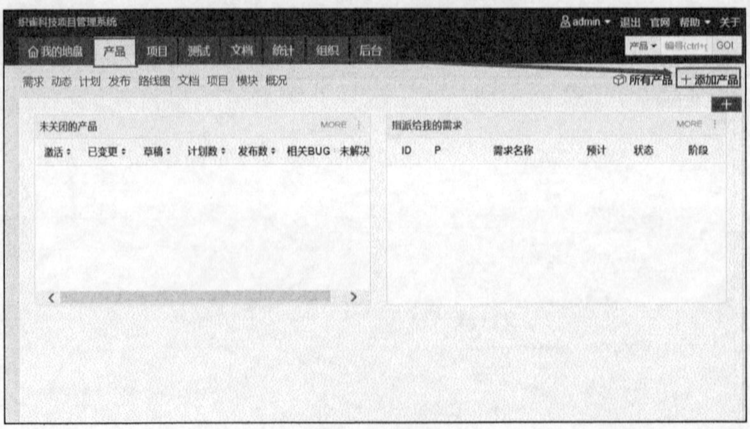

图 11-36 添加产品

新增产品的时候，需要设置产品的名称、代号和几个负责人等信息，如图 11-37 所示。产品内容添加完毕后，单击“保存”完成产品的创建。

（3）测试人员提出 Bug。

产品创建完成后，利用测试人员账号登录禅道提交 Bug，如图 11-38 所示。

图 11-37 新增产品的详细信息

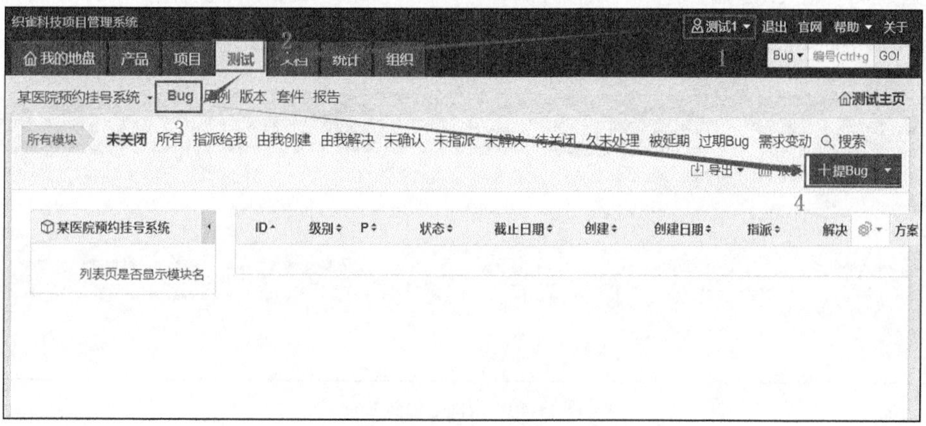

图 11-38 测试人员提交 Bug

- 在创建 Bug 的时候，必填的字段是影响版本、Bug 标题、重现步骤这些基本的信息。
- 所属项目、相关产品、需求可以忽略。
- 创建 Bug 的时候，可以直接指派给某一个人员去处理。如果不清楚的话，可以保留为空，如图 11-39 所示。

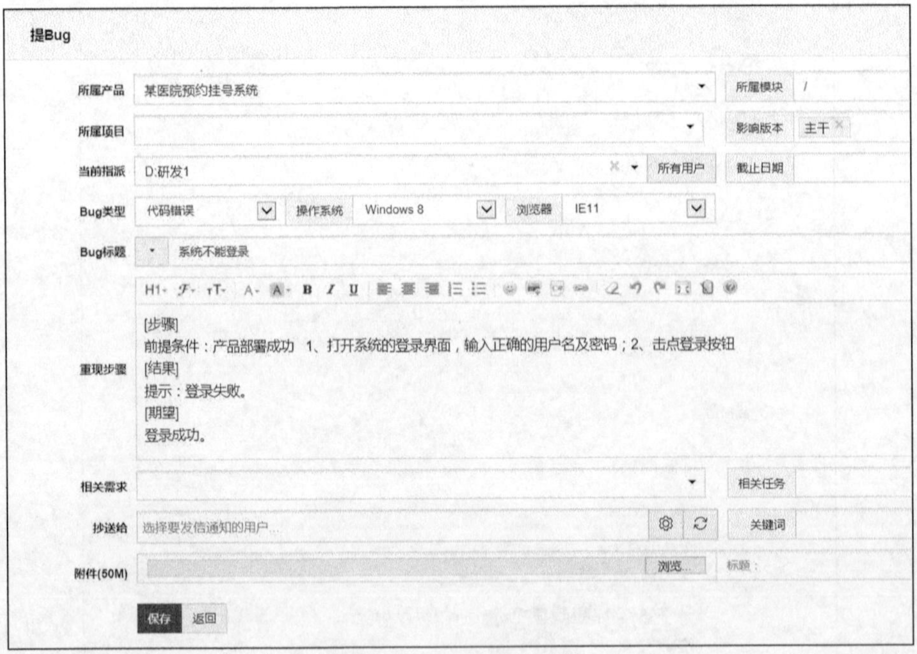

图 11-39　提交的 Bug 详情

测试人员提交 Bug 后，这时 Bug 的状态为“未确认”状态，需要被指派的研发人员来对 Bug 进行确认，如图 11-40 所示。

图 11-40　未确认的新 Bug

（4）研发人员确认 Bug。

当一个 Bug 指派给某一位研发人员之后，他可以来确认这个到底是不是 Bug，如图 11-41 所示。

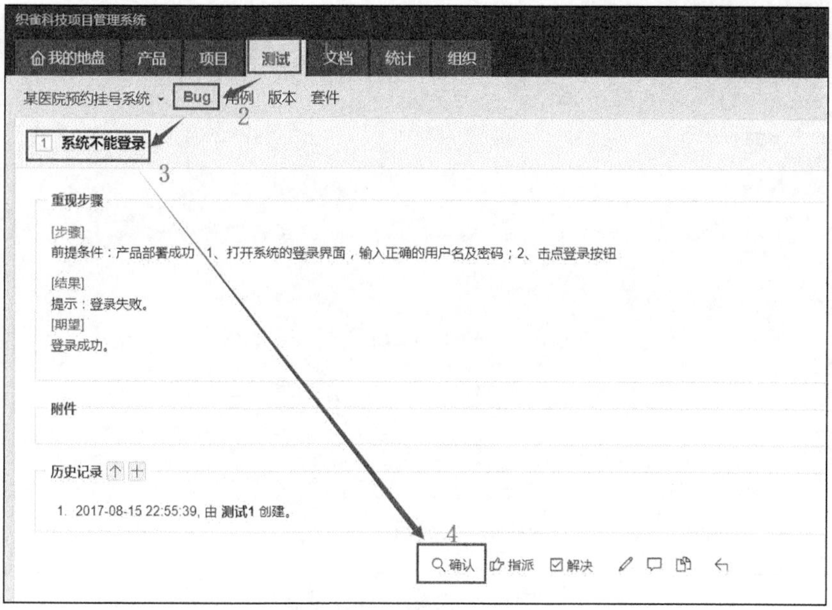

图 11-41 研发确认 Bug

单击“确认”后，会弹出确认对话框，如图 11-42 所示。

图 11-42 Bug 确认对话框

Bug 确认后，此 Bug 的状态将变为“已确认”状态，如图 11-43 所示。

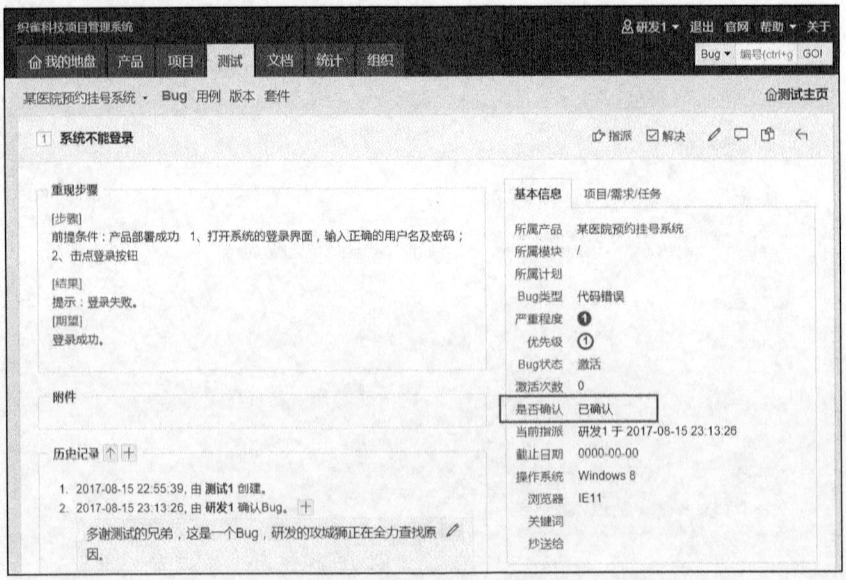

图 11-43　已确认的 Bug 状态

（5）研发人员解决 Bug。

当研发人员将 Bug 解决后，需要将新代码提交到 SVN 中，并告知测试人员进行回归验证。与此同时，研发人员需要再次登录到禅道中，将此 Bug 的状态改为已解决状态，如图 11-44 所示。

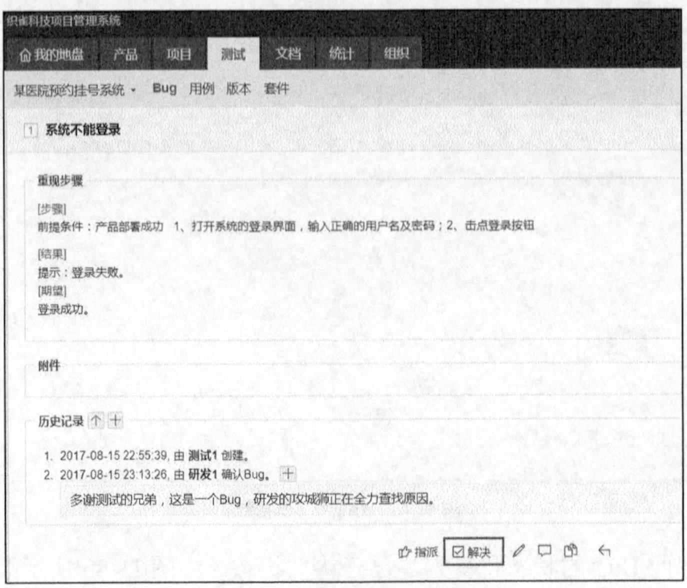

图 11-44　研发人员解决 Bug

单击“解决”后，弹出解决对话框，如图 11-45 所示。

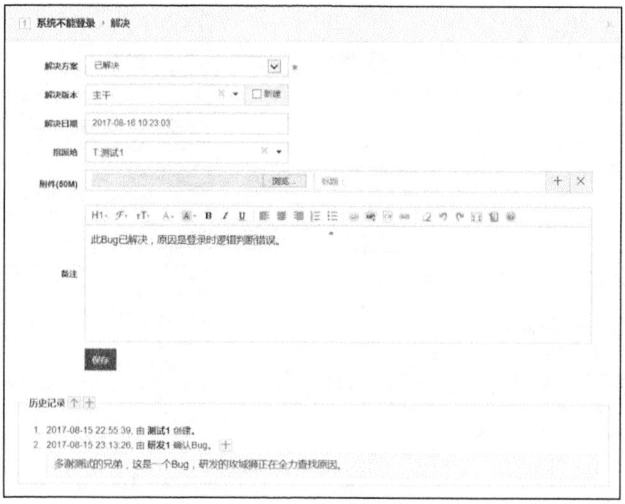

图 11-45　解决详情对话框

Bug 解决后，此 Bug 的状态将变为“已解决”状态，如图 11-46 所示。

图 11-46　已解决的 Bug 状态

（6）测试人员关闭 Bug。

当研发人员解决了 Bug 之后，Bug 会重新指派到 Bug 的创建者头上。这时候测试人员可以来验证这个 Bug 是否已经修复。如果验证通过，则可以关闭该 Bug，如图 11-47 所示。

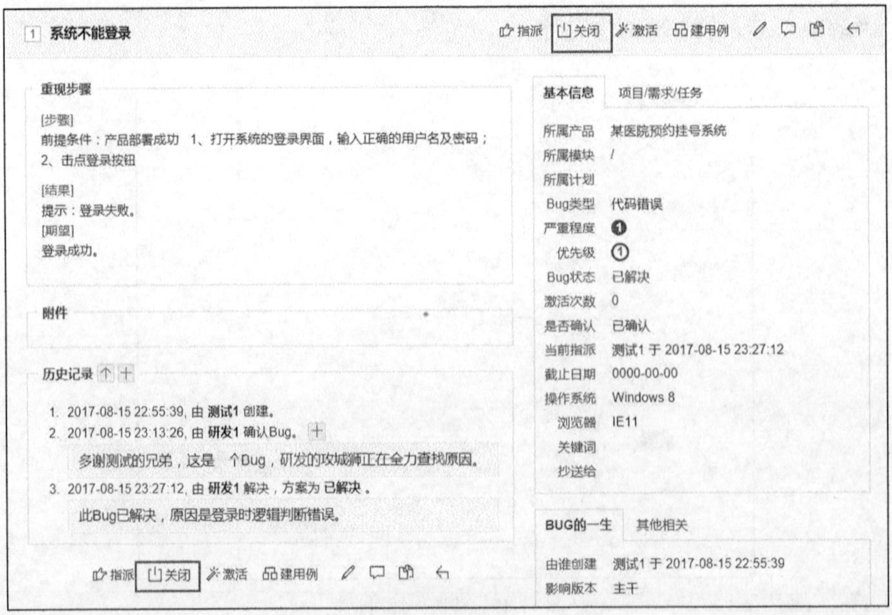

图 11-47　关闭 Bug

单击“关闭”后，弹出关闭 Bug 对话框，如图 11-48 所示。

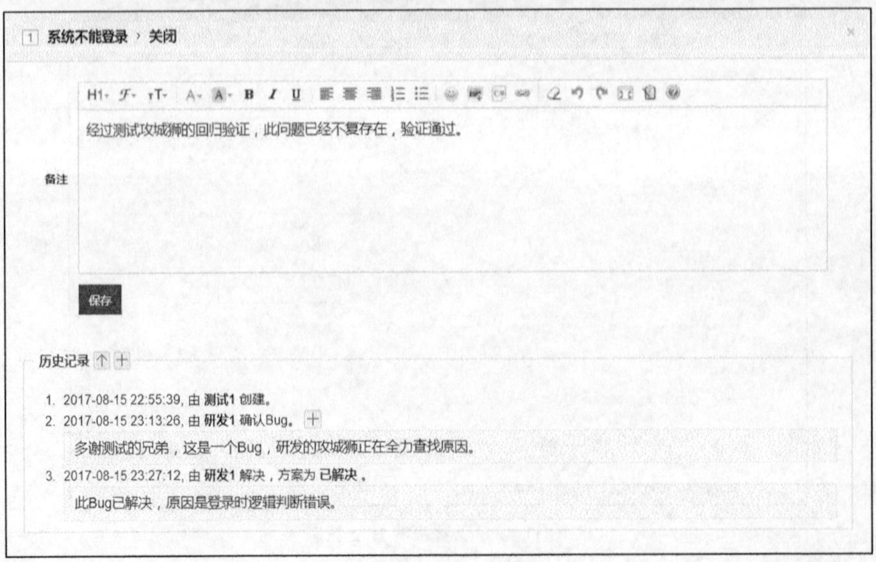

图 11-48　关闭 Bug 对话框

最后的 Bug 状态变为“已关闭”，这标志着一个 Bug 的完整生命周期结束，如图 11-49 所示。

图 11-49　已关闭的 Bug 状态

至此，我们基本已经确认 Git 服务与禅道服务安装部署成功，可以对它们进行下一步的集成操作了。

11.3　研发中心环境搭建

在项目整个开发周期中，研发人员的主要工作是编写代码与修改代码，研发人员将自己负责的代码修改完成后，需要提交到研发内部的版本库中，由研发负责人将每个研发人员提交的代码打包并更新版本，最后将新版本提交到服务器集群的 Git 库中。同时，研发人员在解决了 Bug 后，还要登录到缺陷管理工具中修改对应的 Bug 状态。为了减少研发人员对以上步骤的操作时间，在持续集成环境中，我们需要帮助研发人员解决频繁打包与频繁登录缺陷管理工具修改 Bug 状态的工作。

11.3.1　部署 JSP 开发环境

本章中我们用到的案例是 JSP 开发的，所以需要部署 JSP 开发环境。该项目需要用到 3 个工具。

- JDK
- Eclipse JEE

- Tomcat

由于以上这几个工具的安装不是本书的重点，在这里不做过多描述。大家可自行查阅一下。

11.3.2 安装 TortoiseGit 客户端

TortoiseGit 是一个开放的 Git 版本控制系统的 GUI 客户端。TortoiseGit 简称 TGit，中文名海龟 Git。TGit 只支持 Windows 系统，TGit 之前有一个前辈 TortoiseSVN，TortoiseSVN 和 TortoiseGit 都是非常优秀的开源的版本库客户端。

TGit 不是针对某个 IDE 集成用的，比如像 Visual Studio、Eclipse 或其他 IDE 等，但是可以使用任何你喜欢的开发工具将其集成。与 TGit 的主要交互将使用 Windows 资源管理器的右键菜单。

1. 安装 Git

由于 TortoiseGit 依赖 Git 客户端，在安装 TortoiseGit 之前，首先要安装 Git 客户端。Git 官网提供针对各操作系统的安装程序，安装步骤也非常简单。

（1）打开 Git 的官方网站，网站会自动识别我们所使用的操作系统，并根据我们的操作系统生成下载链接，如图 11-50 所示。

（2）单击“Download for Windows”按钮开始下载，下载完成后直接运行安装程序即可，如图 11-51 所示。

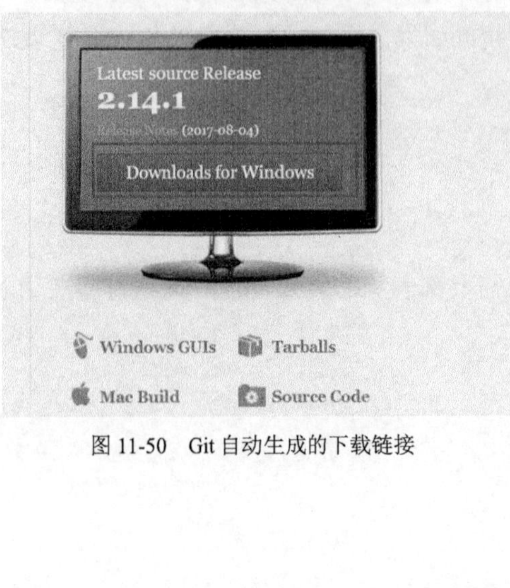

图 11-50 Git 自动生成的下载链接

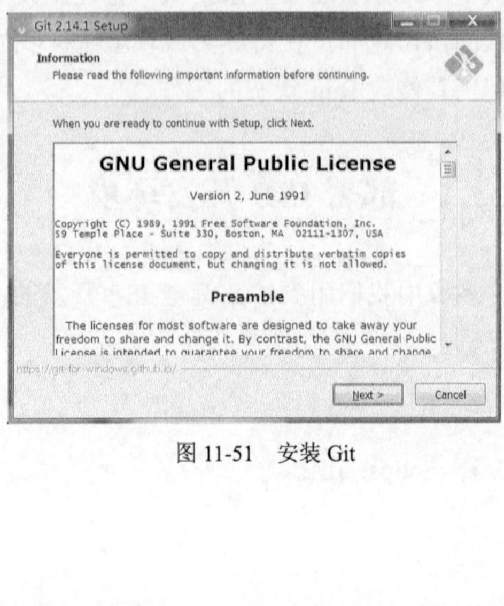

图 11-51 安装 Git

（3）每一步的安装选项为默认即可，安装成功后，桌面快捷菜单中出现如图 11-52 所示的选项。

图 11-52 Git 快捷菜单项

2. 安装 TortoiseGit

Git 安装成功后，接下来安装 TortoiseGit，步骤如下。

（1）在 TortoiseGit 官网中下载适合我们操作系统的安装程序，如图 11-53 所示。

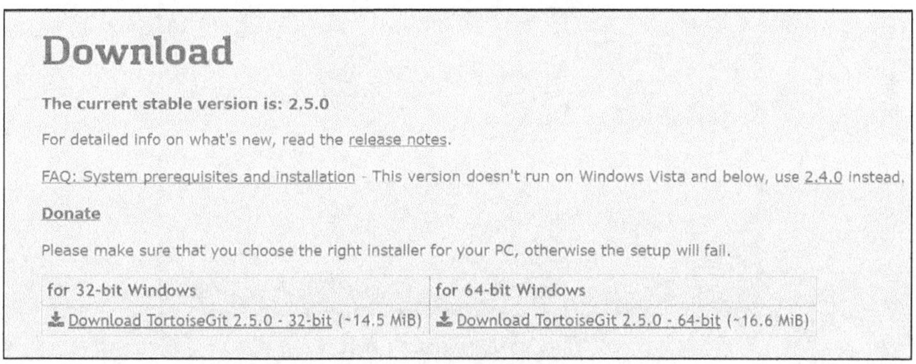

图 11-53 下载 TortoiseGit

（2）下载完成后，直接进行安装，安装步骤也是傻瓜式安装，所有选项默认即可，下一步即可安装成功。安装结束后，选择“Run first start wizard”选项将打开首次运行设置向导，如图 11-54 所示。

（3）设置向导主要是设置指定 Git 的路径及 ssh 的连接方式等内容，在配置 git.exe 路径这一步，需指定 git.exe 的所在路径，如果已经安装了 Git 则会自动识别，如图 11-55 所示。

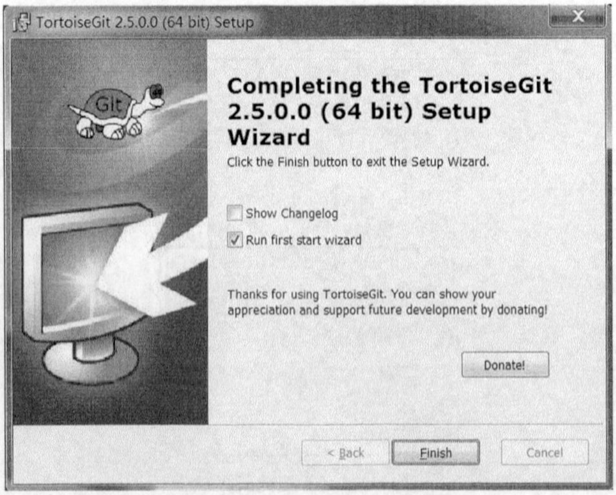

图 11-54 TortoiseGit 安装结束

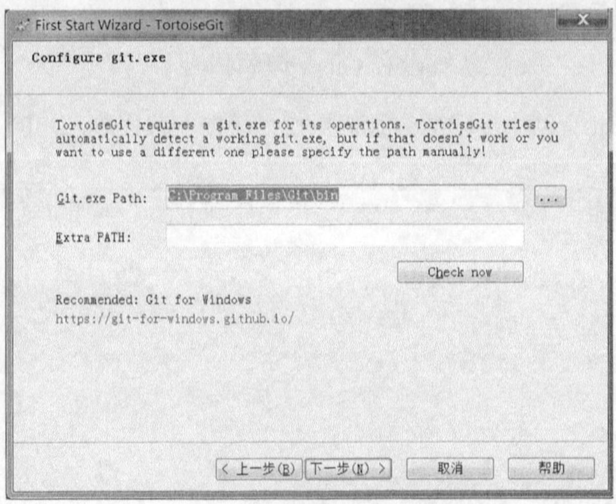

图 11-55 指定 git.exe 路径

（4）接下来是配置用户信息，用户信息是作为提交 Git 的凭证，配置如图 11-56 所示。

（5）最后一步为配置 Git 的认证信息与获取方式，为了能与禅道插件兼容，在这里我们选择以 ssh 方式获取仓库及使用 OpenSSH 代理，如图 11-57 所示。

（6）单击“完成”按钮后，TortoiseGit 配置完毕，桌面快捷菜单中出现如图 11-58 所示的选项。

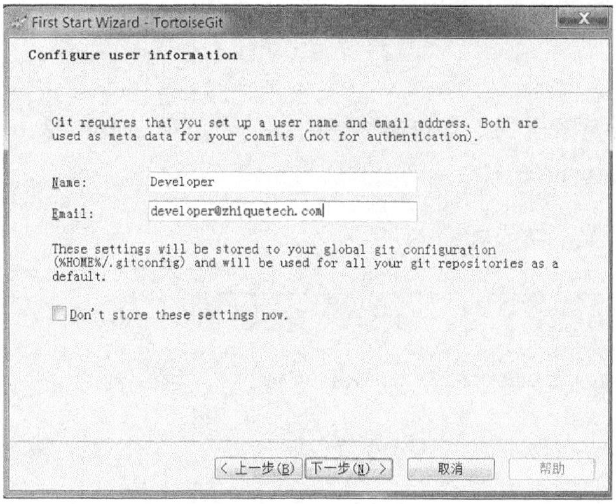

图 11-56　配置 Git 用户信息

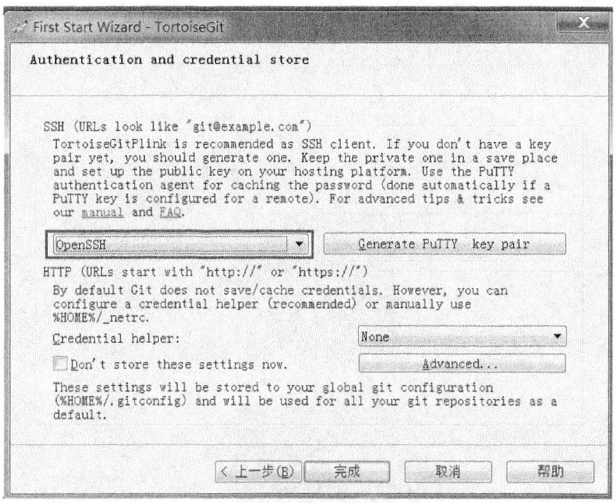

图 11-57　配置 SSH 代理

图 11-58　TortoiseGit 安装成功

11.3.3　安装 TurtleZenTao 插件

为了使研发人员往 Gitlab 中提交代码的同时，将禅道中分配给自己的 Bug 状态自动改为已解决的状态，需要在研发的计算机上安装 TurtleZenTao 插件。TurtleZenTao 插件可以使 TortoiseGit 与禅道集成，使用 TortoiseGit 提交代码就可以自动更新 Bug 的状态。

1. TurtleZenTao 插件的安装与配置

（1）安装。

1）下载安装包并且解压到不含中文路径的目录中，双击 TurtleZenTao.exe，TurtleZenTao 需要依赖.net Framework 4.0 组件，如图 11-59 所示。

2）安装成功后，显示结果如图 11-60 所示。

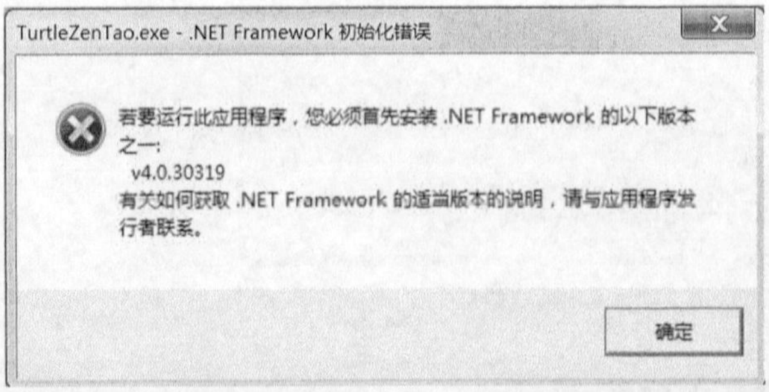

图 11-59 未安装.net Framework4.0 组件

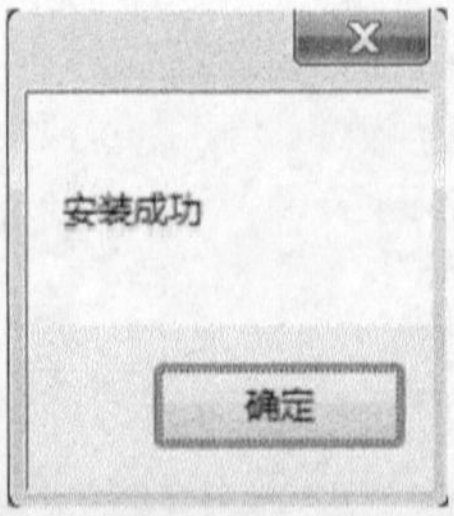

图 11-60 TurtleZenTao 插件安装成功

（2）配置。

1）打开 TortoiseGit 的配置页面，如图 11-61 所示。

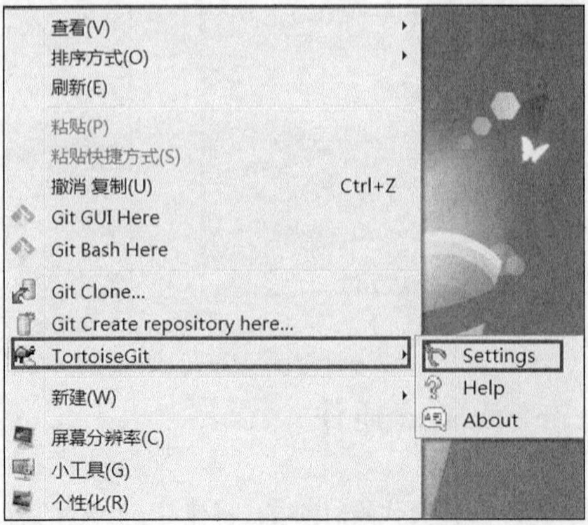

图 11-61 打开 TortoiseGit 的配置

2）找到配置页面中的 Hook Scripts→Issue Tracker Integration，单击“添加”，如图 11-62 所示。

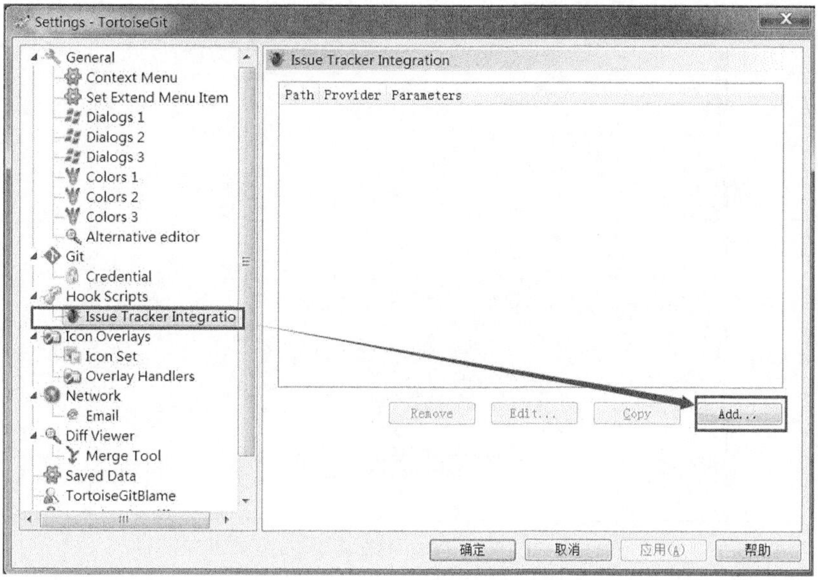

图 11-62 添加 Issue Tracker Integration

3）根据实际情况，如实填写内容并保存，如图 11-63 所示。

图 11-63 TurtleZenTao 插件配置

2. TurtleZenTao 插件的使用

（1）如果安装成功并且配置正确，在提交页面会有“从禅道中选择”按钮，如图 11-64 所示。

（2）单击该按钮进入选择禅道页面，如果第一次使用，首先需要添加禅道关联，如图 11-65 所示。

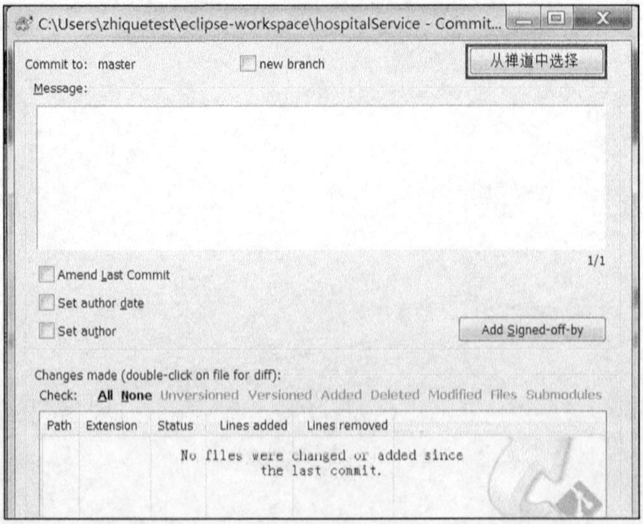

图 11-64 TurtleZenTao 插件配置成功的提交窗口

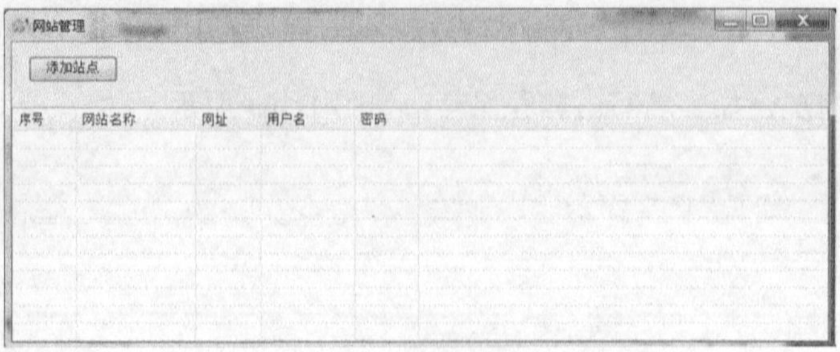

图 11-65 禅道网站管理

（3）在站点编辑页面，按照提示填写正确的禅道网址及用户名和密码。单击“验证”可以验证禅道是否能够登录成功。单击“添加”，即可关联禅道，如图 11-66 和图 11-67 所示。

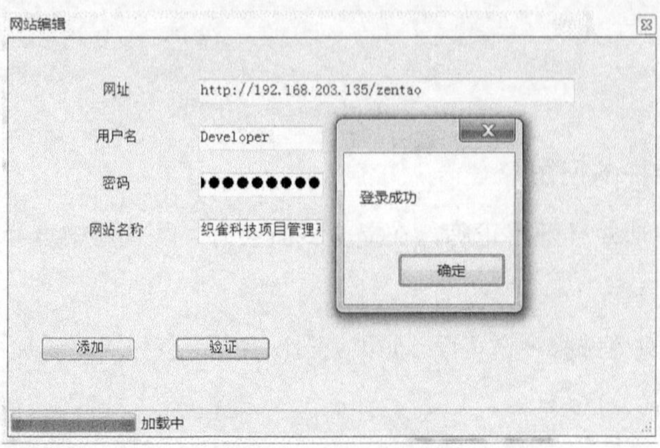

图 11-66 验证登录成功

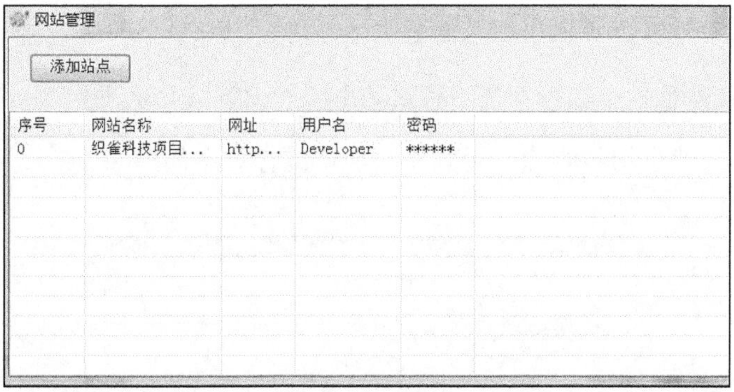

图 11-67 TurtleZenTao 关联的禅道

（4）在网址管理页面中，双击需要关联提交的禅道。如果站点配置正确，就可以获取该站点指派给自己的任务和 Bug，如图 11-68 所示。

图 11-68 指派给自己的 Bug 列表

（5）勾选该次提交所涉及的任务或 Bug，并根据实际情况勾选“已解决”。单击“确定”按钮，如图 11-69 所示。

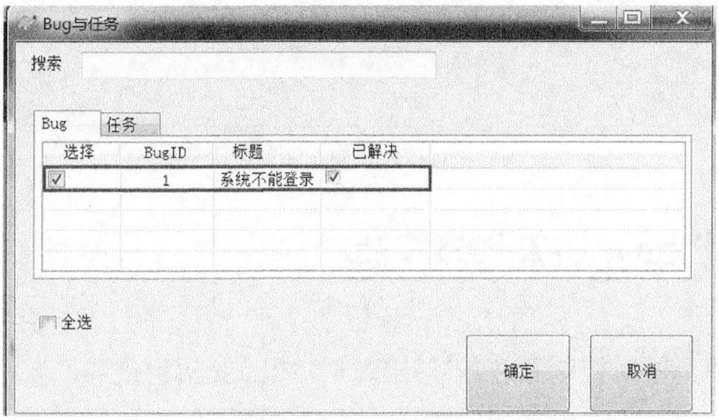

图 11-69 选择已解决的 Bug

注：勾选任务的时候需要填写工时信息。

（6）TurtleZenTao 插件会根据勾选内容自动生成关于解决 Bug 的消息，如图 11-70 所示。

注：自动生成的消息切勿删除，否则将不能修改禅道中的 Bug 状态。

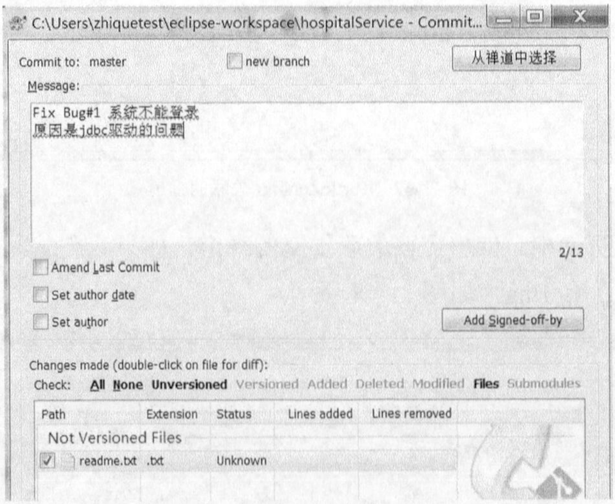

图 11-70 自动生成提交消息

（7）最后单击“提交”。插件后自动调用禅道 API，修改 Bug 状态或任务数据，添加禅道日志，如图 11-71 所示。

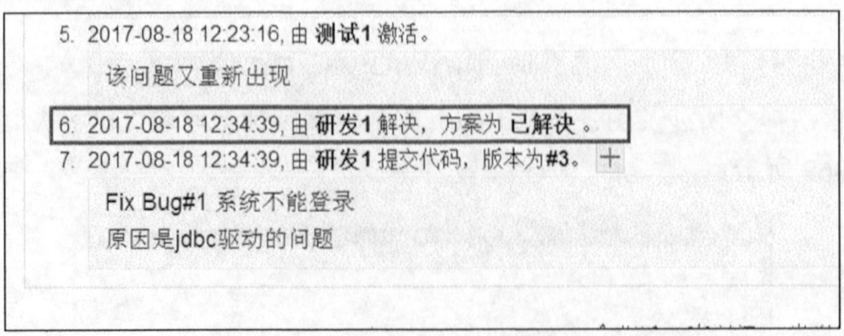

图 11-71 自动修改 Bug 状态为已解决

11.4 测试中心环境搭建

通过前面的介绍，版本控制系统与缺陷管理系统已经初步搭建完成，并且研发人员已经可以对项目代码与代码缺陷进行初步的管理。持续集成不仅存在于开发阶段，而且存在于整个项目生命周期中，本节将介绍持续集成在测试阶段中的环境部署。

说明：Tomcat 及 Eclipse 都需要依赖 JDK。

11.4.1 部署 Tomcat 服务

由于本项目为 JSP 项目，那么测试环境中必须要有自己的测试环境，在这里我们选用的是 Tomcat 容器。Tomcat 的安装步骤如下。

（1）登录 Tomcat 的官方下载网站，根据项目选择适合的版本进行下载，在 Windows 系统上可以直接下载安装版本即可，如图 11-72 所示。

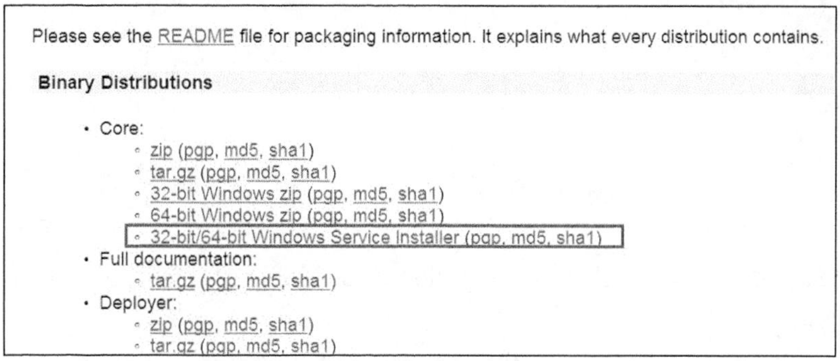

图 11-72 Tomcat 安装版

（2）下载后，直接双击进行安装，如图 11-73 所示。

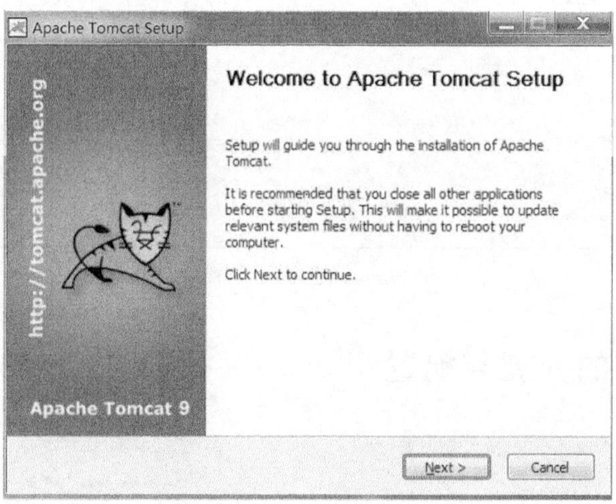

图 11-73 Tomcat 安装界面

（3）如果是首次安装，默认端口也未被占用，全部默认下一步即可安装成功。安装完成后如图 11-74 所示。

（4）单击“Finish”按钮结束安装并启动 Tomcat 服务。单击任务栏通知区域中的“”，查看 Tomcat 状态，如图 11-75 所示，Tomcat 启动成功。

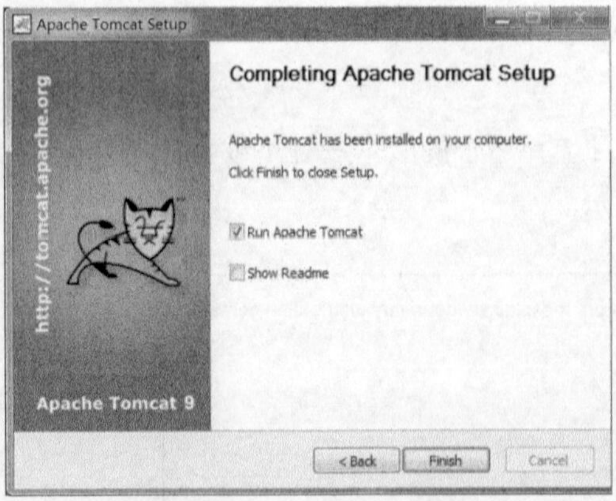

图 11-74 Tomcat 安装完成

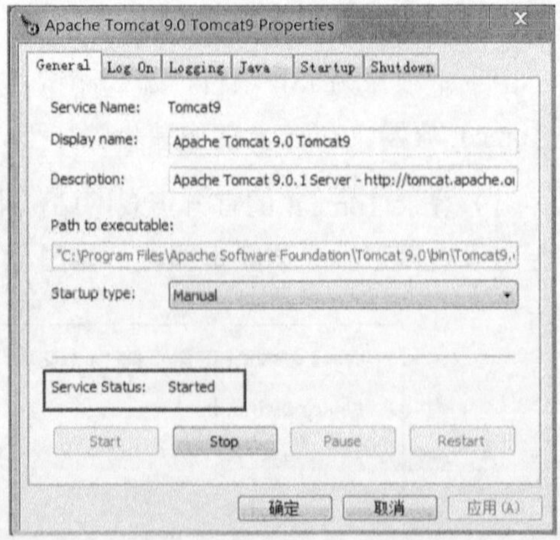

图 11-75 Tomcat 启动成功

（5）打开浏览器，在地址栏中输入 http://localhost:8080，出现如图 11-76 所示的界面，到此 Tomcat 部署成功。

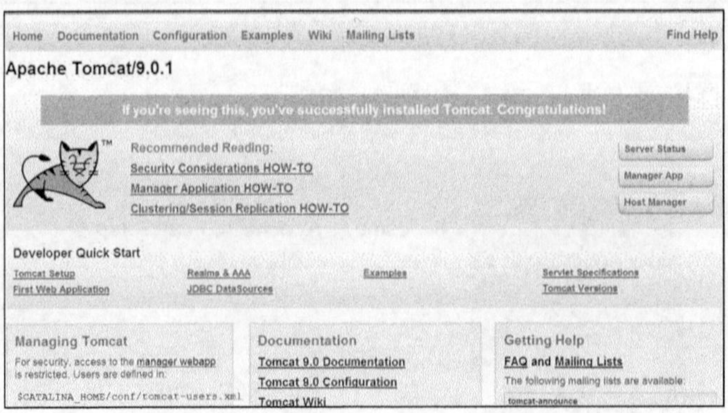

图 11-76 Tomcat 部署成功

11.4.2 Jenkins 的安装与配置

1. Jenkins 简介

Jenkins 是一个开源软件项目，之前称为 Hudson，旨在提供一个开放易用的软件平台，使软件的持续集成变为可能。

Jenkins 主要用于以下环境。

- 持续、自动地构建与测试软件项目。
- 监控一些定时执行的任务。

Jenkins 拥有的特性包括以下几个。

- 易于安装：只要把 jenkins.war 部署到 servlet 容器，不需要数据库支持。
- 易于配置：所有配置都是通过其提供的 Web 界面实现。
- 集成 RSS/E-mail，通过 RSS 发布构建结果或当构建完成时通过 E-mail 通知。
- 生成 JUnit/TestNG 测试报告。
- 分布式构建支持 Jenkins 能够让多台计算机一起构建与测试。
- 文件识别：Jenkins 能够跟踪哪次构建生成哪些 JAR，哪次构建使用哪个版本的 JAR 等。
- 插件支持：支持扩展插件，你可以开发适合自己团队使用的工具。

目前采用持续集成（CI）已成为当前许多软件开发团队在整个软件开发生命周期内侧重于保证代码质量的常见做法。它是一种实践，旨在缓和和稳固软件的构建过程，并且能够帮助你的开发团队应对如下挑战。

- 软件构建自动化：配置完成后，CI 系统会依照预先制订的时间表，或者针对某一特定事件，对目标软件进行构建。
- 构建可持续的自动化检查：CI 系统能持续地获取新增或修改后签入的源代码，也就是说，当软件开发团队需要周期性地检查新增或修改后的代码时，CI 系统会不断确认这些新代码是否破坏了原有软件的成功构建。这样就减少了开发者们在检查彼此相互依存的代码的变化情况时需要花费的时间和精力。
- 构建可持续的自动化测试：构建检查的扩展部分，构建后执行预先制订的一套测试规则，完成后触发通知（E-mail、RSS 等）给相关的当事人。
- 生成后后续过程的自动化：当自动化检查和测试成功完成，软件构建的周期中可能也需要一些额外的任务，诸如生成文档、打包软件和部署构建到一个运行环境或者软件仓库。这样，构建才能更迅速地提供给用户使用。

部署一个 CI 系统需要的最低要求是，一个可获取的源代码的仓库，一个包含构建脚本的项目。

以下是使用 Jenkins 的一些理由。

- 是所有 CI 产品中在安装和配置上最简单的。
- 基于 Web 访问，用户界面非常友好、直观和灵活，在许多情况下，还提供了 AJAX 的即时反馈。
- Jenkins 是基于 Java 开发的（如果你是一个 Java 开发人员，这是非常有用的），但它不仅限于构建基于 Java 的软件。
- Jenkins 拥有大量的插件。这些插件极大地扩展了 Jenkins 的功能；它们都是开源的，而且可以直接通过 Web 界面来进行安装与管理。

2．Jenkins 安装

（1）安装环境。

由于 Jenkins 是由 Java 语言编写的，所以继承了 Java 语言跨平台的优势，Jenkins 支持的系统包括以下几种。

- Docker。
- FreeBSD。
- Gentoo。
- Mac OS X。
- OpenBSD。
- openSUSE。
- Red Hat/Fedora/CentOS。
- Ubuntu/Debian。
- Windows。

考虑到大部分人对 Windows 的依赖以及环境搭建的效率，本文介绍的是在 Windows 下进行的安装部署。

（2）安装方式。

第一种安装方式：Tomcat + JDK + Jenkins.war。

第二种安装方式：Jenkins.msi。

由于之前章节已经部署好 Tomcat 环境，所以在这里我们选择第一种安装方式。

3．安装 Jenkins

（1）下载 Jenkins。

打开 Jenkins 的官方下载页面，选择左侧一列稳定的 war 包进行下载，如图 11-77 所示。

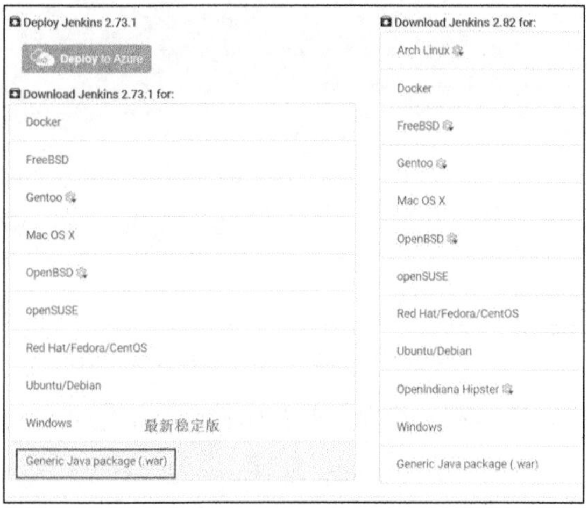

图 11-77 下载 Jenkins

（2）复制 Jenkins.war 到 webapps 目录下。

将下载的 jenkins.war 放到 Tomcat 安装目录下的 webapps 目录下，默认情况下 Tomcat 会自动将 jenkins.war 进行解压，生成 jenkins 目录，如图 11-78 所示。

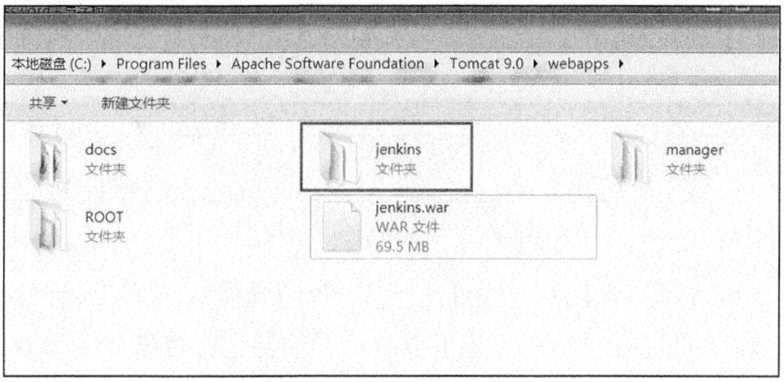

图 11-78 Tomcat 自动生成 jenkins 目录

4．Jenkins 配置

Jenkins 安装完成后，需要对其进行解锁配置，否则无法登录 Jenkins 的后台配置界面。

（1）通过浏览器访问 http://localhost:8080/jenkins，打开 Jenkins 的 Web 界面，如图 11-79 所示。

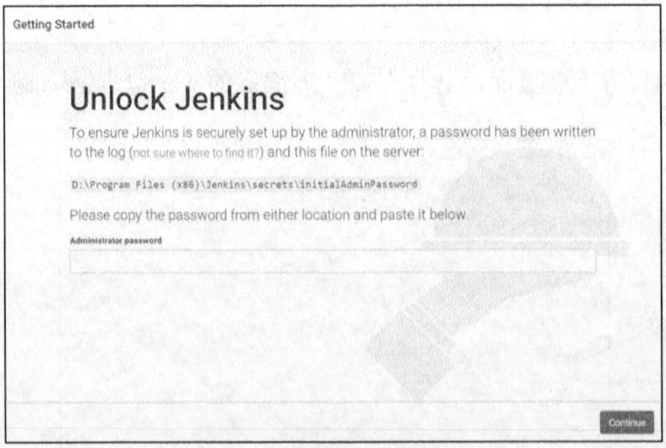

图 11-79　首次打开 Jenkins

（2）在打开的界面中，提示输入管理员的初始密码，根据红色的密码路径找到密码，把密码复制粘贴到输入框中，单击“Continue”继续，如图 11-80 所示。

图 11-80　管理员初始密码

（3）单击“Continue”后，来到安装插件这一步，我们选择第一项“Install suggested plugins”（安装建议的插件）。当然，安装结束后也可以对这些插件进行增减，Jenkins 有成百上千个插件供我们使用，如图 11-81 所示。

（4）单击“安装”插件以后，出现以下界面，根据自己的实际网速，耐心等待，如图 11-82 所示。

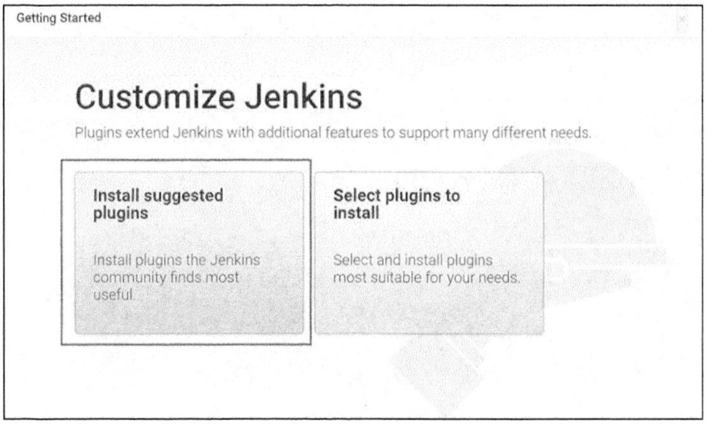

图 11-81 选择安装插件

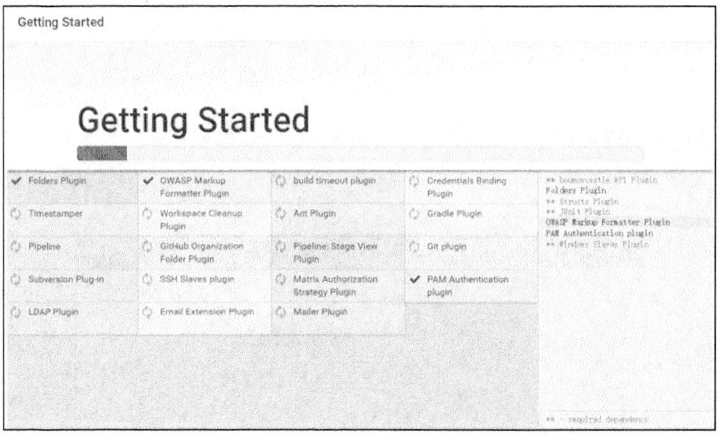

图 11-82 插件安装中

（5）插件安装完成后，自动进入创建你的第一个管理员用户界面，根据自己的情况进行填写，如图 11-83 所示。

图 11-83 创建 Jenkins 首个管理员用户

（6）单击“完成”后，弹出以下界面，提示 Jenkins 已经准备就绪，如图 11-84 所示。

图 11-84　Jenkins 准备就绪

（7）单击“Start using Jenkins”，进入 Jenkins 后台配置界面，至此 Jenkins 在 Windows 下安装配置完成，如图 11-85 所示。

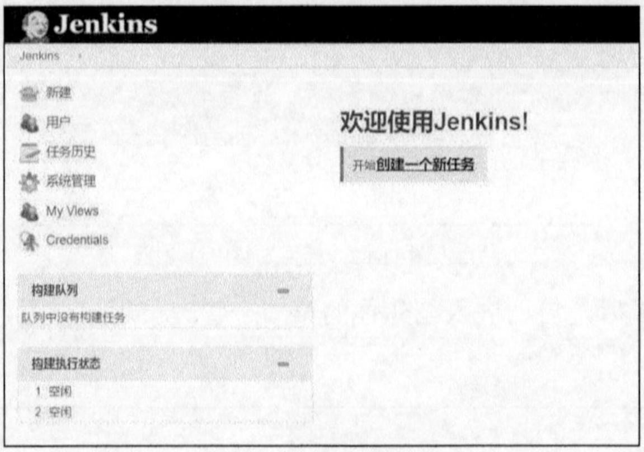

图 11-85　Jenkins 部署完成

11.4.3　Eclipse+TestNG+Selenium 环境部署

本节介绍的是自动单元测试框架与 Web 自动化测试工具的安装。

1. TestNG 测试框架安装

TestNG 是一个 Java 的测试框架，所以首先要安装 JDK，JDK 的安装及环境变量配置在此不做描述。

（1）启动安装好的 Eclipse，依次选择“Help”→“Eclipse Marketplace...”，如图 11-86 所示。

（2）打开 Eclipse 的应用市场，在搜索框中输入“testng”并按 Enter 键，找到“TestNG for Eclipse”插件进行安装，如图 11-87 所示。

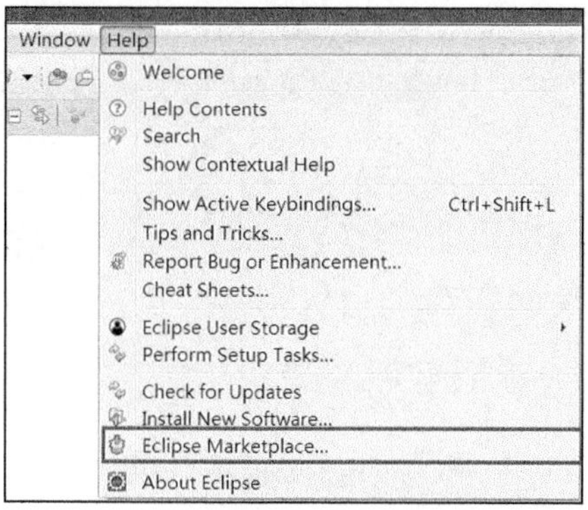

图 11-86　选择 Eclipse Marketplace

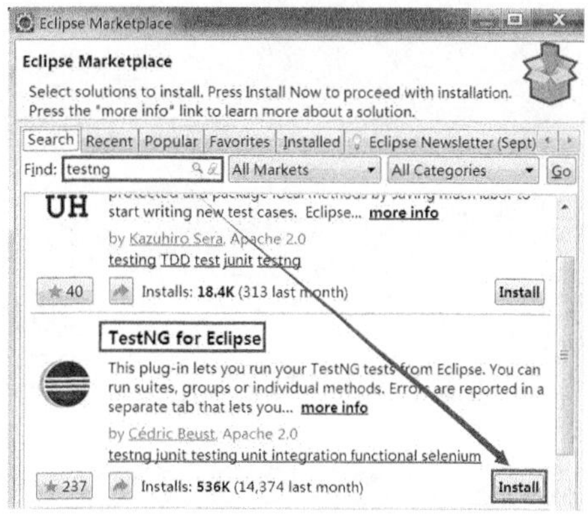

图 11-87　搜索 testng 进行安装

（3）单击“Install”后，Eclipse 会对插件功能进行解析，稍等片刻后出现以下安装界面，单击“Confirm”确认继续安装，如图 11-88 所示。

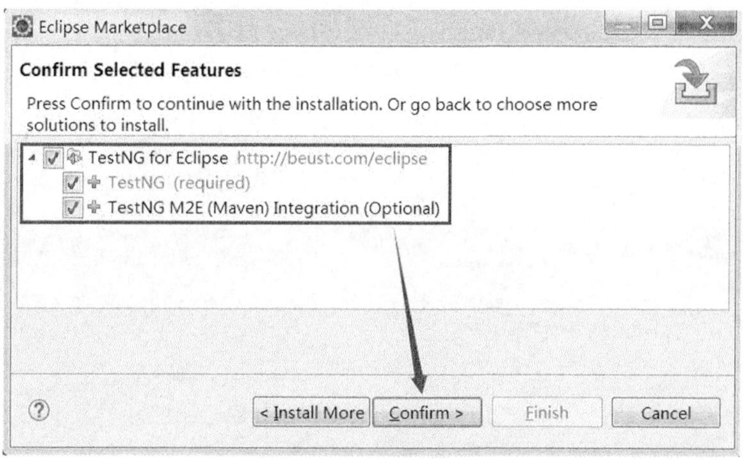

图 11-88　TestNG 安装功能选项

（4）勾选“I Accept the License Agreement”，然后单击“Finish”，如图 11-89 所示。

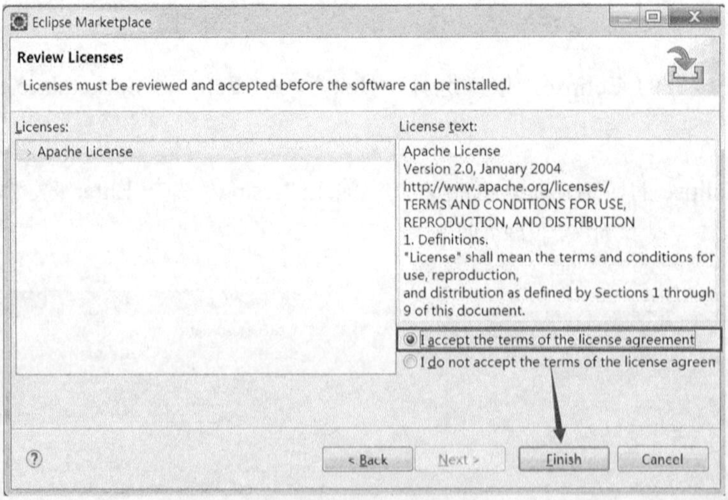

图 11-89　TestNG 授权

（5）安装过程中可能会出现如图 11-90 所示的警告，允许即可。

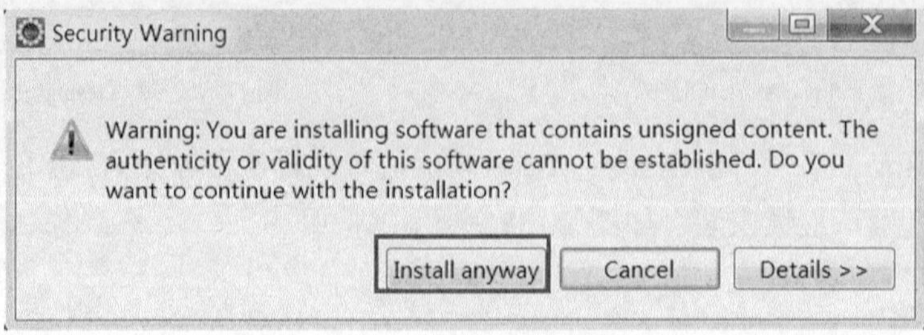

图 11-90　TestNG 安装警告

（6）安装完成后，需要重启 Eclipse 方能生效。单击“Restart Now”重启 Eclipse，如图 11-91 所示。

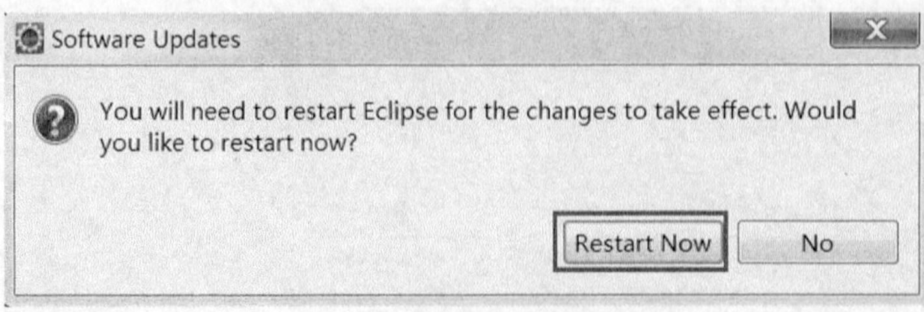

图 11-91　TestNG 安装结束

（7）安装成功后，单击“Eclipse”工具栏中“运行”右侧的小三角，在“Run As”中会出现“TestNG Test”选项，如图 11-92 所示。

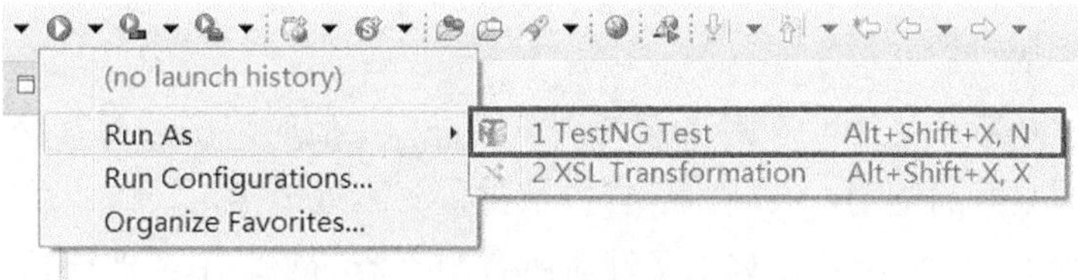

图 11-92 TestNG 插件安装成功

2. Selenium 工具安装

Selenium 是一个用于 Web 应用程序测试的工具。Selenium 测试直接运行在浏览器中，就像真正的用户在操作一样。支持的浏览器包括 IE（7, 8, 9, 10, 11）、Mozilla Firefox、Safari、Google Chrome、Opera 等。这个工具的主要功能包括：测试与浏览器的兼容性——测试你的应用程序是否能够很好地工作在不同浏览器和操作系统之上；测试系统功能——创建回归测试检验软件功能和用户需求；支持自动录制动作和自动生成 C#、Java、Python、Buby 等不同语言的测试脚本。

为了开发 Selenium 自动化脚本，必须确保以下步骤。

- 下载并安装 JDK。
- 下载并配置 Eclipse 下载 Selenium Standalone Server。
- 下载浏览器驱动。

前两步在前面的章节中我们已经介绍过，下面将只介绍后两步的配置。

（1）下载 Selenium。

Selenium Standalone Server 可在其官方网站，作者在写作时，其最新版本为 V3.4.0，读者根据实际情况下载最新版本。将下载的“selenium-server- standalone-3.4.0.jar”放到一个自定义目录下即可，如图 11-93 所示。

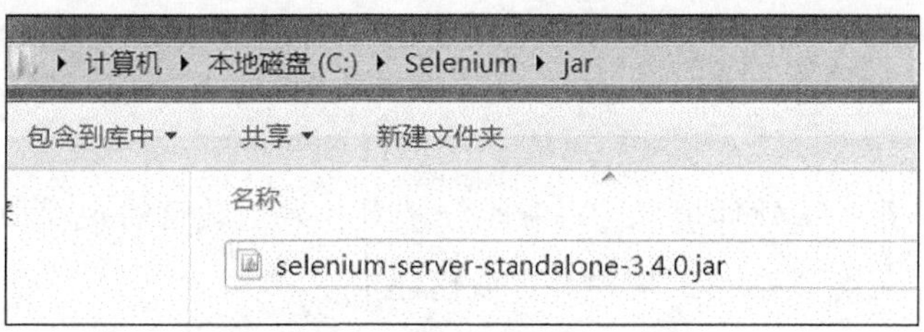

图 11-93 将 Selenium 放置在任意目录中

由于 Selenium 为 Java 打包成 jar 包，所以不必进行安装。

（2）下载浏览器驱动。

Selenium 从 3.0 版本开始，在对不同的浏览器进行控制时，必须要有相应的驱动作为接口。针对不同的浏览器的驱动，Selenium 官方都提供了下载链接，具体请登录 Selenium 官网进行查看下载。如图 11-94 所示，列出了针对所有浏览器的驱动下载地址。

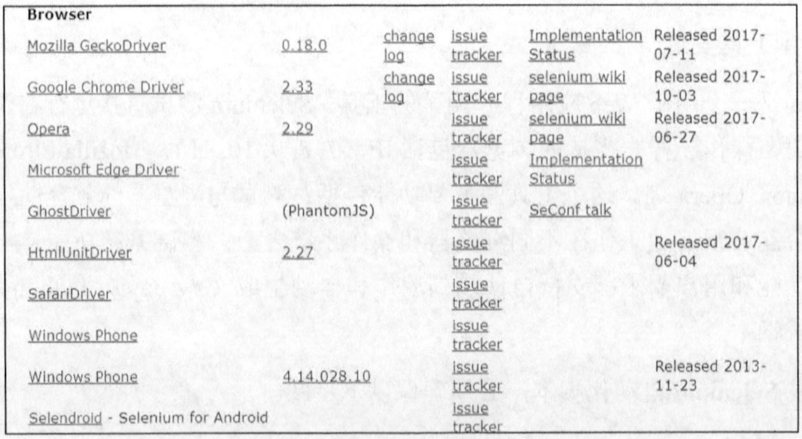

Browser					
Mozilla GeckoDriver	0.18.0	change log	issue tracker	Implementation Status	Released 2017-07-11
Google Chrome Driver	2.33	change log	issue tracker	selenium wiki page	Released 2017-10-03
Opera	2.29		issue tracker	selenium wiki page	Released 2017-06-27
Microsoft Edge Driver			issue tracker	Implementation Status	
GhostDriver	(PhantomJS)		issue tracker	SeConf talk	
HtmlUnitDriver	2.27		issue tracker		Released 2017-06-04
SafariDriver			issue tracker		
Windows Phone			issue tracker		
Windows Phone	4.14.028.10		issue tracker		Released 2013-11-23
Selendroid - Selenium for Android			issue tracker		

图 11-94　Selenium 支持的浏览器及驱动下载链接

将下载下来的驱动统一放到一个目录中进行管理，如图 11-95 所示。

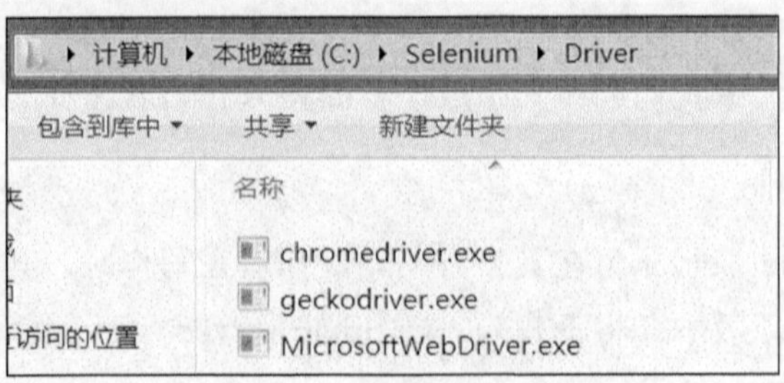

图 11-95　Selenium 的浏览器驱动

11.4.4　Maven 构建工具安装

Apache Maven 是一个软件项目管理和综合工具。基于项目对象模型（POM）的概念，Maven 可以从一个中心管理项目的构建并生成构建报告。

Maven 的主要目标是让开发人员在最短的时间内了解开发工作的完整状态。为了实现这一目标，Maven 试图处理以下几个问题。

- 使构建过程容易。
- 提供统一的构建系统。
- 提供优质的项目信息。
- 提供最佳开发指南。
- 允许透明迁移到新版本。

1. Maven 的下载与安装

Apache Maven 3.5.0 是目前的最新版本和推荐版本。

系统要求如图 11-96 所示。

Java 开发工具包（JDK）	Maven 3.3+需要 JDK 1.7 或更高版本
内存	没有最低要求
磁盘	Maven 安装本身需要大约 10MB 的空间。除此之外，你的本地 Maven 存储库将使用额外的磁盘空间。你的本地存储库的大小将根据用途而有所不同，但预计至少为 500MB
操作系统	没有最低要求。支持能运行 Shell 或 bat 脚本的所有系统

图 11-96　系统要求

（1）下载。

打开官方下载页，选择适合我们操作系统的包进行下载，Windows 系统建议下载 zip 格式的压缩包，如图 11-97 所示。

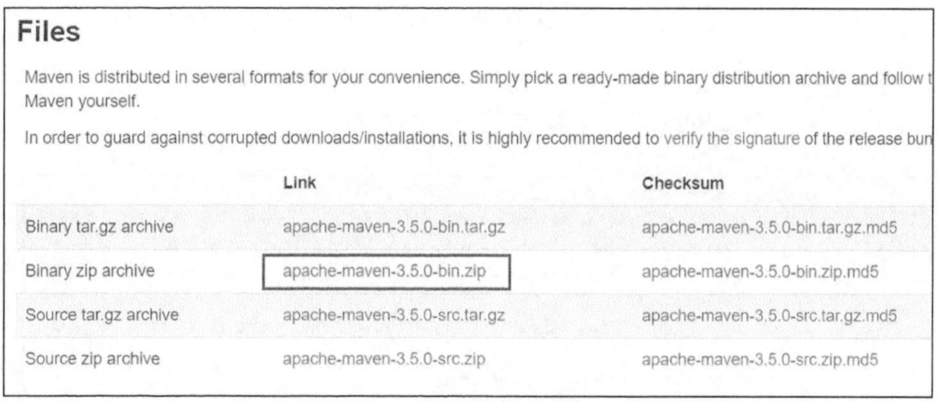

图 11-97　下载 Apache　Maven

（2）安装。

安装 Apache Maven 是一个简单的过程，将压缩包进行解压，并将 mvn 命令所在的 bin

文件夹添加到环境变量 PATH 中即可。具体步骤如下。

- 将下载的 apache-maven-3.5.0-bin.zip 解压。
- 配置 Maven 的环境变量，将 Maven 下的 bin 添加到系统环境变量中，如图 11-98 所示。

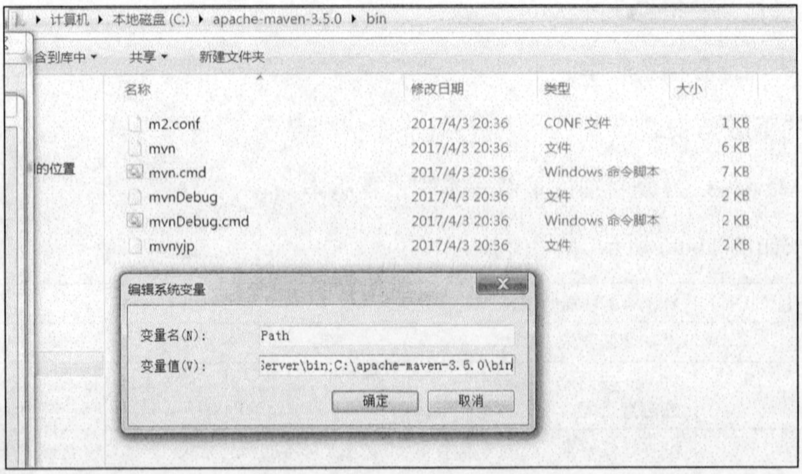

图 11-98 配置 Maven 环境变量

（3）配置本地仓库。

环境变量配置完成后，接下来需要配置 Maven 依赖包的仓库位置，在构建项目时，Maven 会自动将所需的依赖包下载到仓库中。仓库的配置方法如下。

- 打开 Maven 所在目录下的 conf 文件夹，找到并编辑 settings.xml 文件。
- 在 settings.xml 中带有注释的“<localRepository>”下面添加一行，格式为“<localRepository>[仓库位置]</ localRepository >”，如图 11-99 所示。

```
<settings xmlns="http://maven.apache.org/SETTINGS/1.0.0"
          xmlns:xsi="http://www.w3.org/2001/XMLSchema-instance"
          xsi:schemaLocation="http://maven.apache.org/SETTINGS/1.0.0
http://maven.apache.org/xsd/settings-1.0.0.xsd">
  <!-- localRepository
   | The path to the local repository maven will use to store artifacts.
   |
   | Default: ${user.home}/.m2/repository
  <localRepository>/path/to/local/repo</localRepository>
  -->
<localRepository>C:\MavenRepo</localRepository>
```

添加一行

图 11-99 配置 Maven 本地仓库

（4）安装验证。

使用 Win+R 键打开运行，输入“cmd”，在 cmd 命令行中输入“mvn -v”，如图 11-100 所示。

图 11-100 Maven 安装配置成功

2．在 Eclipse 中引用 Maven

Maven 安装成功后，Eclipse 是不能直接使用的（Eclipse 本身嵌入了 Maven，但不建议使用），要想使用我们安装的 Maven，则需要打开 Eclipse 进行配置。配置步骤如下。

（1）打开 Eclipse，依次打开“Windows”→“Preferences”，在左侧找到 Maven 配置模块，选择“Installations”配置项，单击“Add”添加一个新的配置。配置如图 11-101 所示。

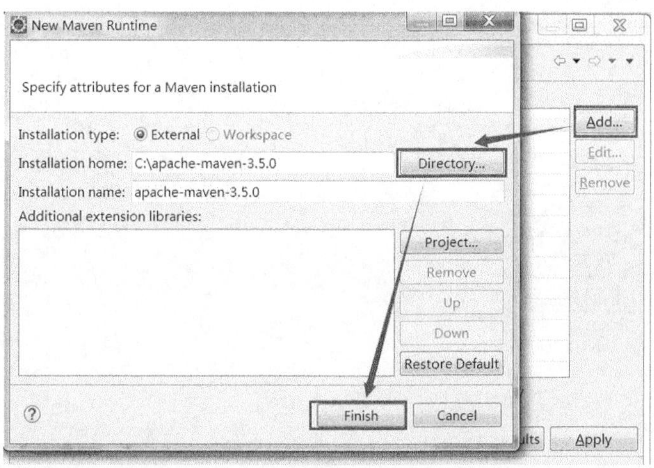

图 11-101 添加 Maven 运行配置

（2）单击“Finish”后，返回到 Installations 列表，选择刚添加的配置并单击“Apply”生效，如图 11-102 所示。

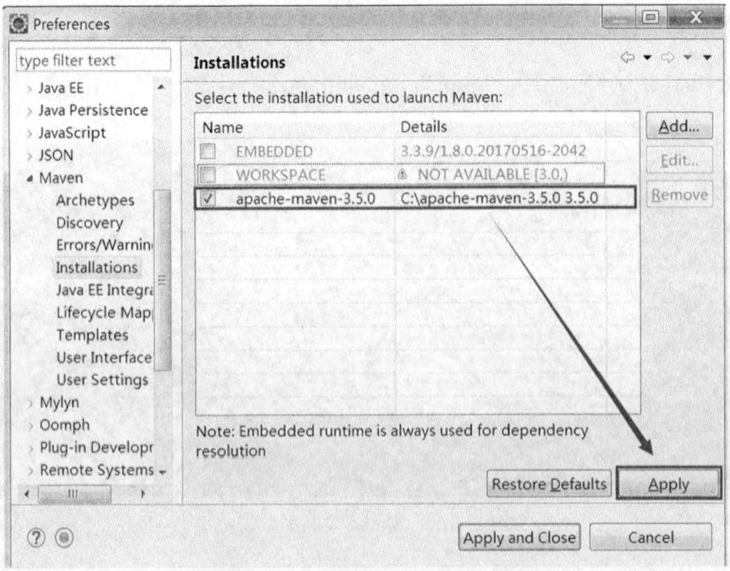

图 11-102 选择需要使用的 Maven 配置

（3）打开“User Settings”，将默认的配置修改为我们自己的配置文件位置，指定配置文件后，本地仓库的位置会自动获取到，如图 11-103 所示。

图 11-103 指定 Maven 配置文件位置

11.5 M+T+S 自动化测试

本节介绍如何使用 Maven+TestNG+Selenium 的方式对项目进行自动化测试，本章所有的操作将在测试 PC 上完成。

11.5.1 测试项目部署

在前面的章节中我们已经在测试 PC 上搭建好测试环境，现在只需将项目的 war 包放到 Tomcat 容器中即可部署完成。本项目的 war 包名为 hospitalService.war，具体步骤如下：

（1）从研发人员手中获取项目的安装包 hospitalService.war，并复制 hospitalService.war 到 Tomcat 容器中，方法与 Jenkins 的部署方法无异，如图 11-104 所示。

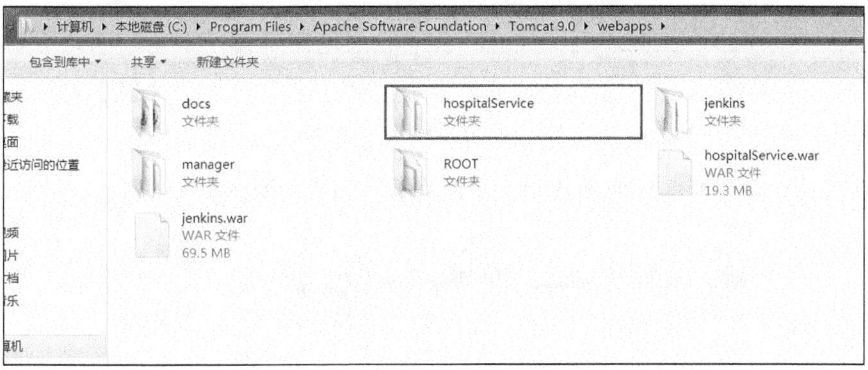

图 11-104 hospitalService 项目部署

（2）待生成 hospitalService 目录后，打开浏览器，访问 http://localhost:8080/hospitalService，网站正常打开，如图 11-105 所示。

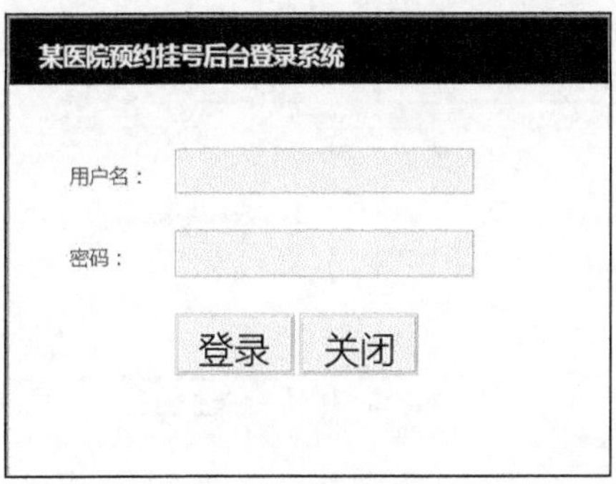

图 11-105 项目后台登录界面

11.5.2　自动化测试

1. 创建 Maven 工程

（1）打开“Eclipse”，新建一个“Maven Project”，如图 11-106 所示。

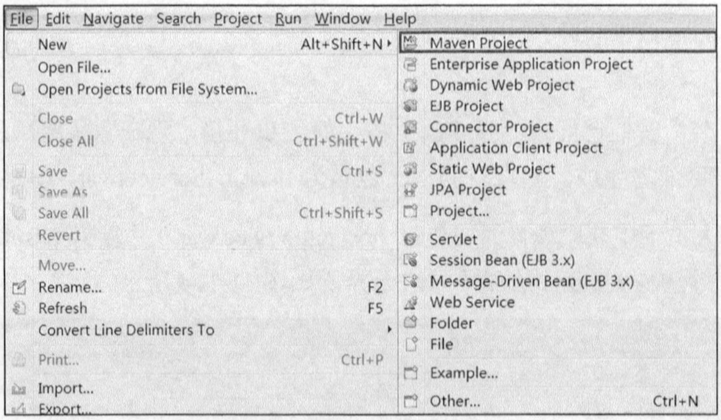

图 11-106　新建 Maven Project

（2）跳过第一步，在选择原型这一步，保持默认的“quickstart”，单击“Next”继续，如图 11-107 所示。

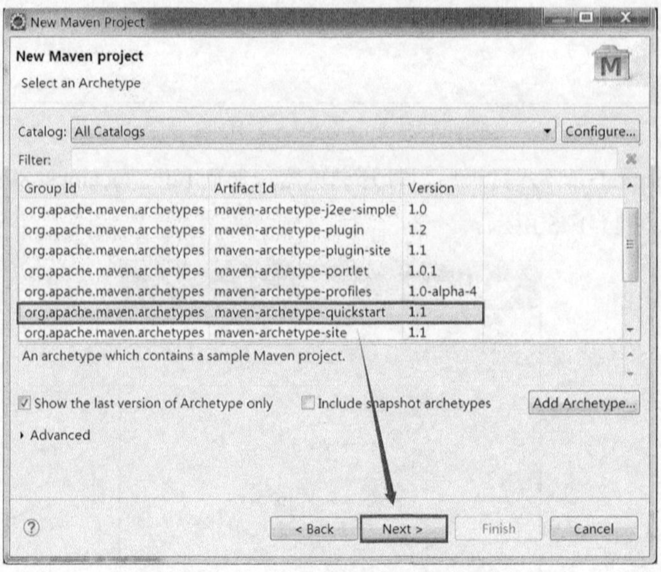

图 11-107　选择 Maven 工程原型

（3）最后一步为填写工程信息，如图 11-108 所示。

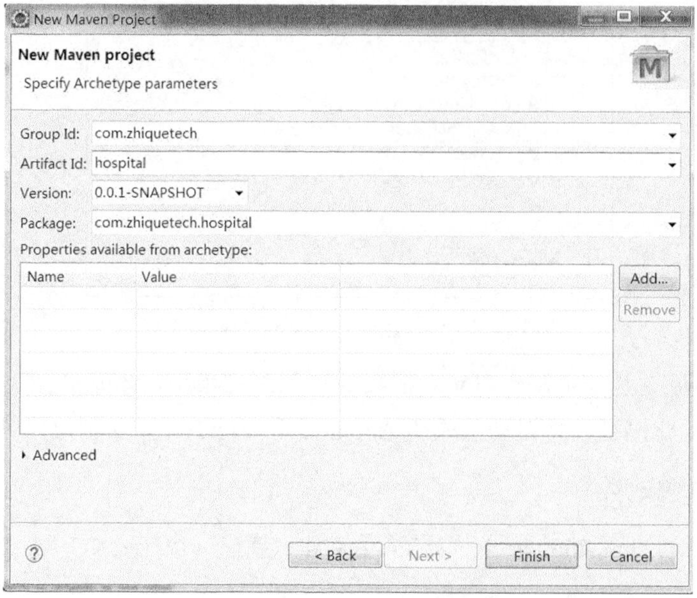

图 11-108 填写工程信息

（4）单击“Finish”后，Maven 会自动将“quickstart”原型中所用到的依赖包下载到本地仓库中，如图 11-109 所示。

图 11-109 “quickstart”原型依赖包

（5）基于 quickstart 原型创建的工程，会自动生成两个类：被测类与 Junit 测试类，如图 11-110 所示。

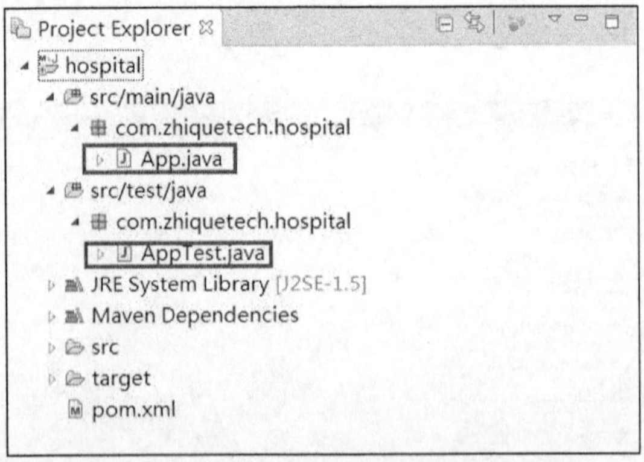

图 11-110 基于 quickstart 原型的 Maven 工程

“quickstart”原型是一个基于 Junit 框架的单元测试模型，本章介绍的是使用 TestNG+Selenium 进行自动化测试，将自动生成的 App.java 和 AppTest.java 删掉即可。

2. 创建 TestNG 测试类

（1）在 test 下的 com.zhiquetech.hospital 上右击，新建一个 TestNG 类，如图 11-111 所示。

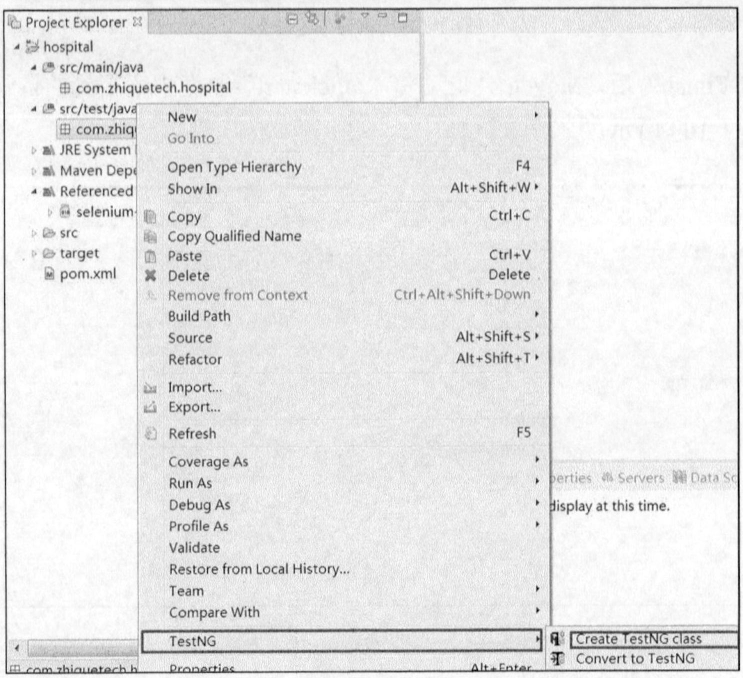

图 11-111 新建 TestNG 测试类

（2）打开新建类对话框，如图 11-112 所示。

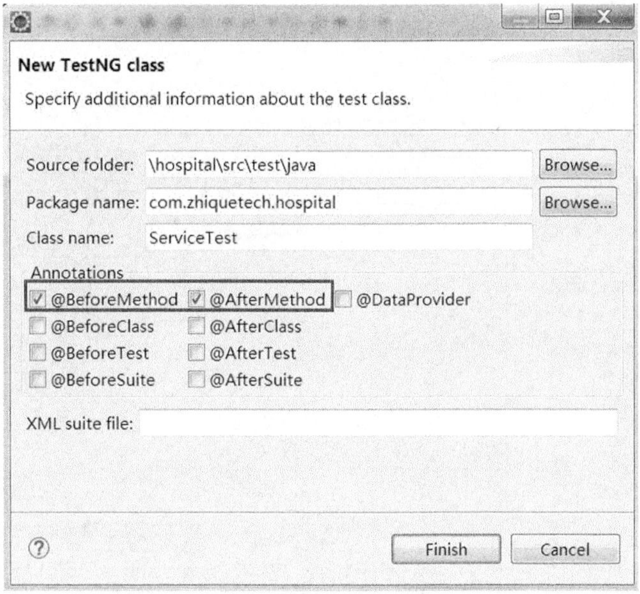

图 11-112 新建 ServiceTest 类

（3）测试类创建成功后，由于没有将 TestNG 包引入，会有找不到类的错误。接下来需要将 TestNG 与 Selenium Standalone Server 依赖包引入到工程项目中。在工程目录上右击，选择“Build Path”→“Configure Build Path…”，如图 11-113 所示。

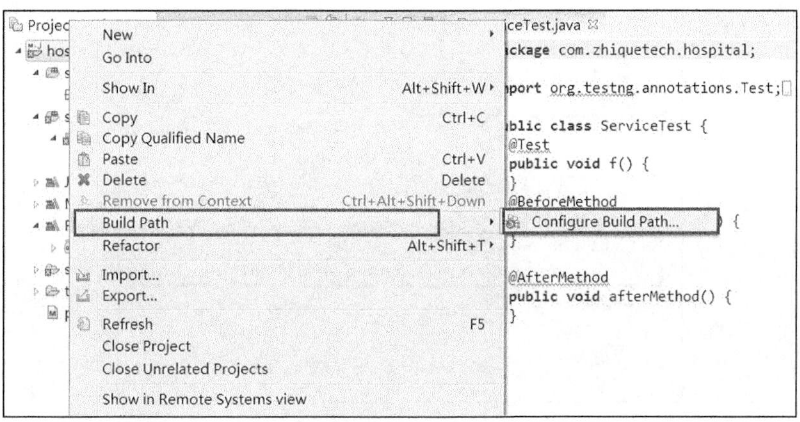

图 11-113 配置 Build Path

（4）将两个依赖包引入到工程中，如图 11-114 所示。

（5）单击“Apply and Close”完成包引入，如图 11-115 所示。

包引入成功以后，之前的错误就会随之消失。

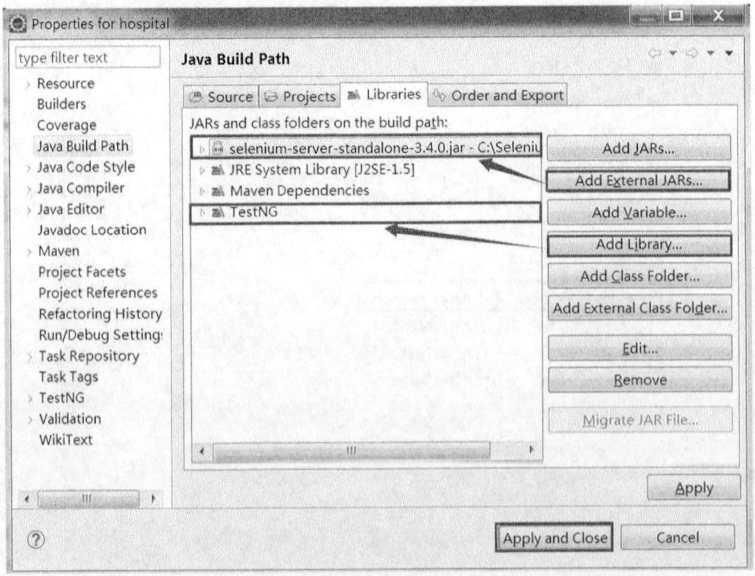

图 11-114 添加引入包

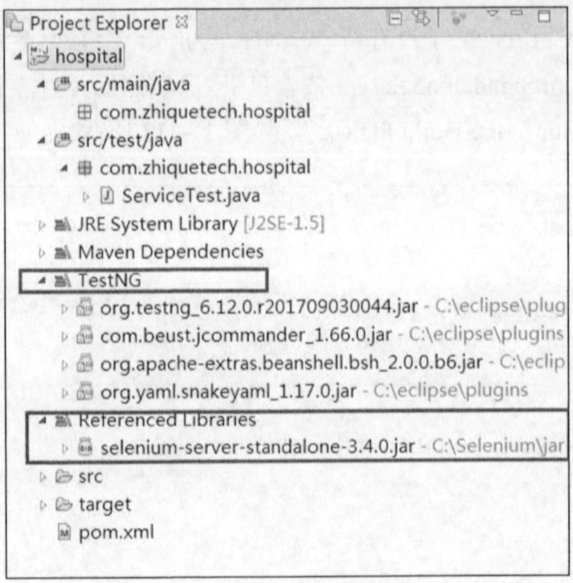

图 11-115 完成 TestNG 与 Selenium 包引用

（6）由于 TestNG 测试执行是根据 testng.xml 的配置来进行的，所以接下来需要创建 testng.xml 文件。右击工程项目，选择“TestNG”→“Convert to TestNG”，如图 11-116 所示。

（7）在弹出的对话框中，选中“Generate testng.xml”，单击“Finish”，如图 11-117 所示。

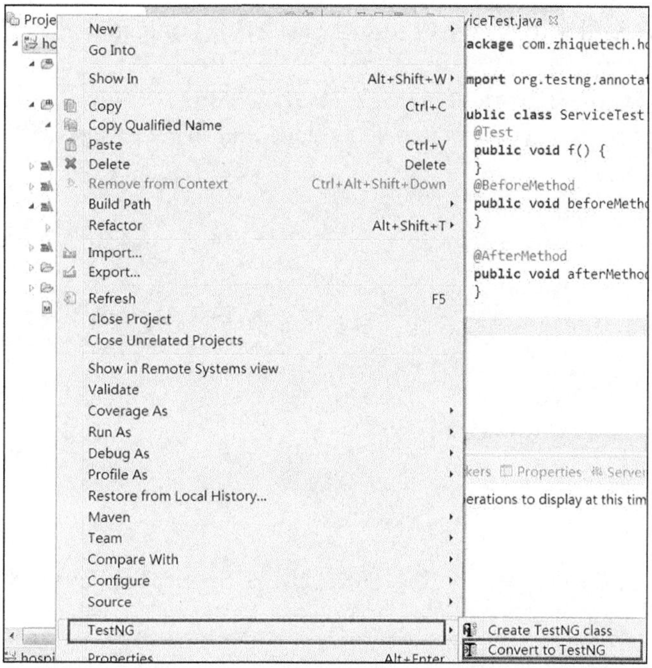

图 11-116 将工程转换成 TestNG 工程

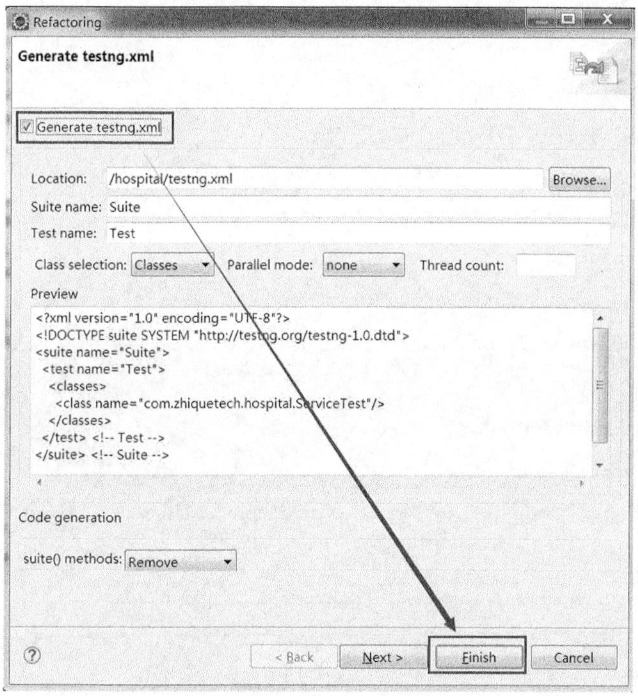

图 11-117 生成 testng.xml 文件

（8）完成以后，根目录下自动生成 testng.xml 文件，testng.xml 的内容如下。

```
<?xml version="1.0" encoding="UTF-8"?>
<!DOCTYPE suite SYSTEM "http://testng.org/testng-
1.0.dtd">
<suite name="Suite">
  <test name="Test">
    <classes>
      <class name="com.zhiquetech.hospital.ServiceTest"/>
    </classes>
  </test> <!-- Test -->
</suite> <!-- Suite -->
```

3. 编写测试脚本

接下来我们针对该项目，写一个简单的测试用例 ServiceTest.java，来验证登录功能是否正确。

```
import java.util.concurrent.TimeUnit;
import org.openqa.selenium.By;
import org.openqa.selenium.WebDriver;
import org.openqa.selenium.WebElement;
import org.openqa.selenium.firefox.FirefoxDriver;
import org.openqa.selenium.support.ui.ExpectedConditions;
import org.openqa.selenium.support.ui.WebDriverWait;
import org.testng.annotations.AfterMethod;
import org.testng.annotations.BeforeMethod;
import org.testng.annotations.Test;

public class ServiceTest {
    private static WebDriver driver;
    private static String URL = "http://localhost:8080/hospitalService";
    @BeforeMethod
    public static void beforeMethod() throws InterruptedException{
        System.setProperty("webdriver.firefox.bin", "C:\\Program Files\\Mozilla Firefox\\
          firefox.exe");
        System.setProperty("webdriver.gecko.driver","C:\\Selenium\\Driver\\geckodriver.exe");
```

```
            driver = new FirefoxDriver();
            driver.get(URL);
            new WebDriverWait(driver, 3).until(ExpectedConditions.visibilityOfElementLocated(By.id
              ("username")));
            driver.manage().window().maximize();
        }
    @Test
        public void login() throws InterruptedException{
            WebElement username = driver.findElement(By.id("username"));
            WebElement password = driver.findElement(By.id("loginpwd"));
            // 输入用户名
            username.sendKeys("admin");
            // 输入密码
            password.sendKeys("admin");
            // 提交 input 所在的 form
            username.submit();
            driver.manage().timeouts().pageLoadTimeout(10, TimeUnit.SECONDS);
            assertEquals(driver.getTitle(), "欢迎进入后台管理系统");
        }
        @AfterMethod
        public void afterMethod(){
            driver.quit();
        }
    }
```

4. 执行测试脚本

测试脚本编写完毕后，有两种运行方式，一种是 TestNG Suite 方式，另一种是 Maven test 方式。

- TestNG Suite 方式

以 TestNG 方式运行相对简单，在没有错误的情况下，右击“testng.xml”文件，依次选择“Run As”→“TestNG Suite”，如图 11-118 所示。

测试结束后，会产生测试结果，如果没有 Failures 和 Skips，说明测试用例脚本没有问题，测试通过，如图 11-119 和图 11-120 所示。

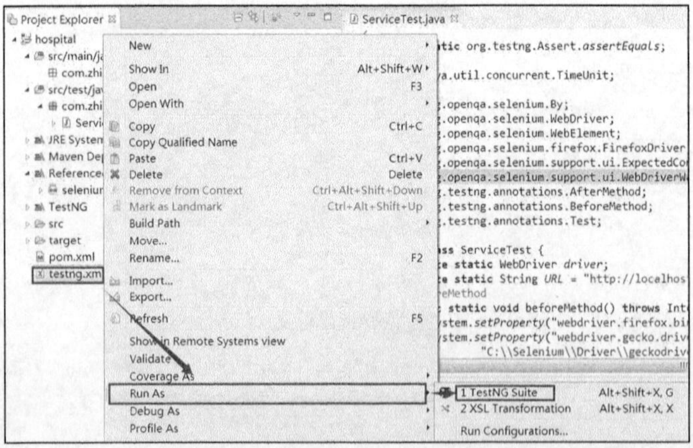

图 11-118 运行 TestNG 测试

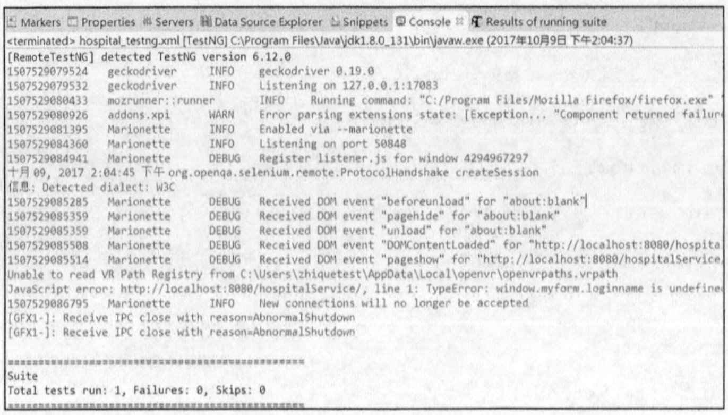

图 11-119 控制台输出日志

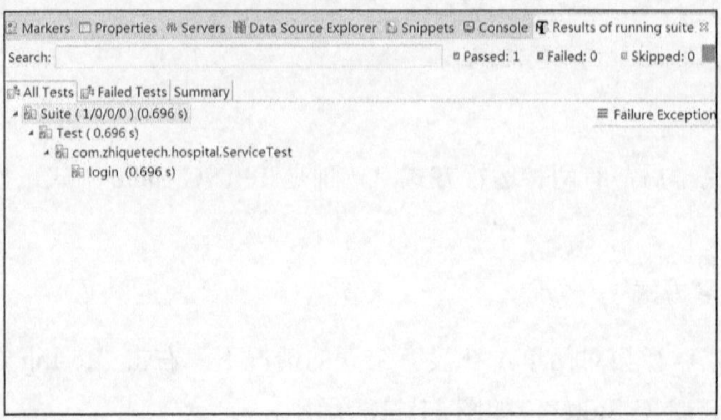

图 11-120 TestNG 运行结果

- Maven test 方式

使用 TestNG 方式运行，测试期间我们所用到的所有依赖要事先下载下来并引入到测试工程中。Maven test 的方式则不需要，Maven 在运行测试时，会根据 pom 中的依赖关系自动下载依赖包并进行引用，大大缩短了我们下载的时间成本。Maven test 自动构建测试步骤如下。

1）配置 pom.xml 文件。由于自动生成的 pom.xml 中引用的是 Junit 框架，所以要将 Junit 修改为 TestNG，并且将 Selenium 也加入到依赖中，最终的依赖如图 11-121 所示。

```
<dependencies>
        <dependency>
            <groupId>org.testng</groupId>
            <artifactId>testng</artifactId>
            <version>6.11</version>
            <scope>test</scope>
        </dependency>
        <dependency>
            <groupId>org.seleniumhq.selenium</groupId>
            <artifactId>selenium-server</artifactId>
            <version>3.4.0</version>
        </dependency>
    </dependencies>
```

图 11-121　修改为 TestNG

2）修改完成后，保存 pom.xml，保存的同时 Maven 开始检查依赖关系，若本地仓库中有所用的依赖，则不进行下载，否则将自动下载所有依赖文件。

3）当所有的依赖下载完成后，单击右键“pom.xml”，依次选择“Run As”→“Maven test”。在测试工程中，Maven 首先会对工程项目进行扫描，并将 Maven 所用到的所有依赖包都下载下来，如图 11-122 所示。

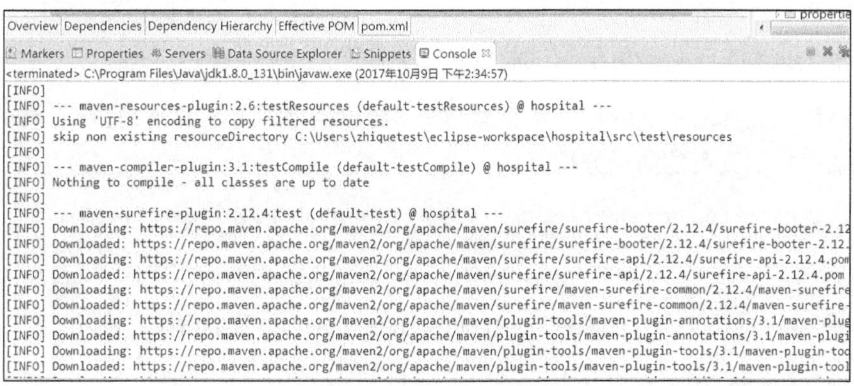

图 11-122　Maven 自动下载依赖包

4）下载结束后，Maven 自动进行测试构建，并生成构建结果，如图 11-123 所示。

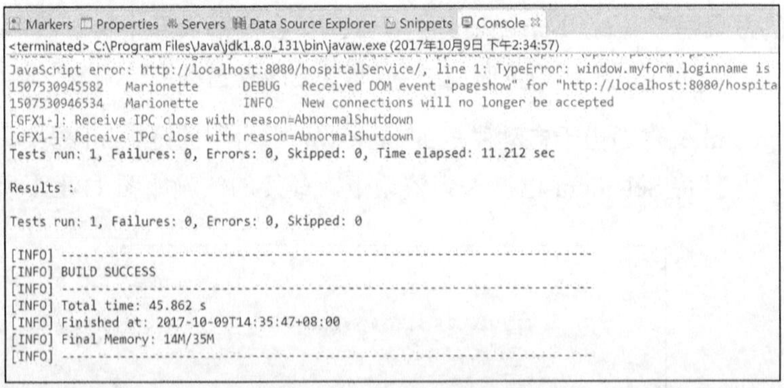

图 11-123 Maven 构建成功

11.6 精准测试部署及自动化测试

11.6.1 ThreadingTest 简介

ThreadingTest 是基于精准测试技术理念设计开发的软件测试工具。它的主要特性包括以下几个。

- 不改变传统的软件测试方法，在黑盒测试过程中，由计算机去采集程序执行逻辑以及其他测试数据的过程。测试过程不需要直接面对程序代码进行，并可实现测试用例和代码的自动关联，将功能测试直接映射到代码层。
- 所有数据由系统自动和原生录入，人工不可直接修改，保证数据精准和不可篡改，精准的测试数据可直接用于测试的过程管理和实效分析。
- 支持测试数据的精准度量以及全面的和多维度的测试分析算法，将白盒测试的视角从覆盖率扩展到智能测试分析。
- 基于测试用例和代码的映射关系，支持快速迭代过程中回归测试用例的自动选取算法。

下面主要讲解该工具的部署、集成与执行。ThreadingTest 目前可以支持 Android 平台、J2EE 平台、iOS 平台和 Linux 平台下的测试，若想使用 ThreadingTest，我们假设已经做好这些前提准备。

- 下载 ThreadingTest 测试工具。
- 服务端系统建议使用 Windows 2008 R2、Windows 2012、Windows 7 和 Windows 10 等系统。

- 客户端需要运行在 Windows 系统。
- 报表平台的展示为 Web 方式，用户需要准备 node.js 安装包。
- 数据库需安装 MySQL，为了服务端兼容，建议准备 5.5 以上版本的安装包。
- 客户端应用环境需要 JDK 安装包。

图 11-124 为 ThreadingTest 设计图。

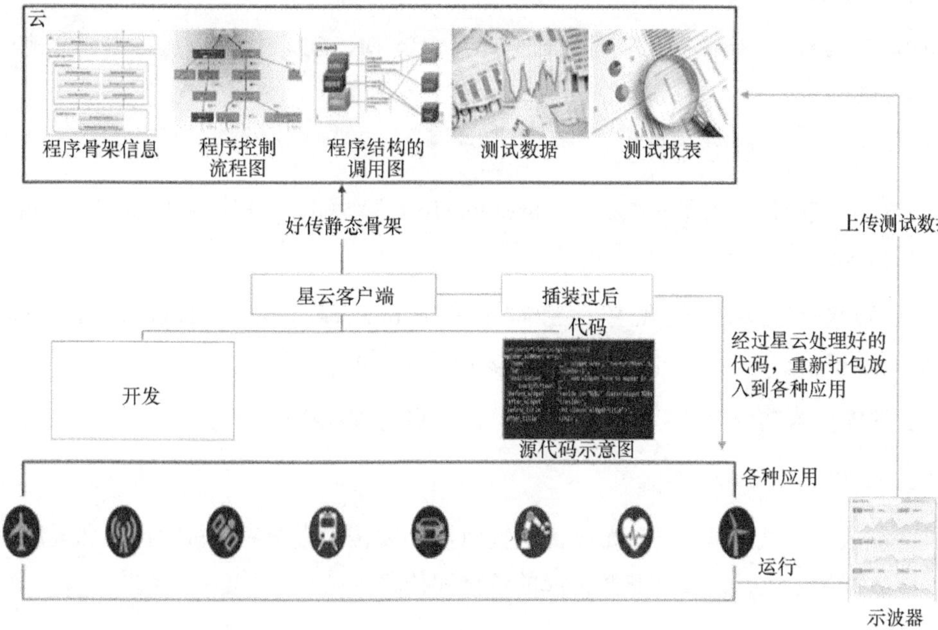

图 11-124　ThreadingTest 设计图

11.6.2　软件环境的部署

1．服务端安装

为了保证部署顺利建议服务端使用纯净环境，服务端系统建议使用 Windows 2008 R2、Windows 2012、Windows 7 和 Windows 10 等系统，客户端可部署在同一台机器上，如机器不同，请确保内网之间网络相互通畅且无防火墙阻拦，服务端建议使用 CPU4 核与内存 8GB，如用户数过多，请进行适当调整配置。

在使用 ThreadingTest 测试工具时，测试数据报表展示为 Web 数字化平台，需要安装

node.js。为了与 ThreadingTest 服务端兼容，建议用户安装 32 位版本：

- 将下载好的 node.js 进行安装。
- 配置环境变量：右击“我的电脑”→“高级”→“环境变量”。

在 path 变量（已存在的不用新建）添加变值：

F:\nodejs\（程序根据自己的安装路径填写）。

2．数据库环境配置说明（MySQL）

在使用 ThreadingTest 测试工具时，数据库需安装 MySQL，为了与服务端兼容建议用户安装 5.5 以上版本。

- 将下载好的 MySQL 进行安装。
- 安装 MySQL 时，为了有效连接 ThreadingTest 服务端，请默认用户名使用 root，密码使用 root。

注意：如果数据库管理账号、密码不是 root，请修改：TTServer\TTStringTable\TTLanguage.config 文件（程序根据自己的安装路径填写）。

如果数据库要给其他局域网客户端连接，需开启远程连接。

3．MySQL 优化

ThreadingTest 测试工具在访问数据库的同时会并发传输大量的测试数据，如果用户、工程或数据库数据量过大，需要调整数据库的链接和传输限制。

（1）最大连接数的修改。

mysql>show variables like 'max_connections';（查看当前的最大连接数）

只要修改 MySQL 配置文件 my.ini 或 my.cnf 的参数 max_connections，将其改为 max_connections=1000，然后重启 MySQL 即可。但是最难的一点就是 my.ini 这个文件在哪里找。通常有两种可能，一个是在安装目录下（这是比较理想的情况），另一种是在数据文件的目录下，安装的时候如果没有人为改变目录，一般就在 C:/ProgramData/MySQL 目录下。

响应数监控查看，不能大于最大连接数。

mysql> show global status like 'max_used_connections'。

（2）写入限制的修改。

MySQL 中 max_allowed_packet 参数的配置方法（该值设置过小将导致单个记录超过限制后写入数据库失败）。

MySQL 根据配置文件会限制 Server 接受的数据包大小。有时候大的插入和更新会受 max_ allowed_packet 参数限制，导致写入或者更新失败。

- 查看目前配置。

复制代码，代码如下：

```
show VARIABLES like '%max_allowed_packet%';
```

- 显示的结果。

复制代码，代码如下：

```
+--------------------+---------+
| Variable_name      | Value   |
+--------------------+---------+
| max_allowed_packet | 1048576 |
+--------------------+---------+
```

以上说明目前的配置是：1M。

- 修改配置文件：可以编辑 my.cnf 来修改（Windows 下 my.ini），在[Mysqld]段或者 MySQL 的 Server 配置段进行修改。

复制代码，代码如下：

```
max_allowed_packet = 20M
```

（3）其他配置优化。

```
innodb_buffer_pool_size=1G
query_cache_size=512M
query_cache_limit=8M（添加）
key_buffer_size=400M
innodb_additional_mem_pool_size=8M
innodb_log_buffer_size=20M
table_open_cache=512（添加）
```

4. ThreadingTest 测试工具服务端、Web 端、客户端运行

- 启动 Server 目录下的 ThreadingTestServer.exe，Windows 通知区域会出现 TTserver 服务的图标。

- 运行 TTWebServer\bin\redis-2.4.5-win32-win64\32bit 中的 redis-server。
- 运行 TTWebServer 中的 startTTwebserver.bat。
- 通过浏览器进入 Web 数字化报表平台，请使用 IE8 以上内核浏览器，访问地址为 127.0.0.1:3000（注意 IP 根据自己服务端可以进行改变），账号为 user，密码为 user。

5. ThreadingTest 测试工具客户端配置

ThreadingTest 测试工具客户端需要运行在 Windows 系统环境下，要求安装 JDK 并进行环境变量配置，由于对产品兼容性考虑建议用户安装 JDK 1.6 以上版本（注：已有开发环境可以省略）。

（1）将下载好的 JDK 进行安装。

（2）配置环境变量。

右击“我的电脑”→“高级”→“环境变量”。

- 在系统变量里新建 JAVA_HOME 变量，变量值为：

C:\jdk1.7.0_01（根据自己的安装路径填写）。

- 新建 classpath 变量，变量值为：

. .;C:\jdk1.7.0_01/lib/dt.jar;C:\jdk1.7.0_01/lib/tools.jar;（程序根据自己的安装路径填写）。

- 在 path 变量（已存在的不用新建）添加变值：

%JAVA_HOME%\bin;%JAVA_HOME%\jre\bin（注意变量值之间用“;”隔开），如图 11-125 所示。

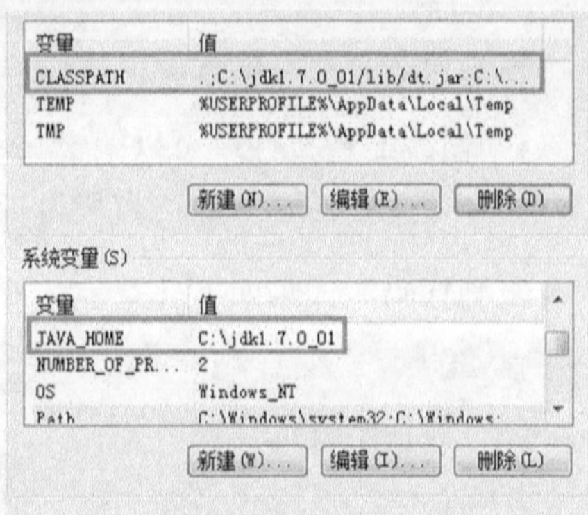

图 11-125 添加变量

（3）验证是否配置正确。

单击“开始”→“运行”→输入“javac”→“Enter”，如果能正常打印用法，则说明配置成功。

11.6.3 项目编译

项目的编译也就是精准测试对应用程序源码的静态分析的过程，通过对程序源代码的插装（即在源代码中埋入精准测试工具 ThreadingTest 的探针），之后生成程序的“骨架”结构信息保存在服务端，在本地客户端通过获取服务端的骨架信息就可以与相应的代码进行关联。

下面展示项目的环境条件。

- 项目环境：JDK1.7，target=android-21，依赖包 v7，sdk24.3.1。
- 项目编译使用前准备。
- 确保环境无错和代码结构正确。

Android 项目添加获取数据权限。（注：权限为必须添加，不然会引发 APK 闪退等问题），修改需要编译工程下的 AndroidManifest.xml 文件，加入以下内容用于获取权限，如图 11-126 所示。

```
<uses-permission android:name="android.permission.READ_PHONE_STATE"></uses-permission>
<uses-permission android:name="android.permission.WRITE_EXTERNAL_STORAGE" />
<uses-permission android:name="android.permission.ACCESS_WIFI_STATE"></uses-permission>
<uses-permission android:name="android.permission.CHANGE_WIFI_STATE"></uses-permission>
<uses-permission android:name="android.permission.WAKE_LOCK"></uses-permission>
<uses-permission android:name="android.permission.INTERNET"></uses-permission>
```

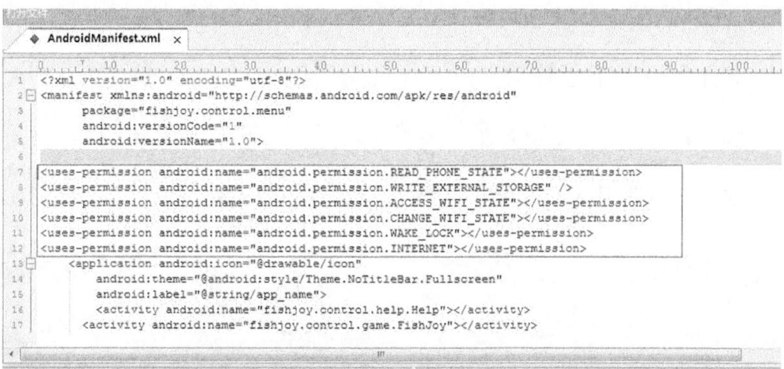

图 11-126 修改 AndroidManifest.xml 文件

1. 打开客户端登录账户

打开 client 目录下的 TT.exe 客户端文件，选择文件选项下的登录，输入 ThreadingTest 服务端地址 IP，用户名（服务端建立的用户名）和密码（服务端建立的密码）确认登录，如图 11-127 所示。

（1）选择“文件”→“登录”选项。

（2）输入服务端 IP、用户名、密码。

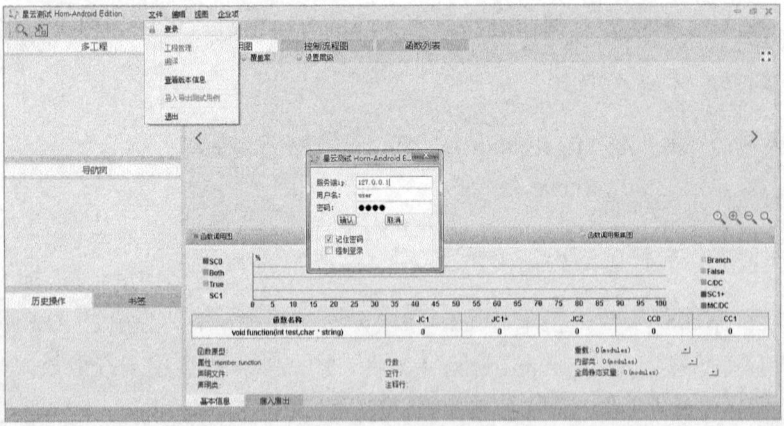

图 11-127 登录账户

（3）单击“确认”按钮进行登录。

（4）若出现“此用户已登录”的提示，则选中“强制登录”复选框即可。

下面新建工程和版本。

在“文件”下单击“工程管理”，在弹出的窗口中可进行添加、修改、删除和查看操作，单击“添加”后，在弹出的窗口中先添加一个工程，再在工程下创建版本，如图 11-128 所示。

（1）单击“文件”→“工程管理”→“添加”。

（2）选中“添加工程”，单击“Next”按钮。

（3）填写工程名称，单击“Finish”按钮，如图 11-129 所示。

图 11-128 添加工程

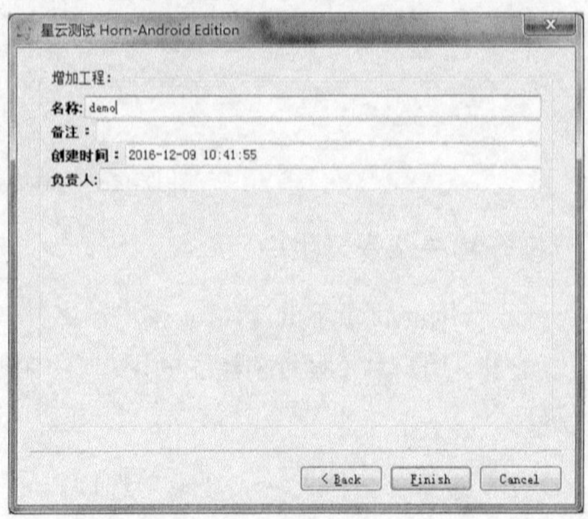

图 11-129 填写工程名称

（4）重复步骤（1），选中“添加版本”单选框，单击“Next”按钮。

（5）填写版本名称，单击“Finish”按钮，创建完成，如图 11-130 所示。

2．版本编译

创建好项目以后，对项目进行插装。用户只需要保证要编译的项目在 Eclipse 或者其他的编译 IDE 中编译过。此过程会产生在编译工程中.java 对应的.class 文件。

在客户端创建好项目以后，对项目进行编译，具体操作如下。

（1）选中需要编译的项目后，单击添加，选择工程的路径，如图 11-131 所示。

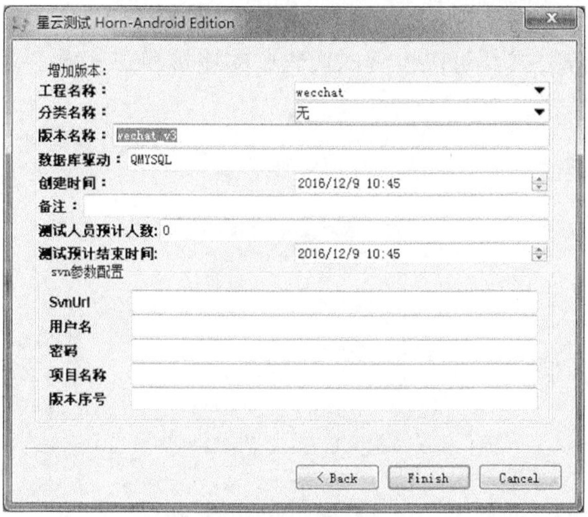

图 11-130　填写版本名称

图 11-131　选择工程路径

（2）找到工程路径，如图 11-132 所示。

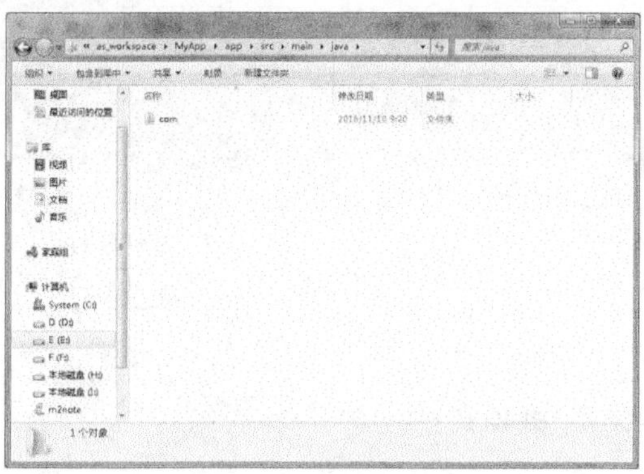

图 11-132　找到工程路径

由于 AndroidStudio 工程层级较深，建议到…\XXXApp\app\src\main\java 目录下寻找。

（3）找到.Class 文件路径，一般在…\app\build\intermediates\classes，如图 11-133 所示。

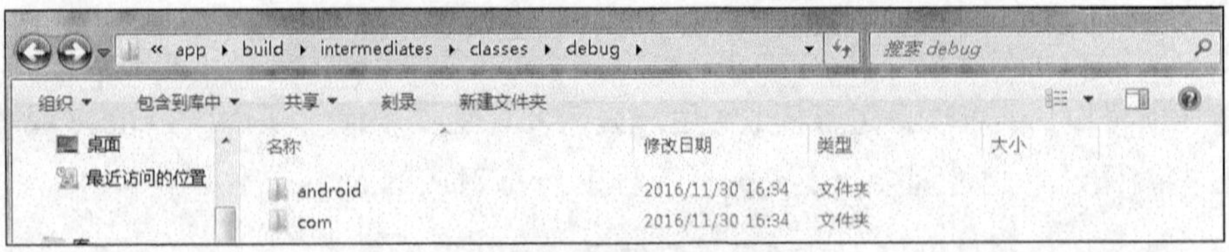

图 11-133　找.Class 文件路径

注意：因为 AS 的 class 会把 v7 等编译进来，此处最好将路径关联到../com 层级。

（4）配置好编译路径后，选择编译即可，如图 11-134 所示。

注意：扫描代码违规采用静态 PMD 扫描方式，可以检测出代码中的违规和重复项，但是插装时间会相应地加上，如不需要可以不选。

（5）如果看到如下信息提示，表示编译插装成功，如图 11-135 所示。

图 11-134　配置编译路径

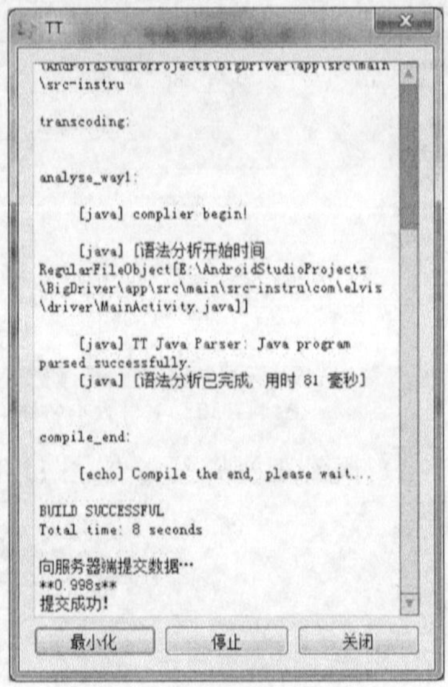

图 11-135　编译插件成功

11.6.4　执行测试

1. 将编译好的项目打包生成.apk 文件

AndroidStudio 打包过程如下。

（1）使用插装的代码替换源代码。

源码目录../src/main 的目录结构如图 11-136 所示。

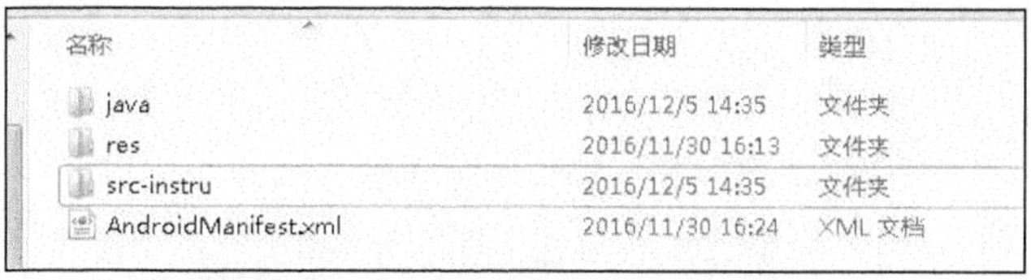

图 11-136 用插装的代码替换源代码

其中 src-instru 就是插装后的代码，只需将原 java 目录的代码备份，再用 src-instru，即插装后的代码来作为源代码使用（建议直接将目录名 src-instru 改为 java）。

（2）导入所需要的 jar 包，最后将程序打包编译就可以了。导入 jar 包方式如下。

将 ThreadingTest 测试工具 client/MQ 目录下的 jeromq-0.3.0-SNAPSHOT.jar 和 JavaParser-android.jar 加入到 lib 目录，选中 jar 包，单击右键，单击 Add as library，如图 11-137 所示。

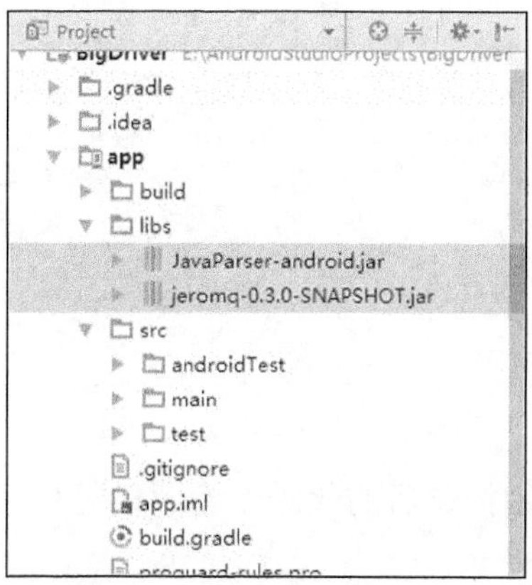

图 11-137 导入所需要的 jar 包

2. Eclipse 打包过程

src-instru 就是 ThreadingTest 测试工具对源码插装后的代码，将程序源码 src/移出构建路径，使用 src-instru 替换 src 作为源码打包即可。

- 右击 src，选择 Build Path→Remove from Build Path，如图 11-138 所示。
- 右击 src-instru，选择 Build Path→Use as Source Folder，如图 11-139 所示。

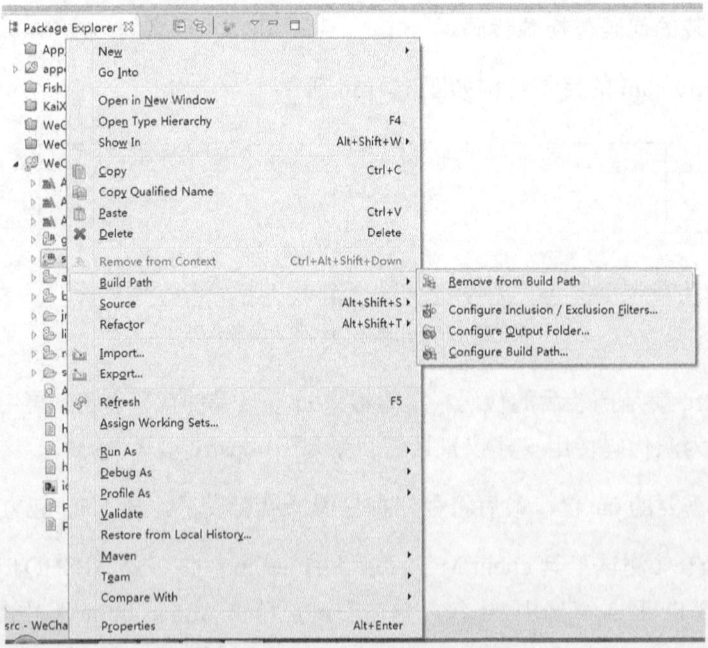

图 11-138　选择 Remove from Build Path

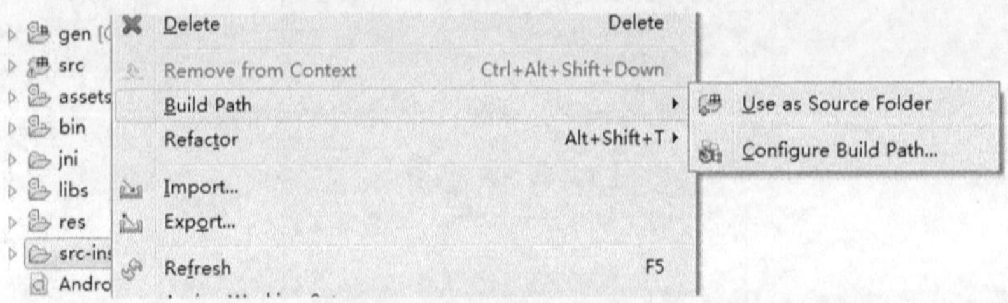

图 11-139　选择 Use as Source Folder

最终项目结构如下（即使用插装后的代码作为源代码），然后到手机上运行该程序即可，如图 11-140 所示。

图 11-140　最终项目结构

11.6.5 通过“软件示波器”获取测试数据

通过“软件示波器”的应用，可以在用例执行时保证数据的准确录入，当测试人员执行测试用例时，只需要在测试台启动“软件示波器”，应用程序运行时所产生的逻辑关系和涉及的函数运行轨迹都会被自动和实时地记录下来。

1. 在测试台新建测试用例

（1）进入测试台。

在 ThreadingTest 测试工具客户端选择“视图”，然后弹出“数据传输监控视图”，即可进入测试台。

（2）建立测试用例。

在测试台界面中，单击“添加”按钮，即可实现测试用例的添加。这里需要先填写测试用例分类，再给选定的分类添加测试用例即可，如图 11-141 所示。当单击“添加”按钮后，会弹出添加用例窗口，需要先填写“功能分类名称”，如图 11-142 所示。完成测试用例分类的添加，测试用例分类添加完成后，选中上方 Tab 切换到“添加测试用例”，给对应的测试用例分类添加“测试用例名称”完成用例的创建，如图 11-143 所示。

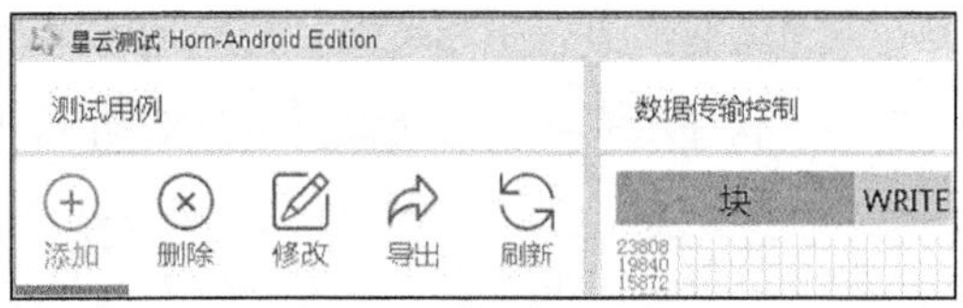

图 11-141 添加测试用例

图 11-142 填写功能分类名称

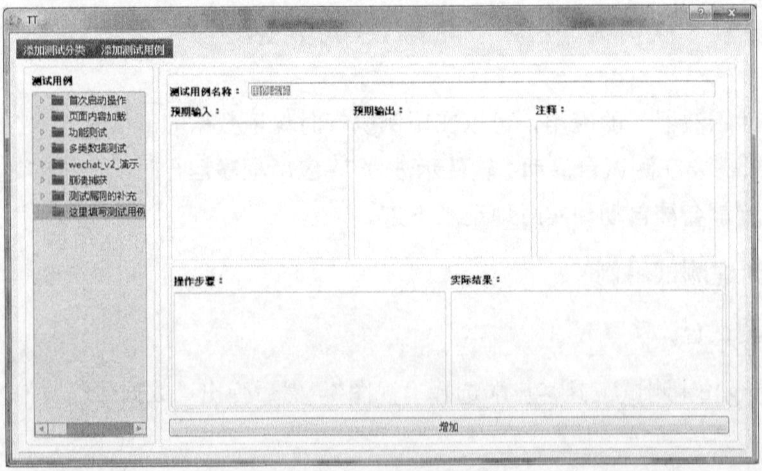

图 11-143　完成测试用例创建

2．“软件示波器”的配置

这里主要是设置示波器与被测应用程序的连接方式，首先单击示波器下方的“设置”按钮，将弹出“软件示波器”的配置窗口，如图 11-144 所示，可以选择两种与被测程序的连接模式。

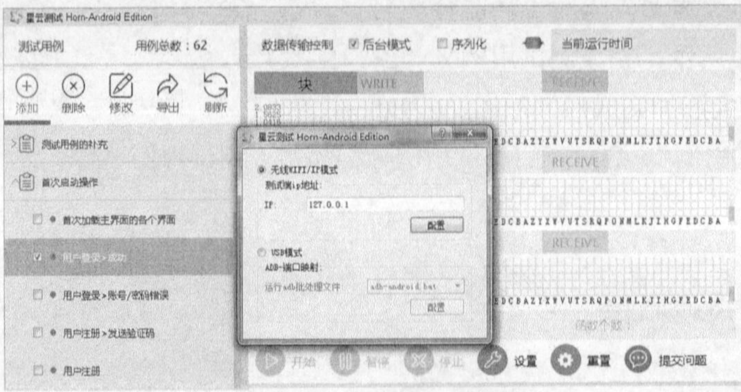

图 11-144　软件示波器配置

- 无线 WiFi 模式：填写 IP，根据被测端实际 IP 填写，单击“配置”按钮完成。
- USB 模式：通过 ADB 端口映射完成数据传输，选中 USB 模式，单击“配置”按钮完成。

3．测试数据的采集

在左侧的用例列表中选中一个用例，单击示波器界面的“开始”按钮，当我们操作被测应用的时候，被测应用执行的函数级数据就会被准确地记录下来。因为“软件示波器”的数据采集过程在单击“开始”按钮时就已经开始，为保证数据与用例的关联性，请在应用程序实际运行到被测模块时，再单击“开始”按钮记录数据，如图 11-145 所示。

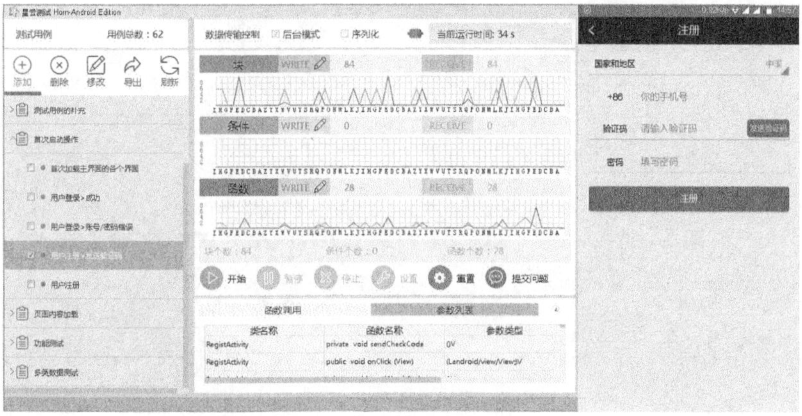

图 11-145　测试数据采集

4．测试数据的应用

（1）检测潜在性能问题。

程序运行过程中有时会出现速度越来越慢或越来越卡的情况，众所周知的原因是手机性能（如 CPU、内存等）不能满足程序运行的要求，其根本原因是越来越多的后台线程占用了系统资源，而传统的黑盒测试想要发现其中的原因是十分困难的。

下面将展示的是“软件示波器”对后台线程的捕捉：在没有对被测程序执行操作的时候，“软件示波器”不断显示有大量的数据产生，由此就可以判定有后台线程在运行。通过下方的函数调用界面（见图 11-146），我们可以轻易找出是名为“run”的线程在占用资源，如图 11-147 所示。

函数调用

类名称	函数名称	参数类型
L	e	(Ljava/lang/Object;)V
TimerActivity$1	run	

图 11-146　函数调用

（2）应用程序发生崩溃时的处理。

1）精准测试工具 ThreadingTest 的优势：

捕获所有闪退，无需重现，极大地减少问题定位的时间。

2）自动记录崩溃发生时刻之前程序执行的详细路径信息，捕获难以重现的缺陷并快速解决。

- 最后 50 个代码块。

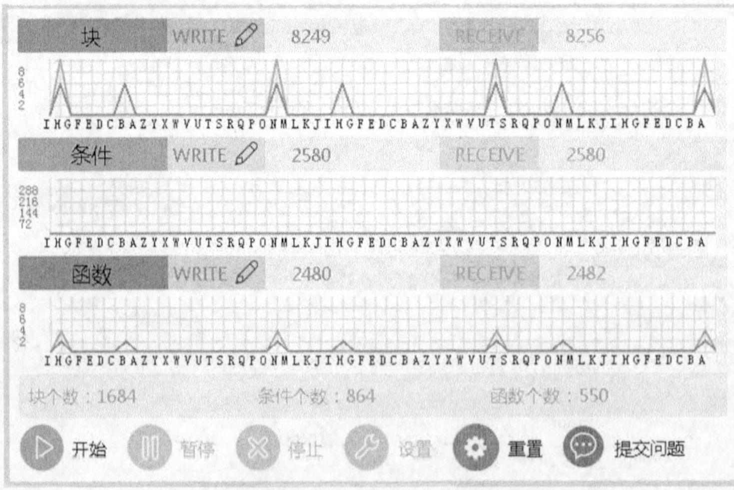

图 11-147　资源占用

- 最后 50 个条件。
- 最后 50 个判定执行。

除了在研发环境内，也可以在用户现场精准定位缺陷，而无需在用户现场部署任何代码。

（3）下面展示对崩溃的捕捉示例。

图 11-148　崩溃数据的采集

测试用例的数据采集：通过连接软件示波器，监控被测应用的运行情况。

首先开始数据的录入过程，当在被测程序上触发崩溃，即停止用例数据的录入，完成崩溃数据的采集。

图 11-148 所示示例中崩溃产生的位置：单击“发送消息”，跳转到聊天界面产生崩溃。

当被测程序发生崩溃，数据也将停止传输，示波器中波形消失，这时单击“停止”按钮，完成数据的录入即可，如图 11-149 所示。

通过上面的操作，已经完成了崩溃信息的记录，下面从客户端主界面切换到测试台，然后单击刚刚运行的用例分析出崩溃的产生原因，如图 11-150 所示。

在左侧用例列表中选中测试用例，单击右下方的“最后运行的块”，即可看到崩溃发生前执行与调用到的函数，这里是按照函数的调用顺序进行记录的，开发与测试人员通过对这些数据的逐个分析就可以快速定位到缺陷发生的位置，如图 11-151 所示。

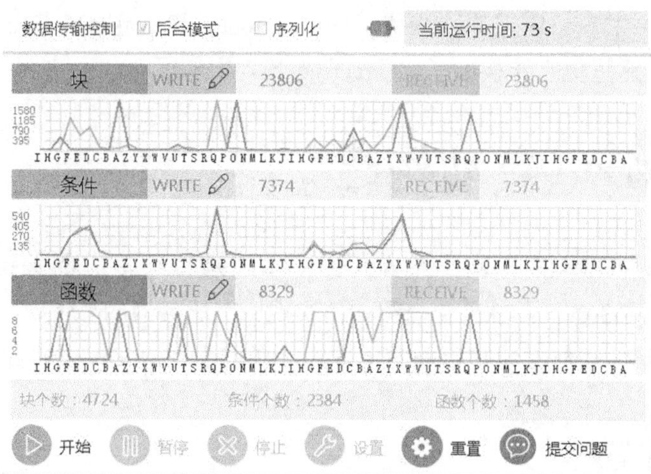

图 11-149　数据的录入

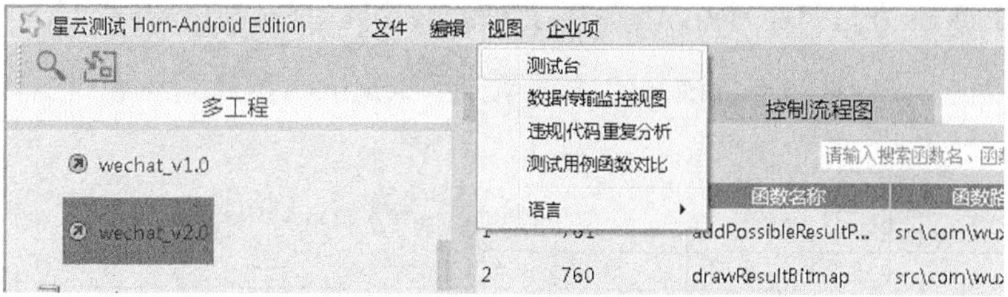

图 11-150　切换测试台

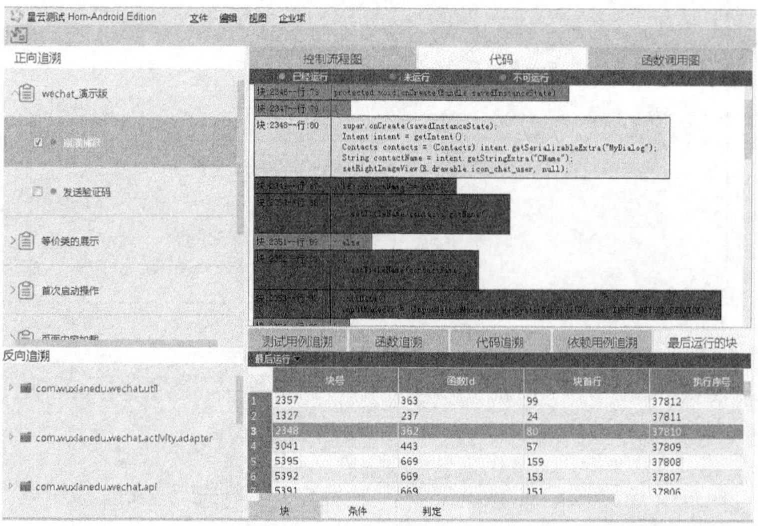

图 11-151　选择测试用例

本例中通过对最后 50 块定位分析，找到崩溃发生原因。

解析崩溃代码，发现该错误原因为代码中的 intent.getSerializableExtra("MyDialog")得到的是 Contact 对象，这里把它转换成了 Contacts 对象，引起了“ClassCastException”错误。

11.7　J+M+G 自动构建

前面介绍了每种工具的安装及部署任务，本节是持续集成的关键，我们需要使用 Jenkins+Maven+Git 这 3 款工具软件，介绍如何实现所有服务器的“联动”效果。如果在哪一步出现问题，则以邮件的形式通知相关的负责人，真正达到持续集成的目标。

11.7.1　邮件配置

需要让 Jenkins 发送邮件通知，首先要在 Jenkins 中配置邮件服务器。

（1）利用任意一台能访问 Jenkins 的机器登录到 Jenkins 的配置界面，单击左侧的“系统管理”菜单。

（2）在系统管理中，单击“系统设置”选项，如图 11-152 所示。

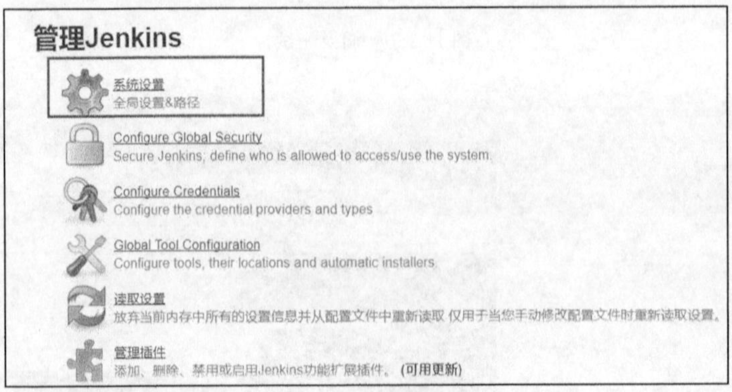

图 11-152　系统管理

（3）在系统设置的最下方，找到“邮件通知”配置模块，根据实际的邮件服务器进行配置，如图 11-153 所示。

（4）选中“通过发送测试邮件测试配置”复选框，填写收件人的邮箱地址，单击“Test Configure”按钮即可发送测试邮件。如果配置正确，则提示邮件发送成功，如图 11-154 所示。

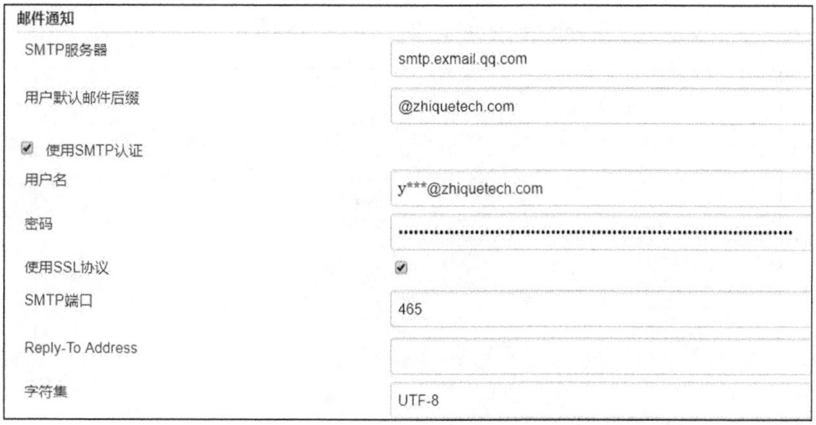

图 11-153 邮件通知配置

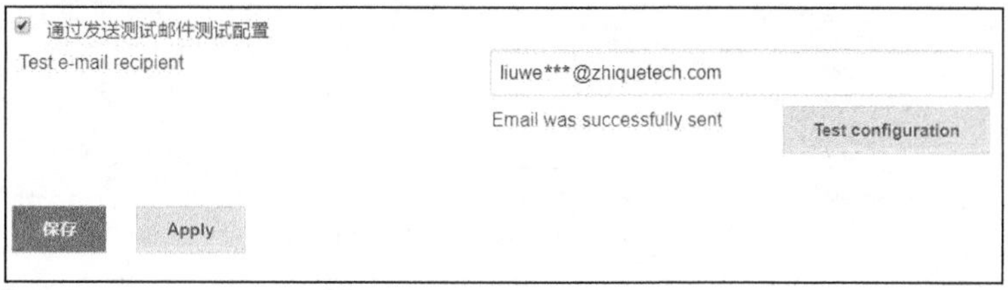

图 11-154 邮件通知配置成功

11.7.2 自动打包

所谓的自动构建就是让 Jenkins 自动触发构建动作，不需要人工去手动操作，若想实现此功能其实也很简单，大体步骤分为如下两步。

（1）源代码 Maven 配置。

（2）Jenkins 实现代码部署。

在这两步中，我们要实现 Jenkins 实时监控 Gitlab 项目库中的 master 分支代码，master 一有代码更新，自动将 master 分支的源码下载到集成环境中，再由 maven 将所有的源代码进行封装，最后将封装完成的 war 包自动部署到测试环境中去。

1. 源代码 Maven 配置

在实现自动打包部署之前，首先需要研发人员将原代码转换成 Maven 工程，如果源代码已经是 Maven 工程，则不需要进行转换。转换过程详情如下。

（1）在研发机器上打开 Eclipse，找到本项目的代码，在工程目录上右击，依次选择

“Configure”→“Convert to Maven Project”，如图 11-155 所示。

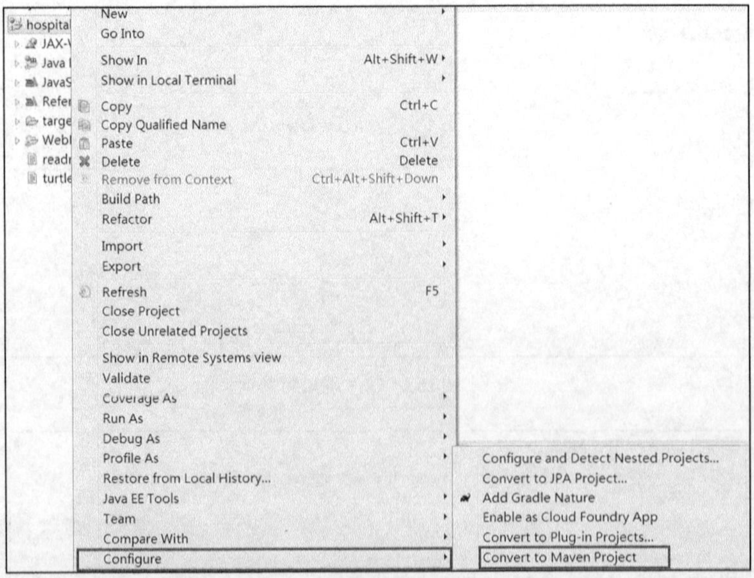

图 11-155　将代码转换为 Maven Project

（2）在弹出的对话框中配置将要生成的 pom.xml 文件的内容，根据需求我们要将代码打包成 war 包，所以将“Packaging”设置成“war”类型，具体内容如图 11-156 所示。

（3）单击“Finish”完成转换，转换成功以后，此工程变为 Maven 工程，并且自动创建 pom.xml 文件，如图 11-157 所示。

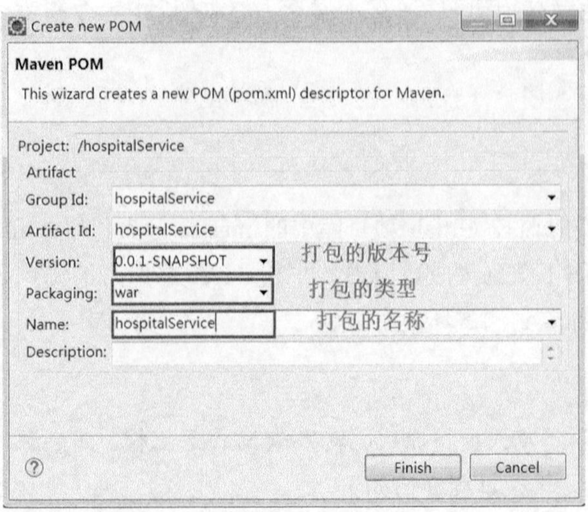

图 11-156　生成 pom.xml 文件

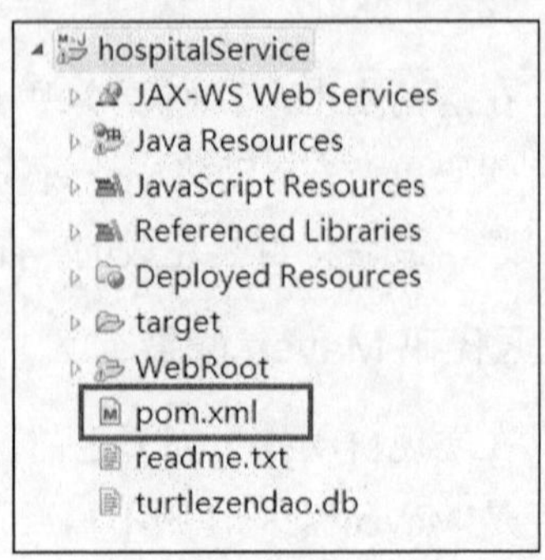

图 11-157　成功转换为 Maven 工程

（4）为了使工程能够顺利构建，转换成功后需在 pom.xml 添加 selenium 依赖，依赖内容如图 11-158 所示。

（5）修改完成后，在工程上右击，依次选择“Run As”→“Maven install”对工程进行构建，构建成功后，在工程的 target 目录下生成 war 包，如图 11-159 所示。

```
<dependencies>
  <dependency>
        <groupId>org.seleniumhq.selenium</groupId>
        <artifactId>selenium-server</artifactId>
        <version>3.4.0</version>
  </dependency>
</dependencies>
```

图 11-158　在 pom.xml 添加 selenium 依赖

图 11-159　Maven 生成的 war 包

war 包的名称则是由 pom.xml 中的<version>、<packaging>和<name>这 3 个节点确定的，到此源代码的 Maven 配置结束。

2. Jenkins 实现代码部署

在 11.7.1 节中已经实现手动构建，在本节中将利用 Jenkins 实现代码自动构建，并将构建的 war 包部署到本地 Tomcat 测试环境中。

（1）利用任意一台能访问 Jenkins 的机器登录到 Jenkins 的配置界面，首先我们创建第一个自由风格的软件项目，项目名称为“hospital 监听”，如图 11-160 所示。

（2）接下来是在“源码管理”模块中配置源码，在这里选择 Git 的方式，如图 11-161 所示。

（3）配置“构建触发器”，在这里配置 Jenkins 每 5 分钟扫描一次 Git 库的策略，如果扫描到 master 分支有代码更新，则进行构建。配置如图 11-162 所示。

（4）略过“构建环境”，我们直接配置“构建”，在构建中我们需要完成 3 步：源码打包、备份和部署。

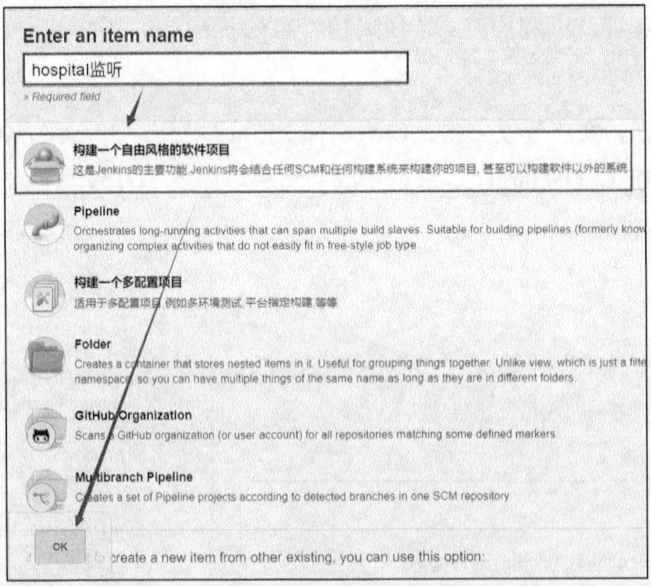

图 11-160 Jenkins 新建项目

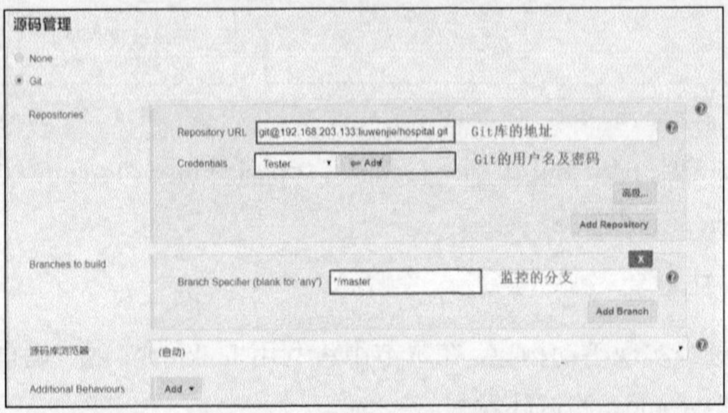

图 11-161 Jenkins 源码管理

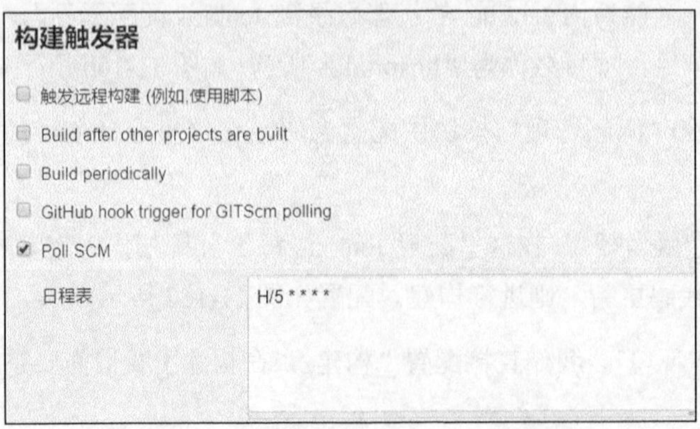

图 11-162 Jenkins 每 5 分钟扫描一次源码库

1）打包。在构建方式中选择“Execute Windows batch command”脚本，脚本内容如下：

```
mvn clean install
```

此脚本可以在 jenkins 的 job 目录的 target 下面生成 war 文件。

2）备份。单击下方的“增加构建步骤”，构建方式中选择“Execute Windows batch command”脚本，脚本内容如下：

```
copy target\*.war C:\HospitalHistory
```

此脚本可以将打包的 war 包备份到 C:\HospitalHistory 目录，根据自己的意愿也可将其拷贝到其他目录或共享目录中。

注意：C:\HospitalHistory 目录要提前创建。

3）部署。单击下方的“增加构建步骤”，构建方式中选择“Execute Windows batch command”脚本，脚本内容如下：

```
copy target\*.war C:\"Program Files"\"Apache Software Foundation"\"Tomcat 9.0"\webapps\hospitalServic?.war
cd C:\"Program Files"\"Apache Software Foundation"\"Tomcat 9.0"\webapps
for %%a in (hospitalService.war) do rd /q /s "%%~na"
```

此脚本有 3 个命令。第一个命令是将 war 包部署到 Tomcat 容器目录中；第二个命令是进入该目录；第 3 个命令是删除该目录下自动解压的项目代码目录（删除后会自动解压最新的 war 包）。可以将第 2 个脚本和第 1 个脚本合并，如图 11-163 所示。

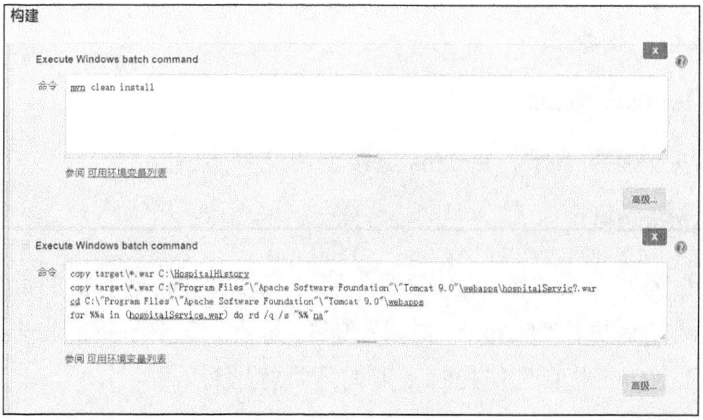

图 11-163　项目构建脚本

（5）最后一步为“构建后操作”。构建后需要做两件事情：第一件事情，构建成功后执行测试。第二件事情，构建失败后发送邮件给相关负责人。具体配置如图 11-164 所示。

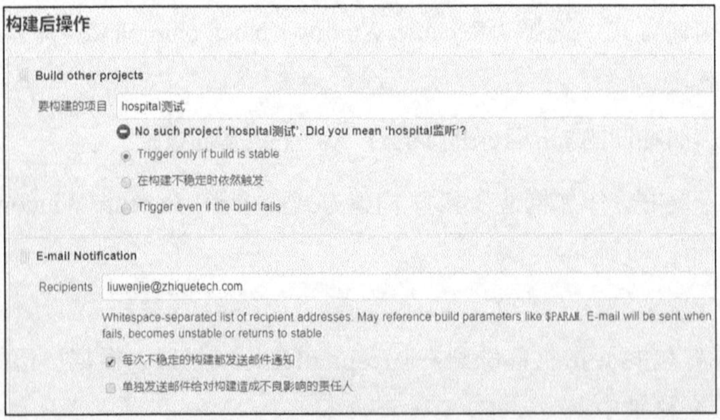

图 11-164 “hospital 监听”项目的构建后操作

由于“hospital 测试”项目还不存在，所以在要构建的项目会报错，不必理会，单击下方的“保存”按钮即可。

11.7.3 自动测试

在前面章节中已经实现代码的自动打包与测试部署，接下来将介绍如何进行自动测试的构建活动。

自动测试也分为两步进行。

（1）编写 Maven+TestNG 测试脚本。

（2）Jenkins 实现自动测试。

1. 编写 Maven+TestNG 测试脚本

编写测试脚本见前面的章节，Jenkins 直接调用此脚本。

2. Jenkins 实现自动测试

在前面，我们配置了一个“hospital 监听”项目，此项目的最后我们指定了一个构建成功后的操作，即构建成功后执行“hospital 测试”项目。那么，在本节我们就来配置一个“hospital 测试”项目，让“hospital 监听”能找到下家的可执行项目。

前面已经介绍了如何创建 Jenkins 项目，在这里就不一一赘述，直接进入到配置构建环节。

（1）由于自动构建不需要监听代码库，所以我们直接进行构建，构建脚本内容如下：

```
cd C:\Users\zhiquetest\eclipse-workspace\hospital
```

```
mvn test
```

C:\Users\zhiquetest\eclipse-workspace\hospital 为测试脚本所在的目录，如图 11-165 所示。

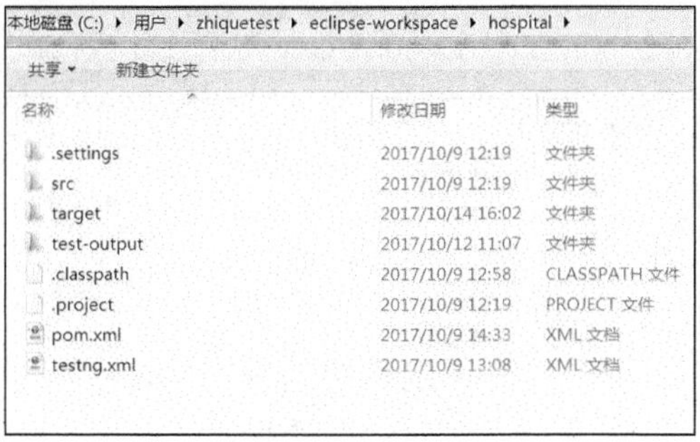

图 11-165　自动测试的 Maven 工程目录

（2）配置“构建后操作”，如图 11-166 所示。

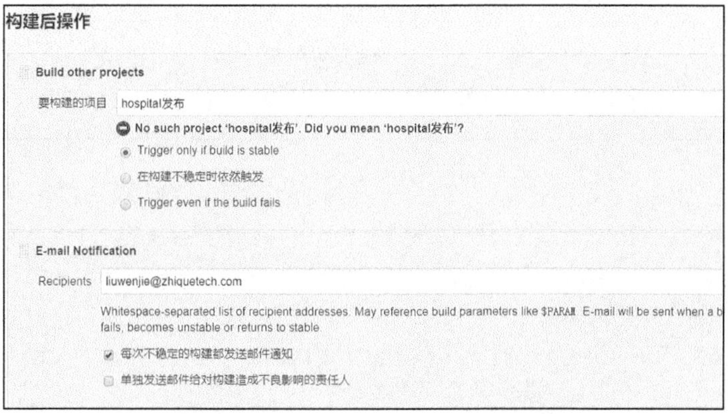

图 11-166　“hospital 测试”项目构建后的操作

11.7.4　自动发布

自动发布是将测试通过的 war 包部署到外网的云服务器上，为了确保测试的准确性，在发布之前需要再测试一次。在 Jenkins 中的配置如下。

（1）新建一个自由风格的软件项目，名称为 hospital 发布，此项目也不做过多配置，首先配置构建，脚本内容如下：

```
cd C:\Users\zhiquetest\eclipse-workspace\hospital
copy C:\"Program Files"\"Apache Software Foundation"\"Tomcat 9.0"\webapps\hospitalService.war %workspace%\hospitalServic?.war
mvn test
```

此脚本的目的是再次进行测试，确保程序的稳定性。

（2）配置“构建后操作”（配置之前需在 Jenkins 安装“Deploy to container Plugin”插件），在构建后操作中选择“Deploy war/ear to a container”，配置内容如图 11-167 所示。

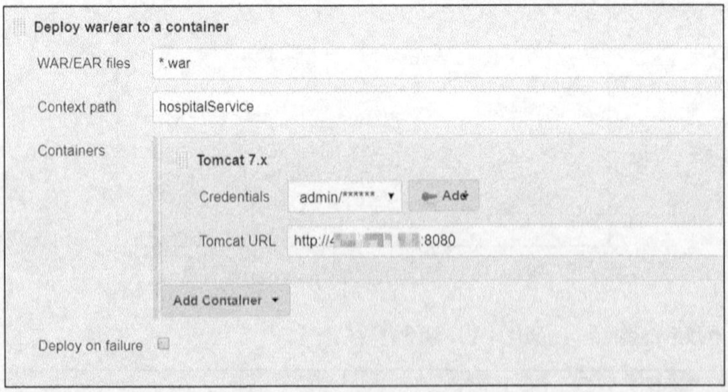

图 11-167　Jenkins 配置发布任务

（3）配置上已由邮件通知，保存即可完成全部配置，如图 11-168 所示。

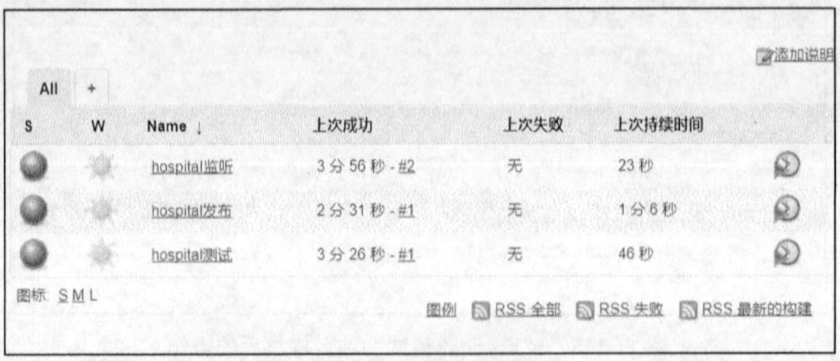

图 11-168　自动构建成功

Chapter 12

第 12 章

行业专家解说测试之道

12.1 金融行业测试之道——复深蓝测试总监马海霞

接到邀请时，我跟本书作者还不是太熟悉，仅是在一次关于 CSTQB 的周年庆典上有过接触，我们都做了各自有关软件测试的演讲。当时收到作者邀请写这篇金融行业测试之道时，正值我在北京出差。那时我们只能算是最熟悉的陌生人，通过后面的接触，发现我们对软件测试的热爱与态度出奇地一致，但是写这篇文章，内心更多的是怕，怕写出来被吐槽。脑子里一闪而过，但和作者聊了三五句就确定了。出于对测试的喜爱，也想借此机会把我十几年来关于测试的这点事儿跟大家说一下。我不是专家，也不是什么教授，更非巧舌能言之人。但在测试上还是有点经验，可以拿出来与大家分享。

说起软件测试大家都不陌生，提起测试方法，测试人基本都能随问即答，但真正运用熟练或是能够在设计用例前思考到这个功能用哪个方法能覆盖更多测试点，这样的工程师少之又少。谈到写测试用例真是个技术＋功夫的活，是每个测试工程师必修的基本功，没有写过几万条测试用例都不好意思在这个圈子说是做测试的。所以写测试用例这个工作看起来简单，要做好非常难。要想做好测试，首先练就扎实的基本功；其次熟练掌握测试技术与技能（编码和数据库）；再次丰富行业知识；最后多思考、多分析以及多总结，才能真正地提升测试技能和个人价值。

言归正传，即然是金融行业测试之道，与大家重点谈谈金融和测试。这两个话题中单就金融拿出来聊都信息量好大，放在一起真怕自己讲不清楚。篇幅有限简谈金融方面的知识，先把测试之道讲清楚。

金融行业软件说起来大家都不陌生，生活中随时随地用到。随着近几年互联网金融的掘起，金融软件变得越来越简约与快捷。可又有多少人知道该软件在问世前整个 IT 团队经历了怎样的过程？测试团队在整体项目过程中从坚持到妥协再到坚持，再到上线后的质疑，经历了多少的非议，背后的故事只有测试人最清楚。几年前几个朋友在一起聊关于测试话题时，大家有个共识：互联网软件要求快、基础服务软件要求稳和业务软件要求准。前些年金融行业软件把基础服务稳定、准确放在第一。近几年以互联网体验为主，金融服务加快步伐，催生出很多金融应用。这使得传统的金融机构也在不断地变换着各种花样开发 App，造成了金融软件不仅要稳、准，更要快，对质量的要求也越来越高。这几年不断有媒体曝光出某金融机构出现软件故障，并因故障造成了严重经济损失。责任的“大板子”立即打到测试团队身上，测试怎么测的？测试不是保证质量吗？测试用例不是覆盖 100%了吗？这么多的疑问都指向测试。众所周知，软件质量是整个项目的事，而不是由测试团队承包。但每每看到这样的事情出现，仍然会检讨自己及团队。我们必须要找到更多有效的方法以减少上线缺陷。在时间受限、人力受限和技术受限等一大堆的难题上如何提高？测试过程如何改进？下面我们就对金融行业软件测试娓娓道来，虽不能达到完美，但是在通往完美之路上又前进了一步。

金融行业软件类型很多，不同的软件业务特点不一样，也决定了测试的重点与角度不同。论金融类型，从银行到保险、基金证券、期货黄金外汇以及互联网金融等多不胜数，而真正的核心业务只有几个，例如银行核心系统包括柜面、渠道、网银和资管等；保险核心系统包括承保、保全、理赔；基金证券同类金融软件多以资金交易为主。不管业务多复杂，接口有多繁杂，数据量有多大，测试先从核心入手把系统从上到下，从里到外每个支细末节都梳理得一清二楚，再结合测试方法进行分析、建模、设计、执行、总结与优化，从而完成整个测试过程。

接下来详细讲解测试项目具体实施步骤，如何对系统从上到下、从里到外地进行分析、建模、设计、执行、总结和优化。这些步骤看起来很熟悉，和你现有的测试可能没有太大区别，但每个环节里一定有你从未思考到的内容。

12.1.1 分析

分析是测试实施工作的首要环节。分析的目的是什么？通过分析想得到什么样的结果？分析方法是什么？从哪几个维度进行分析？这些问题是要首先思考与解决的。小到一个输入项的功能点，也要从点到面分析推理清楚。该功能点在页面是如何展示的？有哪些逻辑规则？业务规则是什么？数据流是怎么处理的？前置条件是什么？后置条件是什么？给谁服务的？在什么时间服务？服务频率？后台处理方式？有哪些状态？相应的状态转换规则等诸多问题全部要一个个分析清楚。分析可以是从点到面，也可以从面到点。无论是哪一种方法都是运用推理的一个过程并验证推理结果正确与否。因此基于分析层次的不同，分析分为系统分析、业务分析和产品分析。

1. 系统分析

系统是个载体，也是个平台。系统分析是非常缜密的工作，要把整个系统分析清楚不是件简单的事情。整个分析从以下几个方面展开：基础分析包括系统开发语言、数据库和应用服务；系统模块分析包括模块分类和模块间的关联关系；功能点分析包括功能点分类和功能点规则。

系统群分析主要是指针对多个关联系统进行系统架构分析。系统关联有两类：直接关联和间接关联。系统群分析：系统主次分析包括核心系统和外围系统；系统业务类型分析包括前端系统、核心系统、交互系统、报表系统和规则系统等。分析出被测系统在系统群的所处位置，并且分析出逻辑层级，该系统的上游系统和下游系统如何关联，采用什么传递方式，达到什么目标结果。系统群分析是为后续接口测试用例设计做准备，只有分析清楚接口测用例设计才会完整准确。

2. 业务分析

一个系统运行是通过数据来驱动的，数据又来源于业务实体。业务是驱动系统运营的核心命脉。之所以招聘测试工程师时都对行业经验有所要求，同样体现了业务本身的重要性。系统业务分析也有很多，大致包括主业务、分支业务、关联业务、独立业务、常规业务和特殊业务等。主业务即最重要的，是该系统首要保证能够运行顺利的业务，在主业务基础上满足其他业务的运行。业务分析包括：流程、规则和逻辑等，要结合系统规则与业务规则做对比分析，确定是否存在互斥性。满足系统规则并不一定满足业务规则，最终要以业务规则为重点，通常用户验收测试都是基于业务来做的测试。例如，人寿保险网销平台主业务销售人寿保险；分支业务做相应的财险产品销售；关联业务保险理赔；独立业务支付平台，常规业务销售保险。不是每个系统都能对应所有业务分析，还是要根据业务自身特点来划分，先要划分业务大类，然后再划分单个业务的具体业务流程。

例如：寿险产品分析如下。

- 业务特点：生命周期长，基本是在几年或几十年期间内，和人紧密相联。
- 业务流程分析：与财产险在业务流程上区别不是太大，都是投保、保全和理赔，虽然保险的业务主流程特点差别不大，但在业务规则上区别很大。

根据保险产品的生命周期进行业务分析：投保、保全和理赔。

- 投保：即新契约签单。在整个投保业务流程中，从录单到审核再到签单的每个环节都会涉及多个业务规则与操作步骤。在录单这一块业务规则就需要对应投保产品、客户信息和销售信息等多个规则分析。

以下是业务分析实例介绍：以寿险某一产品投保业务规则进行分析，通常一个寿险产品在投保阶段用例数量在600左右。首先分析投保业务流程与业务大类包括保费、保额、年期、附加险、被保人年龄职业、对账和退保等；再根据业务大类流程分析出每个业务细类里的业务规则，逐步细化分析到最小功能元素。并且对业务规则正常，与异常都做详细分析。尤其是异常规则一定要分析到位，见表12-1。

表 12-1 投保业务流程与业务大类

业务大类	业务流程
保费	最小数值正常承保流程
	附加险保费高于 0 元
	以大于 10 000 且不为 1 000 整数倍的保费投保
	以大于 10 000 且为 1 000 整数倍的保费投保
	以小于 10 000 的保费投保
	以非 1 000 整数倍的保费投保
年期	以 3 年为主险交费年期 10
	以 3 年为主险交费年期 15
	以 5 年为主险交费年期 10
	以 5 年为主险交费年期 15
	以 5 年为主险保险期间
	以 12 年为主险保险期间
附加险	不添加附加险
	添加附加险
	添加多件附加险不含特殊产品
	添加多件附加险含特殊产品
被保人年龄	以出生 30 天的婴儿为被保人
	以出生少于 30 天为婴儿被保人
	以未成年人为被保人
	以年龄 70 周岁的老人为被保人
	以年龄大于 70 周岁的老人为被保人

3．产品分析

产品重要性更不必多说。没有产品，这个系统就没有生命。产品是一个系统的心脏，不断流向业务来驱动系统运转。测试工程师也要向产品经理一样，要了解产品的目标用户是谁？为用户提供什么服务？通过服务能获得哪些收益？同类产品对比分析有哪些差异？产品周期？除了这些，更要从产品本身规则上进行分析。例如，银行理财系统，除了开户、存款、取款和转账业务之外，重点还是放在理财产品的销售上，这些理财产品都有生命周期，从预售、开售到购买和赎回，整个生命周期都是围绕着该理财产品做的。在这些过程中要深入分析每个节点规则包括预售期、预售人群、预售金额，购买规则和赎回计算等。

系统分析需要测试工程师首先了解这个系统本身提供哪些功能操作，业务分析侧重于通过业务规则和流程，将这些功能点带入进来的串行与并行地实现结果，产品分析是在产品生命周期中这个系统能运营良好。第一步的分析到这里，大家就能领悟出我们要设计测试用例时需要大量的信息，缺少一点信息就会造成测试遗漏。

整个分析过程一定是要静下心来思考，要输出一些分析结果。例如：用例图、思维导图、业务场景、系统架构图和功能点矩阵图等。

12.1.2 建模

建模是软件工程里需求阶段很重要的部分，但建模并不是只用在软件开发前期的需求设计阶段，测试也同样可以建模型。最近几年流行的模型测试就是延用建模方法进行测试设计的。

软件建模有很多种类型，在这里介绍在测试实施过程中常用的 3 种模型：系统建模、业务建模和数据建模。

1．系统模型

系统模型有助于测试对系统功能的理解，是测试的基础。角度不同，分析系统的模型也不同，系统模型有很多，包括系统环境模型、系统上下文模型和体系结构模型等。而这里主要讲的是系统体系结构模型。从业务模型到系统模型，业务模型描述了目前的业务现状，系统模型才是软件开发的最终工件。作为测试工程师需要深入理解系统模型，尤其是做多系统集成测试的时候更为关键。

例如，针对健康险系统的系统模型，如图 12-1 所示。

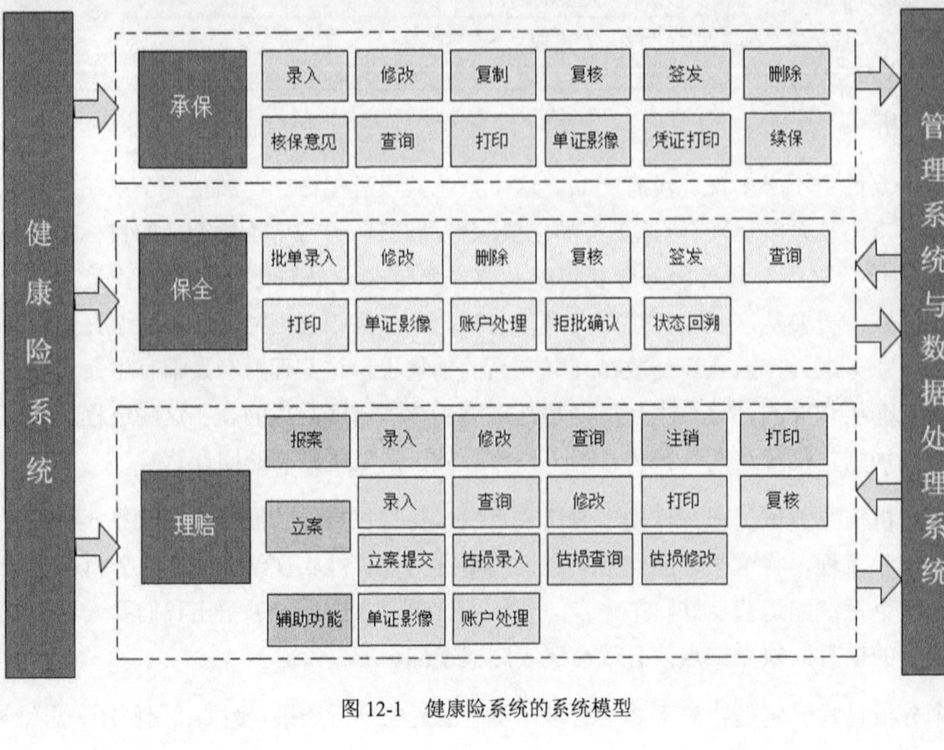

图 12-1 健康险系统的系统模型

图 12-1 是测试工程师读完需求分析或是设计文档时，能够在脑海里清晰勾划出的系统层次结构。系统每个模块、每个页面、每个菜单与每个功能描述了系统如何分布，提供什么样的服务，如何支撑产品运营，包括交互系统与下游系统做哪些功能的支持。

2．业务模型

用软件建模方法描述业务流程，其目标是认识业务本质。该业务本质是后续用例设计的基础。前面的业务分析就是为了业务模型打基础。一般来说，一个软件项目基础都是从需求分析到系统设计，如果没有考虑业务模型，就会导致对需求的处理比较表象，如界面、功能和数据对业务处理过程缺少规范的说明，而这正是开发必须的。很多时候开发没有准确反映需求，并不是需求不清楚，而是对需求的实现过程不清楚，即没有了解好业务，从 RUP 的角度来说，也就是缺少了业务建模这一关键环节。业务建模主要解决的就是创建业务处理模型、梳理业务逻辑和正确实现业务处理等，为整个系统设计以及集成测试提供依据。业务建模的目的是：理解将要实施的系统的组织结构和动态特性；理解当前在目标组织中的问题，并明确改进的潜力；确保客户、最终用户和开发人员对目标组织有统一的理解，获取用于支持目标组织的系统需求。业务建模首先要识别业务参与者，识别业务流程，详述业务用例。

例如，健康险新契约业务建模，如图 12-2 所示。

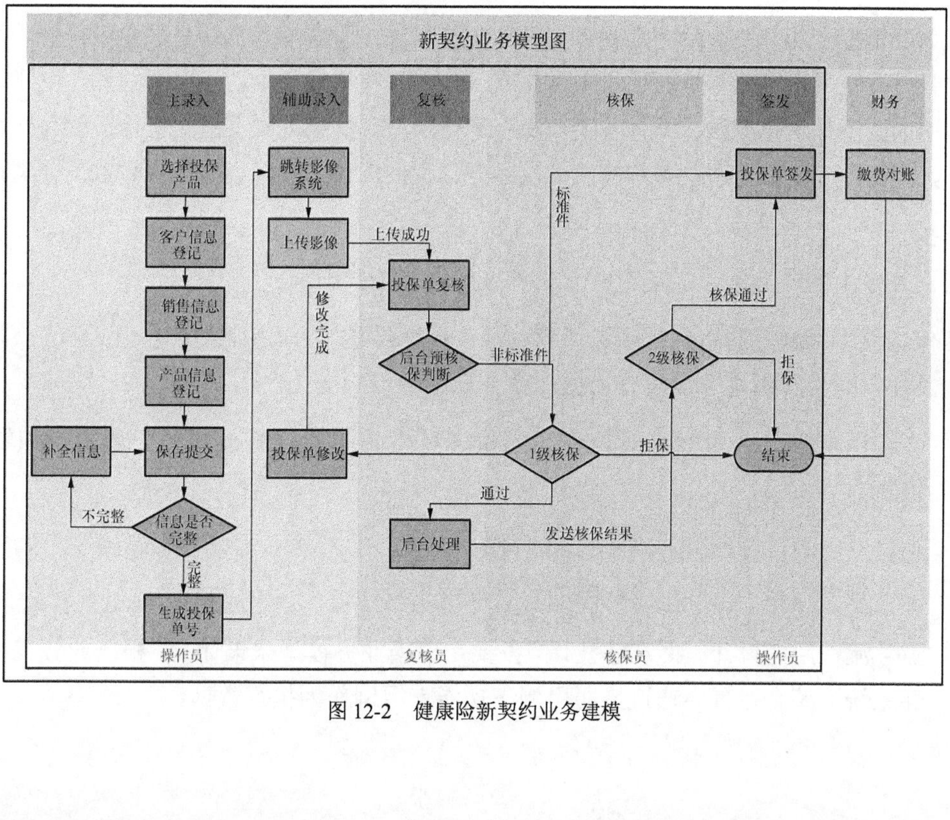

图 12-2 健康险新契约业务建模

图 12-2 为健康险新契约业务模型，也即新契约投保签单流程。整个业务流程涉及 3 个角色，每个角色在新契约流程阶段的权限分配；新契约业务流程划分为录单、复核、核保、签发和财务 5 个主业务模块，每个业务模块操作角色与操作流程都梳理得一清二楚。这样一张业务主线图能够更好地帮助测试工程师加深对被测系统的业务理解。

3．数据模型

数据模型是用来说明在系统的不同阶段数据是如何被处理的。数据模型是从功能角度来看待系统而得到的模型。数据模型的价值主要体现在它对系统中的数据和数据在特定过程中的流动的跟踪和记录，有助于系统分析人员理解系统中到底发生了什么。数据模型也可以用来显示一个系统在它的环境中与其他系统进行的数据交换。

例如，健康险新契约数据模型，如图 12-3 所示。

图 12-3 表示数据模型重点是说明数据来源、数据流向和数据交互。系统运营是通过数据驱动的，所以我们对数据流要非常清楚，并且知道正常数据流和异常数据流的处理方式。

12.1.3　设计

正如开篇提到的，设计用例是测试工程师的基本功，而这个基本功是需要积累的。设计用例如果只是码文字，写操作步骤，那纯属在练习打字，和练习基本功没多大关系。设计用例不是乱定的，更不是没有章法、没有次序和没有逻辑地写。如果见到页面上有什么就写什么，这就做不好测试，因为系统和业务都有主、次之分。我们工作中一般会对用例做以下分类：

根据用例所覆盖的维度不同划分为界面用例、功能点用例、业务流程用例和接口用例。根据用例等级不同分为重要、基本、一般和生僻这几个类型。

工作过程中看到好些用例都杂乱无章，缺少层次结构，在用例管理与回归测试上非常不方便，且在自动化用例选取上没有依据，完全靠临时设想。

- 界面用例设计：主要是对应界面的整体风格、布局检查、页面元素检查和输入项检查。
- 功能点用例设计：是针对每个功能点的用例设计，小到一个功能按钮或一个功能点的输入规则检查，大到一套数据的条件规则检查。
- 业务流程用例设计：业务流程用例主要是根据业务模型来设计的，根据业务流程来贯穿系统，整个过程会通过界面用例＋功能点用例作为执行数据。

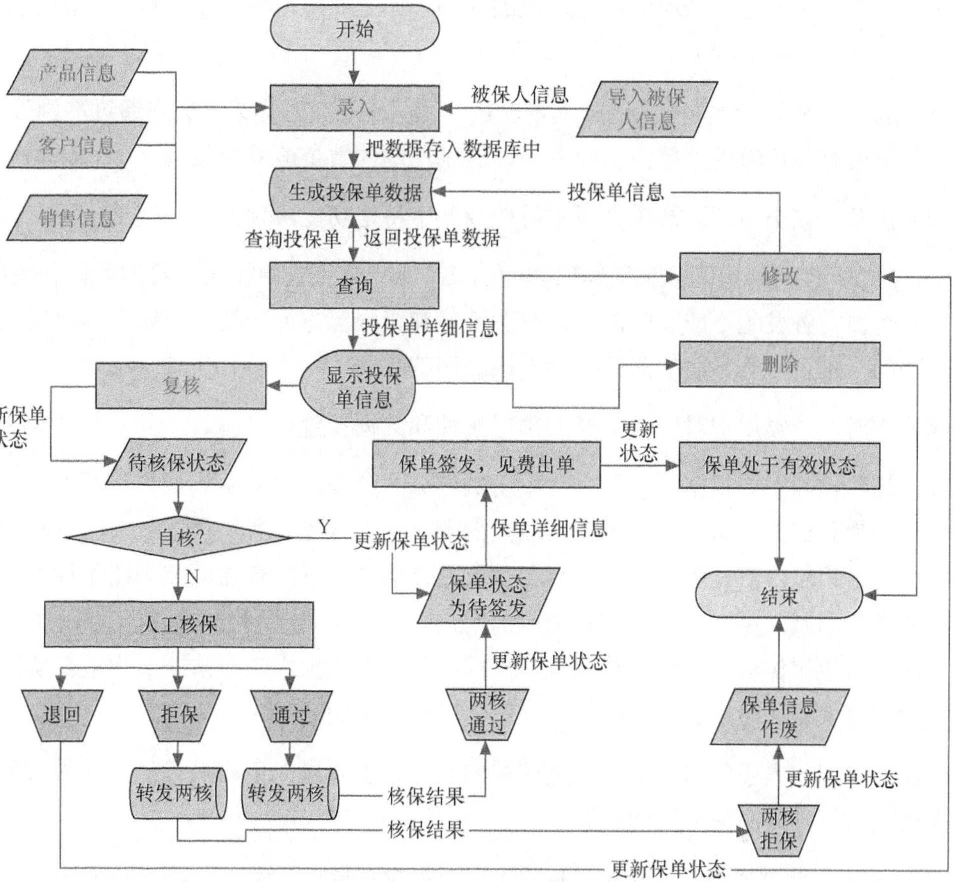

图 12-3　健康险新契约数据模型

- 接口用例设计：接口用例是依据系统模型来做设计的。接口检查主要是针对系统与系统之间信息传递的准确性进行检查。接口测试用例设计必须要考虑到以下几点。

（1）规范检查：根据不同平台接口规范进行测试，检查平台规范规则。

（2）报文检查：统一好与外围系统协商好的接口报文格式，发出各业务报文，确定对方系统接收成功后，等待对方反馈的回执报文。

（3）传输检查：针对实时传输数据，测试发送的报文是否能在规定的时间段到达指定的对方系统。

（4）数据流检查：检查业务数据流，抽取出其中的各字段值，下游系统接收到后正确解析还原成原数据业务信息。

用例的重要性并不对应用例可能造成的后果，而是对应用例的基本程度。测试用例分为 4 级。

（1）基本：该类用例涉及系统的基本功能，在版本提交时作为“版本通过准则”。如存在不通过的项目时，可考虑重新提交版本，该级别用例的数量应受到限制。

（2）重要：该类用例涉及单个版本特性或某个特定功能级别。

（3）一般：该类用例仅影响某单项功能的某一细节方面。例如某业务的登记和使用正常，但和另一个新业务发生不应有的冲突。有关性能和极限等方面的测试可归入该级用例。有关用户界面的基本规范等方面的测试可归入该级用例级别。

（4）生僻：该类用例对应较生僻的预置条件和数据设置。

在设计阶段除了会根据以上的内容做用例的分类分级，也会用到很多测试方法。通过这些测试方法使我们的测试覆盖更多，功能点的测试更有深度。我们根据之前的分析设计条件规则检查测试用例。测试用例并不是写得多就好，而是以最终覆盖的点为衡量标准。对于冗余用例要进行删减，更多的是实施有价值的用例。项目实施过程中常因时间少、人手少这样的条件限制造成用例编写工作无法完成，更因编写工作量太大，无法一一完成。实际测试执行时，我们可根据风险来制订不同的设计策略来进行用例编写。

在没有时间与人手的情况下，大量的编定工作可以通过以下用例设计方法来节省时间，例如采用测试矩阵表来完成用例设计。

图 12-4 表示测试矩阵设计有好多种，可以根据规则矩阵设计，也可以根据条件矩阵设计，还可以根据业务＋规则矩阵方式来设计用例。要达到的目的只有一个，就是尽可能覆盖多的测试点。

12.1.4 执行

测试用例执行仅有两种方式：手工执行和自动化执行。自动化执行是功能测试的一个手段。手工执行人力成本高，执行效率低。自动化执行也同样面临该问题。个人认为不要完全依懒自动化，还是采取手工与自动化结合的方式才能达到最好的效果。近些年来自动化被神化了，很多测试工程师都认为会做自动化很了不起，做自动化测试的工程师高大上了。做自动化的目的与手工执行的目的一样，无非是采用的手段不同。我们的重点不是要关注测试过程与结果，而是在各方面条件都有限的情况下尽可能发现更多的缺陷。

		缴费													
规范控制	磁道限制	商户控制						公共控制							
发起方规范		扣前查询	扣后查询	先扣后销	先销后扣	交易结束发送短信通知	交易结束不发送短信通知	支付密码错误	支付号码错误	支付号码非法	支付账单号码错误	银行超时无应答	商户超时无应答	校验错误	报文不合法
终端1规范	无磁有密	√	√	√		√		√	√	√	√	√	√	√	√
终端2规范	无磁无密	√		√	√		√	√	√		√	√			√
商户1规范	有磁无密		√	√		√				√	√		√	√	√
商户2规范	有磁有密		√		√	√	√	√	√			√	√		√
渠道1规范	无磁有密	√	√	√		√	√	√		√	√		√	√	√
渠道2规范	无磁有密	√	√	√	√	√		√	√		√	√	√	√	√
电话终端Ⅰ型	有磁有密		√		√		√		√	√	√	√			√
电话终端Ⅱ型	无磁有密	√	√	√	√					√			√	√	√
短信规范	无磁有密	√		√	√	√	√	√	√		√	√	√	√	

图 12-4 测试矩阵

（1）手工执行：测试执行时一定要选取好测试数据，并在执行过程中记录数据内容，以便执行数据度量与结果检验。测试执行必须记录每一步的操作结果，必要时截图。在做测试执行时，对实际执行结果与预期结果做对比，并记录差异化的点。

（2）自动化执行：功能测试的自动化执行，最终的目标是为了提高执行效率，节省时间和人力成本。市面上有很多自动化工具，每个工具的特点基本都是类似的，无非就是基于数据驱动自动化还是基于关键字驱动自动化，但不管什么样的自动化最终要达到的目标一致。UI 自动化测试是消耗成本的一个工作，很多企业都在用 UI 自动化，但效果并不理想，其主要是因为 UI 自动化工作维护量大，成本也并没有降低。个人更倾向于接口自动化和逻辑自动化。

测试执行不是一轮就完成的，我们工作中最常见的就是执行次数多，每轮测试执行重点不一样，除了执行新用例还有验证 Bug 的执行工作。轮到上线前的最后一轮，往往是执行内容最少的一轮，这样的执行其实不利于上线。更希望大家在前期执行阶段以发现 Bug 为主，在中后期进行全面的总体执行，以确保最终上线的版本在近期的执行里是最全面的。

12.1.5 测试总结

测试总结是测试工作环节的最后一步，做完这步，整个项目测试实施即完成，但是完成就结束了吗？我们的工作到底是为了完成任务，还是为了圆满完成？很多人把测试总结误认为是测试报告。测试报告仅是测试总结的一部分，是对测试过程的描述和测试结果信息的汇总，并根据过程数据做分析给出测试结论评估。而测试总结的是问题，是风险，是经验，是如何改进，是分析测试过程中的问题，并针对问题进行分析从而找出解决方案。

我们总是在项目实施结束，即工作任务结束就放任自流，根本不去总结分析得是否到位，有哪些漏点，增补分析哪些文档与用例，测试方法选用的是否合理，有没有更好的方法来弥补测试不足。

12.1.6　优化

优化不是所有项目的标配环节，但是好的项目实施都会有这个环节，它是项目实施的重中之重。只做过程实施，不做优化改进会造成反复犯。优化是根据项目实施过程中的问题做总结分析，针对问题找到解决方法，进而改进项目实施中的缺陷，提升项目实施质量。优化是围绕着项目质量进行的，所有优化都不得违背项目质量的宗旨，而质量优化的基础是度量。软件质量度量关注产品、过程和项目的质量方面，按照软件生命周期分成 3 类：最终产品质量度量、过程中质量度量和维护质量度量。

（1）产品质量度量：缺陷密度、用户报告的问题和用户满意度等。

（2）过程中质量度量：测试进度偏差、案例执行率、测试案例有效性、测试案例覆盖率和基于轮次的缺陷发现率等。

（3）维护质量度量：逃逸缺陷密度、修复响应时间、逾期修复百分数和有效缺陷修复率等。

测试过程优化是针对测试实施的整个过程进行改进。如开发人员提交的版本任务，仅做一轮的系统测试就上线，测试实施过程中各个环节和文档未经过严格的评审即为最终结果，这样肯定是不达标的。

例如：大型系统群测试，共 37 个系统，每个系统都按月度发布，每个系统都按开发人员 1:4 的测试配比。系统发布前都进行了严格的测试，但生产缺陷率仍然居高不下，基本在 8‰的缺陷率。

经过 3 个月度的生产缺陷分析，包括缺陷密集期、缺陷所属系统、缺陷严重程度影响程度和缺陷归类等，最终分类列表出来的结果集中在 3 个维度（上线 3 天内是缺陷发现密集期）；系统与系统接口缺陷占 70%、发布配置缺陷占 9%以及数据库问题占 2.3%。继续重点分析接口缺陷：数据传输错误占 34%、接口系统未接到需求变更通知占 27%、接口系统代码版本没有统一占 6%以及接口业务逻辑变更不一致占 4%等。

结合现有测试过程：单元测试、系统测试和 uat 测试—发布生产。

在单一系统实施这个测试过程问题不大，但在多系统群，并且系统业务关联性较强的情况下，缺少系统集成测试即系统接口测试、数据流上下游测试，每个系统测试标准规范不一致，有的测试粒度细有的粗，输出标准不统一，导致几十个系统有几十个标准。

优化过程建议如下。

- 建好测试标准规范。
- 测试过程在系统测试后增加系统集成测试环节，加强系统接口测试。
- 建立系统群统一发布管理平台，尤其是需求变更需要通知到每个系统。
- 评审环节。

还有其他很多优化，包括测试方法优化、测试技术优化、知识库优化等，在这里不一一展开讲解。

以上对金融行业测试之道做了简要的介绍与分享，希望能给大家的工作带来启发或有所帮助。对该篇内容有不同看法或是有更好的工作方式，欢迎讨论。

12.2 职业团队式软件工程人才培养模式——南华大学老师李萌

12.2.1 问题的提出

随着软件规模越来越大，产品特性越来越复杂，软件开发不再是软件开发人员个人的行为，而是需要团队的协作才能完成。一个典型的软件团队包含软件项目经理、系统分析员、开发人员和测试人员等不同的软件职业角色。一款软件产品的开发则是集合了各个不同职业角色的集体智慧与力量。随着“互联网+”的蓬勃兴起，各大 IT 企业对于高水平软件团队的需求日趋旺盛，因而组建具备解决复杂工程问题能力与良好职业岗位结构的软件职业团队，是提升 IT 企业核心竞争力的关键。这也对高等院校软件人才的培养提出了挑战，是一项值得重点研究的课题。

12.2.2 要解决的核心问题

1. 如何构建面向职业能力培养的专业课程体系

传统的高等教育课程体系规划是以学科内容为中心，对学生的专业技能和职业岗位技能的培养不足，与社会职业岗位的需求差距较大。因此，需要对学科制的课程体系进行改革，使高等教育能培养高素质的专业人才，更好地满足职业岗位对专业人才的需求。对于软件工程专业，我们需要根据软件职业岗位需求，构建面向职业能力培养的课程体系，培养学生基于软件过程的深度职业技能。以提升职业能力为目标指引来构建软件工程专业课程体系，解决了高校毕业生再去 IT 培训机构回炉的问题，又保证了企业岗位的绩效优化，是为 IT 企业输送高素质软件人才的有效途径。

2．探索面向深度职业技能培养的教学模式

团队教学法 TBL（Team Based Learning）是目前本科教学体系中被广泛探索的一种教学模式，对培养大学生的协作能力和创新能力都有着不可忽视的意义。现行的软件工程团队式教学过程中所构建的团队，往往是不分角色或者固定角色的协作开发，这种方式不利于学生真正了解软件工程的细分职业角色和掌握深度职业技能。例如，在团队学习过程中，一直从事软件开发任务的同学，就不了解自己是否适合其他的职业岗位，那么在就业时就局限于应聘软件开发岗位，大大降低了就业竞争力。所以需要探索一种以软件工程职业细分角色为引导，培养学生深度职业技能的 TBL 教学模式，帮助学生在职业团队式教学过程中准确、清晰地定位自己将来的职业角色，优化企业的人力资源结构。

12.2.3　研究与改革实践

1．研究过程

南华大学 2005 年开办软件工程专业；2011 年基本完成研究；2012 年研究成果应用于卓越班，然后推广至学院内各专业；2013 年扩展到南华大学工科卓越计划专业，并在衡阳其他高校应用。具体研究过程如图 12-5 所示。

2．教育教学方案

（1）软件过程导向的增量式专业课程体系。

借鉴软件过程增量模型，建立基于软件过程的课程体系，将专业课程整合重组为 3 轮增量教学微循环和 3 轮实践环节，如图 12-6 所示，前两轮为专业基础，第 3 轮按专业方向选修，每个循环为一次完整的软件开发过程，将多门课程设计整合打包为综合性实践课程，每轮循环安排一次综合性实践，学生直接参与项目的需求、设计、构造、测试和管理。

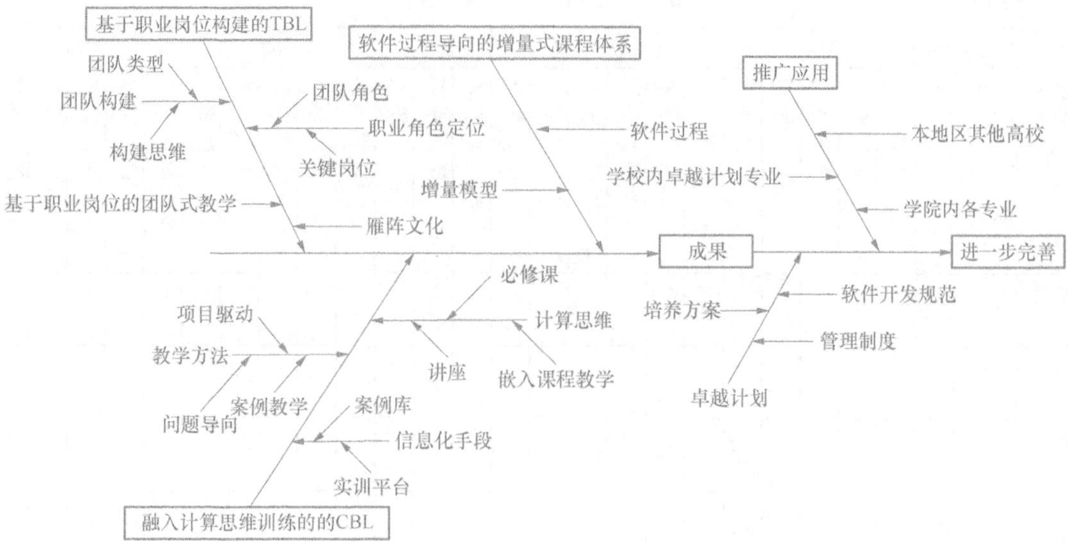

图 12-5 研究过程图

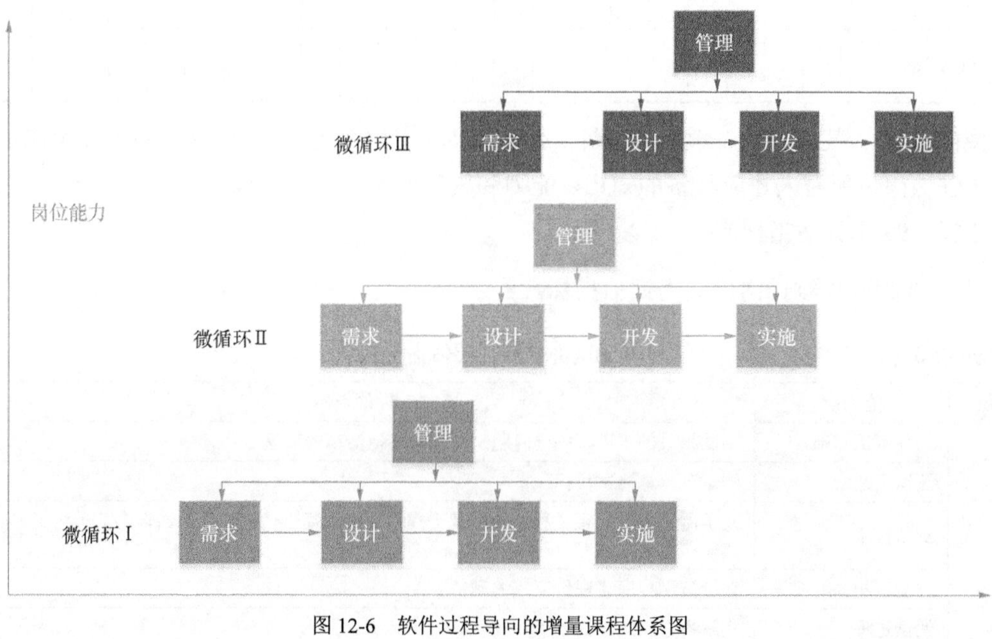

图 12-6 软件过程导向的增量课程体系图

为关键教学环节与实现学生岗位能力培养之间的关系，建立如表 12-2 所示的实现矩阵。横列为关键教学环节，包含校内 3 轮增量教学微循环、实训和校外的企业实习及毕业设计，纵列包含软件需求、设计、构造、测试和管理 5 个岗位。

表 12-2　　　　教学环节—岗位能力实现矩阵

岗位		需求					设计						构造			测试					管理				
教学环节	能力 A_j / 教学环节 C_i	需求基础	需求过程	需求获取	需求分析	需求确认	设计基础	关键问题	结构与体系结构	质量分析与评价	软件设计符号	策略与方法	软件构造基础	管理构造	实施	软件测试基础	测试级别	测试技术	相关度量	测试过程	启动和范围定义	项目计划	项目实施	评审与评价	软件工程度量
微循环Ⅰ	(C_1，A_j)																								
微循环Ⅱ	(C_1，A_j)																								
微循环Ⅲ	(C_3，A_j)																								
校内实训	(C_4，A_j)																								
企业实习	(C_5，A_j)																								
毕业设计	(C_6，A_j)																								

横向 C_i 表示某个关键教学环节，纵向 A_j 表示某项岗位能力的培养目标。基于该实现矩阵，创建了评估岗位所需人才应具备的知识、能力和素质的指标体系，包括 5 个一级指标，25 个二级指标，99 个评估指标。

表 12-3 为软件测试岗位能力评估指标。

表 12-3　　　　软件测试岗位能力评估指标体系

岗位	能力点	评估指标
软件测试	软件测试基础	测试相关的术语、关键问题、测试与其他活动的联系
	测试级别	测试对象、测试目标
	测试技术	基于测试人员的直觉和经验、基于规格说明、基于代码、基于错误、基于应用本质、选择和组合技术
	与测试相关的度量	评价被测程序、评价完成的测试
	测试过程	实际考虑、测试活动

设 w(C_i, A_j)表示岗位能力 A_j 在教学环节 C_i 时的权重，$\sum_{j=1}^{25} w(C_i, A_j)=1$，$w$ 是学生应达到的岗位能力水平，它直接影响教学内容和学时分配，如 32 学时的微循环 I 中软件测试基础的 w=0.25，表示该循环测试课程授课 8 学时，可选软件测试基础中较简单的“测试相关术语、

关键问题、测试与其他活动的联系”作为教学内容。

矩阵中横列和纵列交叉的元素 $M(C_i, A_j)$表示教学环节 C_i 采用某种方式（Method，M）来评测学生的岗位能力 A_j。评测方式 M 可以是考试、实验、实训、项目评审、实习报告和学科竞赛等多种形式，当教学环节 C_i 结束后，由授课教师、企业教师以及团队成员等评测学生对应的岗位能力 A_j，最终给出评价分值 $G(C_i, A_j)$。依据关键教学环节阶段性评价结果可对学生岗位能力实施形成性评价，依据全部评价结果可对学生岗位能力实施终结性评价。

$\sum_{j=1}^{25} w(C_i, A_j) * G(C_i, A_j)$：学生某教学环节的阶段性评价结果。

$\sum_{i=1}^{6}\sum_{j=1}^{25} w(C_i, A_j) * G(C_i, A_j)$：学生岗位能力的终结性评价结果。

建立课程与岗位能力的映射关系，表 12-4 为软件测试方向部分课程的岗位能力映射表。

表 12-4 软件测试方向部分课程的岗位能力映射表

课程名称	学分	总学时	理论	实践	岗位能力点与评估指标
Web 软件测试	4.0	64.0	40.0	24.0	测试技术 基于规格说明：等价类划分、边界值分析、决策表和基于有限自动机 基于代码：基于控制流和基于数据流
嵌入式软件测试	4.0	64.0	40.0	24.0	测试技术 基于规格说明：等价类划分、边界值分析、决策表和基于有限自动机 基于代码：基于控制流、基于数据流和基于代码
行业软件测试	4.0	64.0	40.0	24.0	测试技术 基于规格说明：等价类划分、边界值分析、决策表、基于有限自动机和随机测试 基于代码：基于控制流、基于数据流和基于代码 基于应用本质 选择和组合技术
安全软件测试	2.0	32.0	20.0	12.0	测试技术 基于错误：错误猜测和变异测 基于使用的技术 选择和组合技术
软件测试管理	2.0	32.0	20.0	12.0	测试相关度量 评价被测程序：规模度量与结构度量、错误类型和统计和错误密度 测试过程 实际考虑：测试指导、测试过程管理、测试文档与工作产品和终止测试 测试活动：计划、测试用例、测试环境、执行测试、测试结果评价、问题报告和缺陷跟踪
综合性课程实践Ⅲ	3.0			3.0	测试级别 测试对象：单元测试、集成测试和系统测试。 测试目标：接收测试、功能测试、回归测试、性能测试和压力测试

校内实训是学生进入企业实习前的重要实践教学环节，应将理论学习与职业岗位结合，依据工作过程开发实训课程，将职业岗位所需的技能、工具、规范与环境融为一体。缩短“学生→软件工程师”的适应期，教学案例改编自真实项目，既有具备标准答案的良构问题，也有开放式的劣构问题，前者关注技能，后者强调思维。

表 12-5 为单元测试实训的主题列表。

表 12-5　　单元测试实训主题列表

主题	主要内容
环境安装与配置	C++test 所需编译器环境、自动生成测试用例、自定义测试配置和采集覆盖率
静态分析	项目创建、静态分析、规则集、质量任务、C++编译基础、缺陷报告和自定义报表 （拓展）Understand 程序理解和代码分析
动态测试	McCabe 环复杂度、基本路径、控制流图、条件分析、基本路径分析、测试用例设计、测试用例向导、数据源和覆盖率指标 （拓展）覆盖率辨析，行覆盖、语句覆盖、基本块覆盖、路径覆盖、判定覆盖、条件覆盖和 MC/DC 覆盖
插桩	插桩、桩函数的触发条件与返回值和执行路径
成果物与回归测试	文档规范、用例设计、缺陷单、执行情况表、结果分析报告，回归测试相关文档与规范
开放式项目	两人一组结对编写排序算法及单元测试，提交成果物，修复 bug 并回归测试

（2）职业团队式的 TBL 教学模式。

TBL（Team Based Learning）教学法是基于团队进行学习，2002 年由美国 Oklahoma 大学的 Michaelsen 提出。传统的团队多指基于问题解决的合作学习，成员身份无差别。软件工程团队是基于项目完成的分工协作，成员之间的职业技能与人格心理都必须互补。

开展基于职业岗位 TBL 教学必须解决两个问题：团队构建与团队文化塑造。依据 SWEBOK 的知识域，软考、NCRE、CSIA ETC 行业协会和智联招聘网的岗位，参考微软开发团队的关键角色，划定学生团队的关键岗位为：需求分析、软件设计、软件开发、软件测试和项目组长。职业团队始终贯彻专业教学，课程教学时是学习团队，专业实践时是开发团队。

1）团队构建。

团队成员不仅要求知识和技术互补，更需要心理协同。依据 Belbin 团队角色理论，团队成员具有“职业角色”和“团队角色”双重身份，后者是人格心理的综合表现，关键团队角色缺失和错位是团队失败的主要原因。根据职业岗位需求，设定关键“团队角色”（如表 12-6 所示）为资源调查者、创新者、完成者、塑造者以及协调者。

表 12-6　　　　职业岗位与团队角色对照表

职业岗位	工作特点	团队角色
需求分析	热情，外向主动，性喜沟通	资源调查者
软件设计	创新，敢想敢干，不拘成规	创新者
软件开发	严谨，勤勤恳恳，满怀热望	完成者
软件测试	发现他人问题，提出修改意见	塑造者
项目组长	好舵手，明析目标，促进决策，分配工作	协调者

学生个体初始时是没有职业倾向的，他们在接受教学循环培养后，具有岗位倾向的学生，其岗位能力水平往往高于其他同学，通过教学评价、职业兴趣测试、Belbin 团队角色测试和卡特尔 16PF 人格因素测试，引导学生完成职业角色定位，如图 12-7 所示。

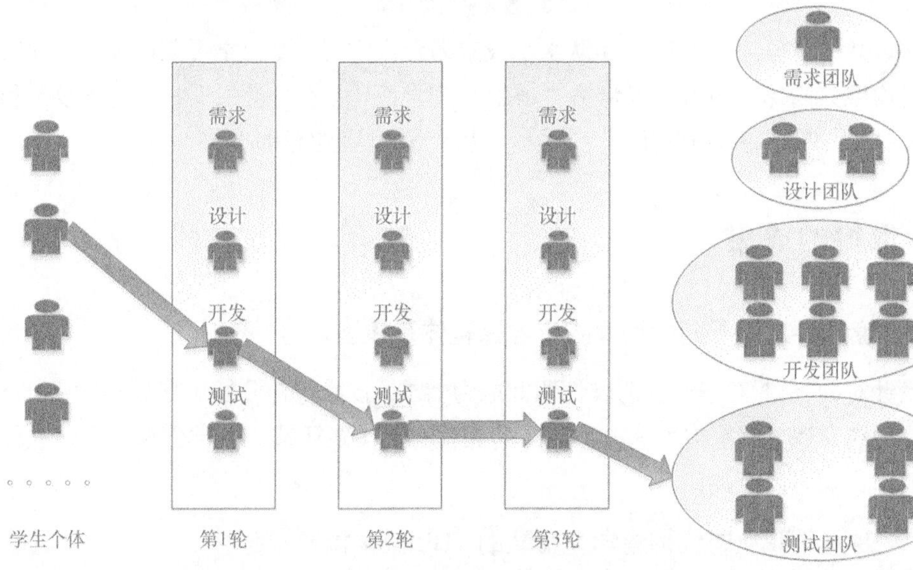

图 12-7　职业角色定位迁移图

2）团队文化塑造。

在缺乏经济和行政等激励手段的情况下，团队文化成为增强凝聚力、提升绩效、培养沟通表达能力和职业素质的重要手段。依据管理学的“雁阵效应”，将学生团队比作雁群，成员分为雏雁、飞雁和头雁，头雁位于队伍首部，引领方向，协调队伍，做出决策；飞雁紧跟头雁，服从指令，彼此合作完成任务；雏雁处于尾部，模仿飞雁，学习专业技能和团队纪律。南华大学地处衡阳，雅称“雁城”，故以“雁阵文化”作为文化符号，它是教学体系的核心。图 12-8 描述了学生个体的成长经历和团队水平的进化过程。

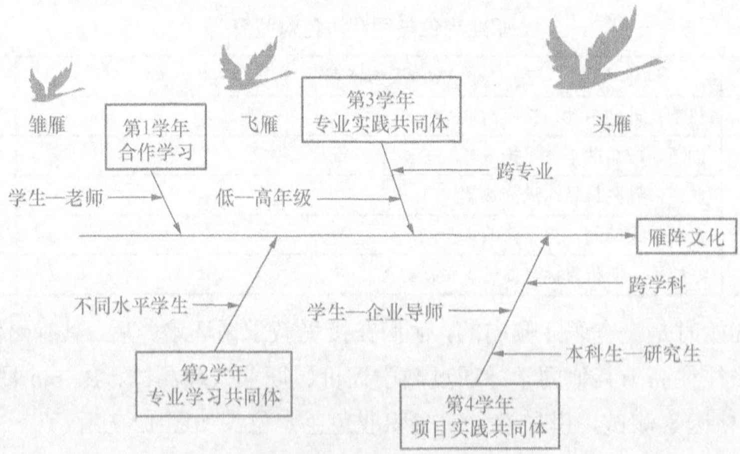

图 12-8　雁阵文化鱼骨图

借鉴学习共同体理论，将 TBL 团队水平设定为合作学习、专业学习共同体、专业实践共同体和项目实践共同体。团队形式包括“学生-老师”“不同水平学生”“低-高年级”和“跨专业”，不同层次“本科生-研究生”“跨学科”和“学生-企业导师”等。

12.2.4　取得的成果

1．提出了一套软件过程导向的增量式专业课程体系模型

该体系针对 IT 企业对毕业生的软件职业能力需求，按照软件开发工作过程所需知识、技能与素质将传统课程分解重构为 3 轮循环式的课程群加实践环节，使学生深入理解软件工程过程和职业岗位能力需要。

2．提出了一种基于职业岗位构建学习团队的 TBL 教学模式

该模式扩展了 TBL 教学法理论，以软件工程职业细分角色为引导，以雁阵文化为背景，帮助学生实现从个体到雏雁再到头雁的成长历程，最终清晰地定位能够胜任的软件职业角色。

12.3　敏捷软件测试之道——软达启航 CTO 单镜石

在软件团队当中，敏捷软件测试的主要目的是构建一个高质量的软件产品，这也是软件测试团队的主要任务。尤其是在迭代较短的软件项目中，敏捷测试团队要保证应用程序处于

最佳的质量状态。因为敏捷测试团队是高度跨职能的，所以在迭代测试团队当中，无论是测试人员还是程序开发人员都要和其他团队的相关人员在项目中通力合作，保证各种测试技术都能得到广泛和充分的利用，用以保证软件产品的更高质量，因此在如此紧张的项目时间里，持续的自动化测试和团队的统一协作是必要的。综上所述，优秀的敏捷团队不断地通过持续构建软件产品来塑造软件产品的高质量，展现团队的最新成果和进展，同时又能提高团队成员的技术能力，使用最新的测试技术展现成果，是好的团队组成形式。

对于大多数公司和团队来讲，作为敏捷测试团队的成员需要清楚地认识到自己在团队中所担任的角色是什么，担当工作的具体程度是什么，而作为团队的领导者来说，敏捷团队的目标是什么，如何带领自己的团队走向成功，都是面临的首要问题。

敏捷软件测试的定义如下。

在敏捷软件开发过程中开展的测试被称作敏捷测试（Agile Testing）。它是测试的一种，原有对测试定义中通过执行被测系统发现问题，通过测试得到的数据为被测试系统提供度量等概念仍然适用。敏捷测试是遵循敏捷宣言的一种测试实践。

（1）强调从客户的角度，即从使用系统的用户角度来测试系统。

（2）重点关注持续迭代测试新开发的功能，而不再强调传统测试过程中严格的测试阶段。

（3）建议尽早开始测试，一旦系统某个层面可以展开测试，比如增加了模块功能，就要开始模块层面的单元测试，同时随着测试的深入，持续进行回归测试从而保证之前测试过的内容的正确性。

敏捷测试的实质如下。

敏捷测试不仅包含测试软件本身，还包含了软件测试的过程和模式。多数产品在发布后才发现很多问题，而多数问题可能是在软件开发过程中出现的，因此敏捷测试除测试软件本身，即验证软件的功能是否正常、是否达到预期的结果外，还要保证整个软件开发过程是正确并符合用户需求的。

敏捷开发的最大特点是高度迭代，有周期性，并且能够及时与持续地响应客户的频繁反馈。敏捷测试是通过不断修正质量指标，正确建立测试策略，从而确认客户的有效需求得以圆满实现，确保整个生产过程的安全并及时地发布最终产品。因而敏捷测试人员需要在活动中关注产品需求、产品设计和解读源代码，在独立完成各项测试计划和测试执行工作的同时，需要参与几乎所有的团队讨论和团队决策。作为一名优秀的敏捷测试人员，需要在有限的时间内完成更多测试的准备和执行工作，并富有极强的责任心和领导力。更重要的是，优秀的测试人员需要能够扩展来做更多或与测试无关，但与团队共同目标直接相关的工作，例如帮助团队其他成员解决困难，帮助其实现预期目标，发扬高度协作精神以帮助团队最终获取成功。需要指出的是，团队的高度协作既需要团队成员的勇敢，也需要团队成员的主动配合和帮助。

现在就和大家谈谈作为敏捷测试团队能否取得成功的 6 个必要因素。

1. 不可忽视的集体力量，做到人人参与

如果由敏捷测试团队中的开发人员主导软件的测试和质量管控，那么作为团队领导者来说，可供选择的技术和团队成员将会变得多样化，对于测试过程中出现的各种问题，处理手段也更丰富，因为对于开发人员来说，测试代码的编写与自动化测试实施不是难题。因此，将软件测试置于团队的最高优先级，使团队成员均参与到测试中来，才有可能开发出更高质量的软件代码和测试代码。

但是团队中的测试人员需要更多的培训和技术支持，才能提高他们的技术能力，更好地适应敏捷开发的快节奏，实现与开发人员和客户团队的紧密协作。

因此，假如你作为敏捷团队的管理者，要努力实现团队以统一的整体的方式参与到项目中，明确敏捷的真正目的是软件的质量而非速度。在团队中要消化和理清客户的需求，用于有效地指导测试。同时鼓励大家互相为对方提供帮助，努力使大家能够把自己最擅长的技术和知识分享给周围的其他人，尤其是在纯手工测试的项目中，团队的合作尤为重要，消除团队中的短板，培养技术人才，带领大家完成一个又一个任务的场景最能使团队振奋。

但是，如果你是敏捷团队中的测试工程师，那么在一些重要议题的会议中，应当把自己的真实想法和质疑提出来，放到每日会议（如图 12-9 所示）中去讨论，尤其是在有测试、开发、需求或客户在场的情况下，把自己针对需求中的质疑，或者测试过程中的不当之处表达出来，让自己的问题成为整个团队中首先要解决的问题，同时尽可能地消化和吸收其他人提出的问题和讨论解决问题的方法，用于指导今后的测试工作。

2. 建立并实践敏捷测试的思维

作为敏捷团队中的一员，必须明确个人能够对项目的成功产生巨大的影响。在敏捷团队中每一个人都是一名测试人员，任何人都可能去承担相应的测试任务，因此遵循以下法则对敏捷测试人员尤为重要。

- 提供持续的结果反馈。
- 为客户创造价值。

图 12-9 技术讨论会

- 进行面对面的沟通。
- 有勇气。
- 简单化。
- 持续改进。
- 响应变化。
- 自我组织。
- 关注人的作用。
- 享受工作的乐趣。

因此在敏捷团队中，开发人员作为测试人员参与到测试当中，可以做任何事情去帮助敏捷团队产生高质量的交付结果。

敏捷测试的态度是前瞻性的，富有创造性的，充满着新的思维与解决问题的新思路，是喜欢接受挑战任务的。敏捷团队的成员需要使用敏捷准则和敏捷的价值观来指导自己的工作，尝试去使用更多简单而又有效的方法满足测试需求，实践新的技术和想法，关注测试结果，尽量多与周围的同事交流对问题的看法和解决的手段，不断灵活地应对项目上的变化，尤其是来自需求变更带来的影响。时刻调整自己的工作方向，谨记敏捷测试是以人为本，享受工作的快乐，即使工作中遇到了质疑的声音，也要尝试用敏捷准则和价值观来决定处理的方法。

敏捷测试的重要性还体现在敏捷团队中的成员要具有敏捷思维，即不断沟通、不断学习、不断为团队提供新的业务价值。为了满足上述的要求，团队可以组织内部培训，或让成员参加技术沙龙，学习新的测试技术和方法，使用新的测试工具。敏捷测试人员自身也要有提高技能的意识，广泛地参与到技术讨论中，例如参加技术分享会、自由讨论、加入微信或者 QQ 讨论群以及关注技术达人的博客等，获取新知识和新技术的方式是多样的。

而作为敏捷团队的管理者，敏捷测试的思维更注重对方法的实践，不但要为团队成员尽可能地多提供一些内部培训的机会，更要消除工作以外的障碍因素。除此之外，要给予团队成员鼓励，鼓励他们实践新的技术和方法，不要怕担责任，新技术也许会给项目带来一些不好的结果甚至是失败，但是我们可以在短期迭代项目当中先做一些有意义的尝试，因为这些小的项目适合快速试错，当一个方法被证明是错误的时候，我们可以快速尝试其他解决问题的方法。

3．提高测试效率，回归测试自动化

敏捷测试团队最为成功的要素之一，就是在整个项目过程中，持续地以自动化回归测试推进整个项目。

每一个敏捷团队的成员都会发现，当项目中的应用软件规模越来越大的时候，自动化回归测试能够带来很多直观的变化，虽然很多敏捷测试团队中仍然保留有部分手工测试的内容，但是这种变化是显而易见的，比如，敏捷团队每天要在迭代结束时提交产品级的应用成果，自动化回归测试节省了时间，提高了测试的效率，提供了持续的测试反馈，让测试人员能设计更多有针对性的测试场景，更好地诠释敏捷测试中测试先行的理念。当敏捷团队中有更充裕的时间时，团队成员更能关注自动化回归测试如何能更好地构建和部署，这是一个正向的推动力，版本控制和监控也起到了效果，降低了测试的风险，同时测试先行的方法还能够帮助程序开发员更好地理解用户需求，设计精准有效的代码，持续集成运行所有的单元测试和回归测试，还有更多的探索性测试。

我们看到，在敏捷团队中，应将更多的关注点放在对缺陷的修复和对软件新功能的自动化测试设计上，不为单纯地测试而测试，只考虑优秀的编码和优秀的测试。但是，自动化测试工作在开展的最开始阶段需要克服的困难较多，作为敏捷团队的管理者，应确保在时间上和团队的内部培训上给予足够的支持。如果没有初始的自动化测试团队，则开发人员的开发进度可能会受到影响，因为他们不得不中途停下来考虑如何进行测试。因此，可尝试从管理层或团队成员中获得大家的支持，先期开展小规模的自动化测试。

4．持续获得反馈，重视反馈带来的重要价值

大家都知道，反馈是敏捷的核心价值，持续的反馈在敏捷的短期迭代中可以帮助团队不断修正自己的运行轨迹，保证正常地运转。我们可以通过多种方式获得反馈。

（1）从代码中得到持续的反馈。

使用测试驱动开发（TDD）的方式（如图 12-10 所示），站在使用者的角度看待代码，消除代码中的不良的或者是复杂的设计，设计具有针对性的单元测试代码、具有针对性的场景，保证测试结果的真实有效以及测试过程的有条不紊。

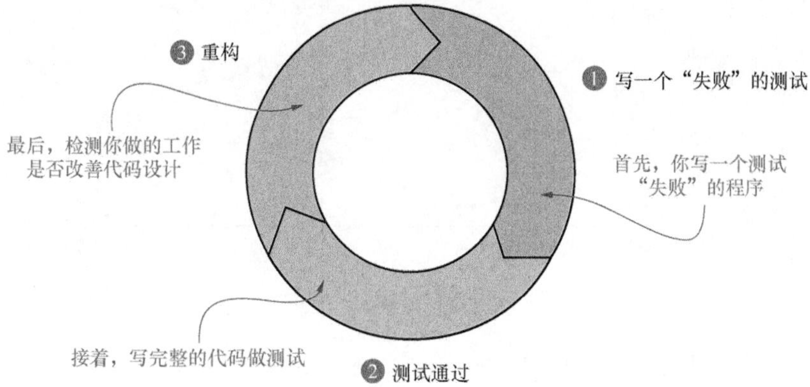

图 12-10 TDD

（2）从测试进度中获得持续的反馈。

在敏捷团队中，对工作量的预估是项目开始前的必要工作，但是预估并不能起到真正的作用，相反，很多工作都是在预估的情况下比预期时间延长甚至是不能如期完成。因此可以使用迭代式增量软件开发过程（Scrum，如图 12-11 所示）框架中的评估方式来评估项目的复杂程度，绘制燃尽图（如图 12-12 所示），看到团队的真实工作效率和进度，避免陷入无休的争论当中。

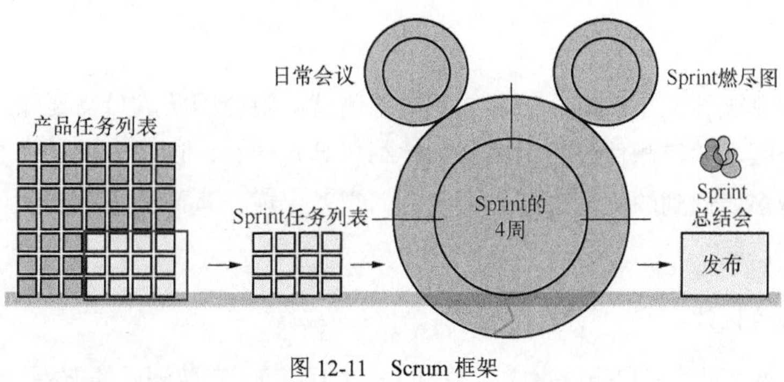

图 12-11 Scrum 框架

（3）从客户那里获得持续的反馈。

简化沟通渠道，争取能和客户一同工作，从用户那里收集项目应用上关于业务功能的使用反馈，确认已经完成的功能是否达到可以交付的状态，是否是客户所期望的。

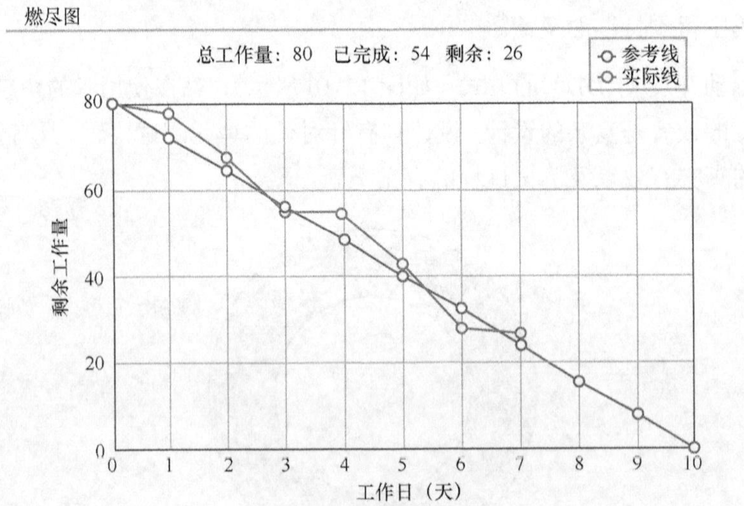

图 12-12　绘制燃尽图

（4）从同事那里获得持续的反馈。

确认从客户手里拿到的需求是否是正确的，设计的测试用例是否具有针对性，开发是否得到了足够信息理解需求并进行编码，必要的时候通过召开技术会议讨论上述问题，并得出解决方案。

5．重视敏捷当中的关键环节，杜绝疏漏

敏捷团队中，无论开发还是测试都要明确，如果不重视敏捷中的关键技术环节，是不能制造出高质量的软件产品的。这些关键环节是敏捷软件开发的重要节点。

（1）可控的测试环境。

没有可控的测试环境自然就无法开展有效的测试，敏捷团队成员需要知道当前的测试环境部署了哪一个版本的待测件，使用的版本控制工具是什么，访问方法是什么。尤其是现在开源软件越来越多，遇到的问题也越来越复杂，需要保证一旦问题出自测试环境，团队成员能够迅速加以解决。

（2）使用持续构建。

敏捷团队需要代码管理和持续集成（如图 12-13 所示），有效测试的前提是知道自己在测试什么。如果测试团队无法配置代码，则测试工作无法开展。在短期迭代的模式下，团队成员至少每天一次导入自己的工作，每一次的集成必须通过自动化测试进行验证，例如使用 Jekins 实现持续集成。实现持续集成是敏捷团队中优先级最高的事情，必须每日构建用于验证和交付的版本。

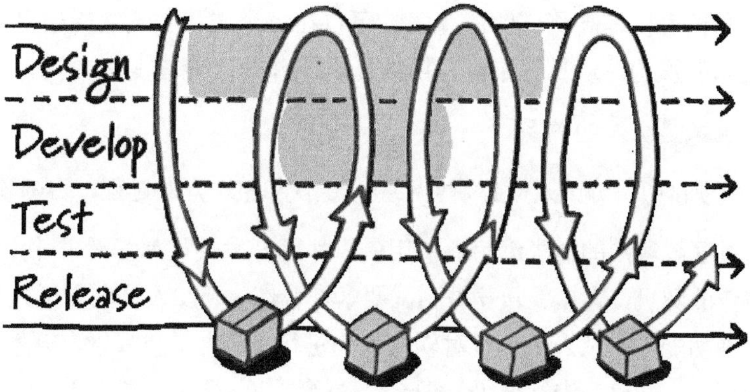

图 12-13　持续集成

（3）采用增量工作。

可以采用启发式的方式告诉团队成员，采用逐步推进、小规模的方法代替一下子开发一大块功能的方法，建议团队成员编写任务列表展示板（如图 12-14 所示）来进行编码增量和测试增量，并记录下设计概念、确认测试、回归测试和自动化测试的实施策略。敏捷测试可以先针对小部分的内容，随着功能的增加，不断展开增量测试。

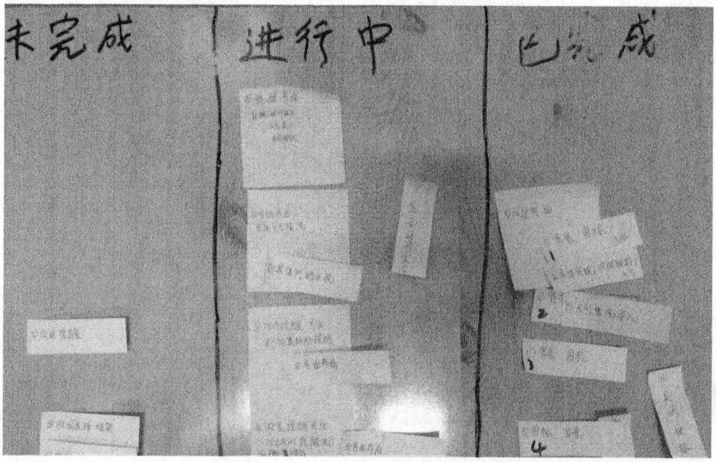

图 12-14　任务列表展示板

（4）缺陷的有效管理。

敏捷团队随时都会感受到时间的压力，据我所知的敏捷团队，无一不抱怨时间紧迫。随着代码越来越混乱和难于维护，代码中的缺陷越来越多，变得难于及时有效的处理，导致团队的进度慢了下来，缺陷不解决，就不能添加新的功能。所以我们的团队必须实时进行技术评估，减少和避免缺陷积累导致上述问题的产生。

自动化回归测试可以提高测试的覆盖率，可以在每个迭代中设置构建自动化测试，通过测试反馈知道代码的重构，从长远来讲，敏捷团队工作速度能够变得更快。

（5）开发和测试是合作的关系。

要知道在敏捷项目中，测试人员必须贯穿整个迭代和整个开发过程，否则项目有可能失败。

测试人员通过理解客户的需求编写测试用例，协助开发人员理解需求并完成代码的开发，这提供了一种协作的契机，客户、开发与测试要紧密合作。开发人员向测试人员提供最新的软件代码和实现软件功能，测试人员负责对软件代码进行检测并提供反馈，开发人员修正缺陷，使其通过更多的测试，并持续进行编码，每一个敏捷迭代包含了上述的过程，持续的、快速的与增量的测试—代码构建—测试—代码构建—测试。若是这种合作的方式被外部原因打断，例如缺陷没有及时被修复，或者发现了上一次代码重构时遗留的缺陷等，都会使项目停滞不前。

在软件开发中，缺陷发现得越早，修复的成本越低。当代码的开发由测试来指导，并同时进行测试，则未来的软件产品就越有可能达到用户的预期，满足用户的需求。

6．保持与客户的合作，将客户纳入到团队之中

测试人员在敏捷测试团队中理清客户需求并设置需求的优先级，并将需求通过预期行为和用户场景等方式展示给开发人员，并将这些内容转换为可以执行的测试。

作为团队管理者，要鼓励开发、测试和客户的直接沟通，使用三方协作的方法，解决需求或者前后不一致与描述有误的情况下，建议使用多种方式沟通，例如电话会议、邮件等。

作为敏捷测试团队中的一员，只有在实践中不断充实对敏捷测试的理解，不断总结归纳新的思路与方法，才能引导自己的团队不断成功。例如很多敏捷团队已经将TDD和BDD（行为驱动开发）结合，获得了不错的反馈，类似的新技术和新方法的案例非常之多。

12.4 从精益思想谈探索式测试——测试培训讲师顾翔

12.4.1 从精益谈起

精益在百度百科中的解释为：把这个词汇用于一种思想的描述、一种生产方式的描述和一种有效事物的描述，人们选用精益这个词汇，是非常妥帖的。精益这个词汇，在中文里是

“精益求精”的简称，反映的是“少而精”的概念，能够非常妥帖地表述20世纪末在发达国家出现的“精益思想”“精益企业”和“精益生产”，以及在农业、工业、建筑业、物流乃至军事领域的一种趋势。精益思想被解释为：精益思想是指运用多种现代管理方法和手段，以社会需求为依据，以充分发挥人的作用为根本，有效配置和合理使用资源，最大限度地为企业谋求经济效益的一种新型的经营管理理念。

以前生产一个产品，需求一般是明确的，比如一个建筑、一套家具、一部轿车等，生产商与客户只需要在前期进行沟通需求，然后设计概要图样与客户进行进一步协调，只要进行细化设计、生产、检验，最后就可以给用户使用了。现在进入到软件时代，尤其是互联网和移动互联网时代，用户很难提出自己的需求，也就是说用户也不知道自己需要什么。于是在这种情况下精益思想就产生了，我们可以从最小单元做起，给大家进行演示，然后让用户从这些已有的小型产品中挖掘自己的需求，企业通过不断地迭代试错、不断地改进，从而设计出一款最能满足用户需求的软件。其实这与“摸着石头过河”的思想是相同的。

12.4.2 从软件测试谈到探索式软件测试

在软件测试领域，我提出了软件测试应该包括“测”与“试”这两个概念。所谓“测”就是检测软件系统是否满足用户显性需求。所谓“试”可以理解为试错、尝试。比如找到系统最大负载点，测试系统对错误输入、异常环境是否可以适应，一旦程序发生错误多久可以修复。我们也可以把“测”理解为证“真”，“试”理解为证“伪”。在软件测试领域分为脚本化测试（包括代码脚本和非代码脚本）以及基于经验的测试，我们可以看出，对于脚本化测试往往是我们可以预测到的软件中可能会出错的地方，属于“测”的范畴；而基于经验的测试是我们需要通过摸索来完成的测试，属于“试”的范畴。虽然本节主要介绍“试”，但是我首先声明在软件测试中的“测”与“试”是同样重要的，缺一不可。

基于经验的软件测试真正体现出“人”在软件测试中的重要性，这一点与“精益”的思想是一致的。有一句话：“软件测试工程师如同中医医生，越老越值钱”。这个说法是非常正确的，不管软件技术如何变化，唯一不变的是软件测试的思想和经验。

以前基于经验的测试方法主要以“错误攻击法”为主，由于这种方法不利于管理，1983年软件测试专家Cem Kaner博士提出了“探索式软件测试”的思想，并受到语境驱动软件测试学派（Context Driven Testing School）的支持。随着近年来敏捷开发的出现，探索式软件测试的理论由于符合快速提交的理念，也被重新提出，并且受到了广泛的重视。探索式软件测试（Exploratory Testing）是一种自由的软件测试风格，强调软件测试工程师展开软件测试学习、软件测试设计、软件测试执行和软件测试结果评估等活动，以持续优化软件测试工作。

在探索式软件测试中基于测程的管理方法是基本的管理方法，如图 12-15 所示。

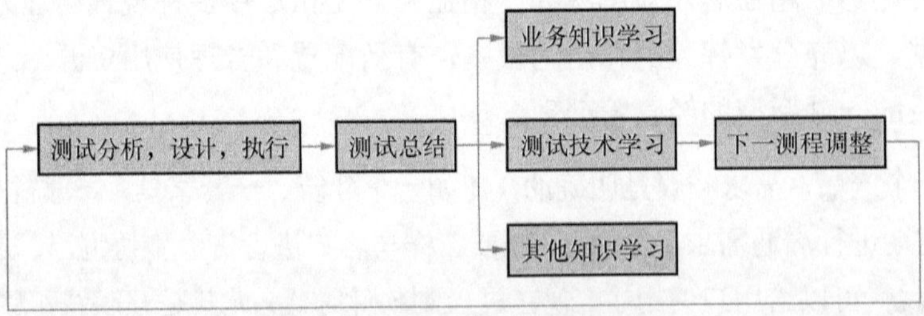

图 12-15 基于测程的探索式测试

首先进入第一个测程。测程开始就是测试分析、设计和执行一起进行，测试过程中随时进行记录。比如测试过哪些模块，使用了哪些方法，遇到了哪些问题。一个测程一般在 0.5～3 小时（这个数据是有科学依据的，如果小于 0.5 小时思维进入不了状态，测试工程师进行不了有效的测试，而大于 3 个小时，测试工程师就很容易疲劳）。一个测程测试完毕后测试工程师与测试经理及其他测试工程师一起讨论测试记录总结如下内容。

- 需要进一步学习哪些专业知识、业务知识和其他知识。
- 系统中这次发现的哪些问题是有效的缺陷，讨论后填写到缺陷管理软件中去。
- 下一次需要重点测试哪些模块，使用哪些方法和技巧。

然后进入下一轮测程。

12.4.3 探索式测试与精益

软件测试的目的有以下 4 个方面：发现缺陷、增加信心、为领导者做出决策以及预防缺陷。而在软件测试执行阶段，最重要的软件测试目的是发现更可能多的软件缺陷。但是哪些模块存在软件缺陷比较多？这些缺陷中哪些类型比较多？这些都是不可确定的因素，所以如果我们按照以前的方法在软件测试前期就制定一堆测试计划，我本人认为是不科学的。

我们可以按照精益的思想，在探索式软件测试初期采用地毯式浅层测试的策略。初期测试阶段是为了探索哪些模块存在缺陷以及缺陷的严重程度，相当于打仗中的侦察兵，所以我们必须采取“地毯式”的方法，把所有模块都均匀地摸一遍。采用“浅层”测试由于现在是侦察兵介入，熟悉一下缺陷在软件中的分布情况，大规模的测试还没有开始，所以这个时候采用“深入”的测试是没有必要也是不科学的。通过第一次探索式测试，我们对缺陷在软件中的分布情况有了八九不离十的了解，可以计划在下几次测程计划中采用不同的测试策略和测试方法进行测试。同样在每次测程结束，对测试过程的结果进行不断的总结与反馈，指定下一次测程的计划，这种方法其实就是精益思维方式。

下面我们来看看精益中一些工具在探索式软件测试中的使用，首先我们来看一下 OODA 环，OODA 包括探索、判断、决策、行动 4 个活动构成的环，如图 12-16 所示。

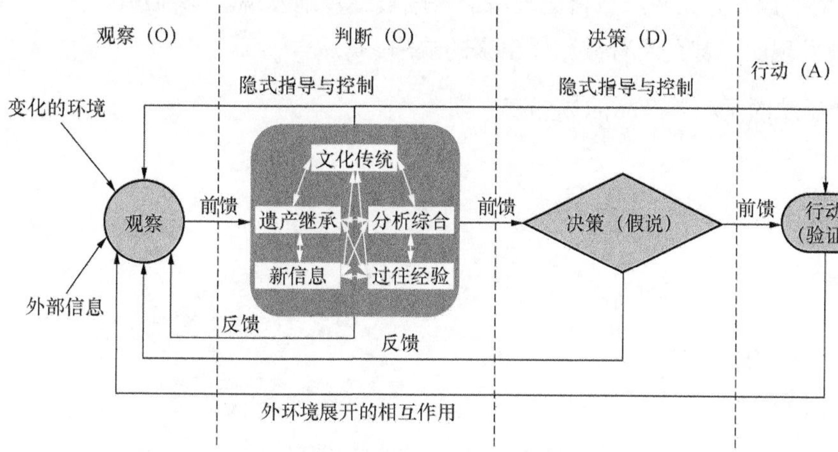

图 12-16 OODA 环

在探索式测试中“观察”可以理解为观察前一个测程中的测试结果，然后通过“判断”来对测试结果进行分析，结合公司文化、以前的测试遗产、新发现的问题和以前的经验来判断下一个测程的测试“决策”，从而进入下一轮探索式测试行动。

图 12-17 显示的是精益企业产品从产生到衰败的过程。

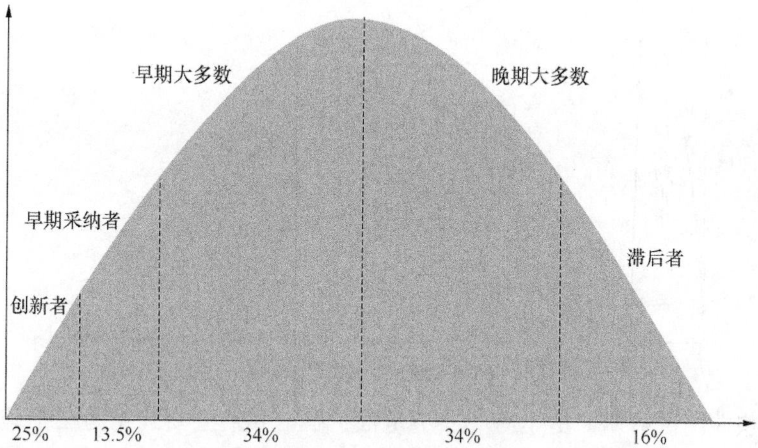

图 12-17 精益企业产品从产生到衰败的过程

其实这条曲线也正体现了探索式软件测试中发现缺陷的分布情况，在探索测试初期随着测试的深入发现的缺陷越来越多，而到了后期发现的缺陷逐步呈现出衰退的趋势。“创新者与早期采纳者”阶段正是那些很容易被发现的缺陷，探索测试在这个时期正处于深入探索的阶段，通过这个阶段的探索，我们可以更加深入地了解产品质量情况、缺陷分布、缺陷类型等信息。“早期大多数”是指基本上了解了产品本身的一些特征，在这个阶段大量的缺陷被发现出来。“晚期大多数”为一些隐藏得比较深的缺陷被逐步地发现。“滞后者”是指一些深层次的、不容易被发现的，甚至没有被测试出来的缺陷。

图 12-18 反映的是精益产品的成熟度周期。

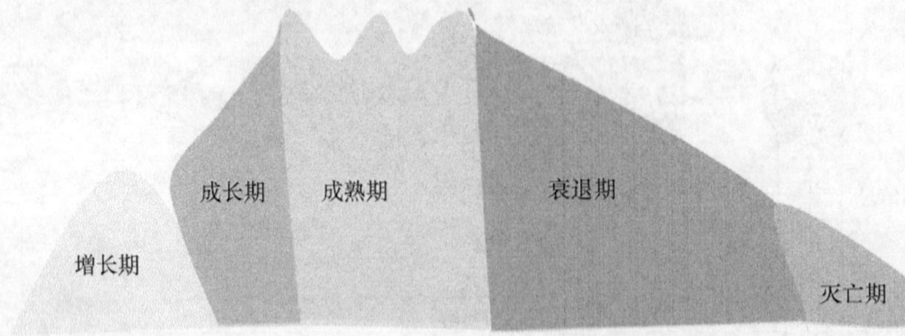

图 12-18　精益产品的成熟度周期

这也体现探索式测试的生命周期，探索式测试也可以分为增长期、成长期、成熟期、衰退期以及灭亡期。显然探索式测试的成熟度周期是与发现缺陷的生命周期是一致的。

图 12-19 是精益产品中蒙特卡诺的投资回报率。

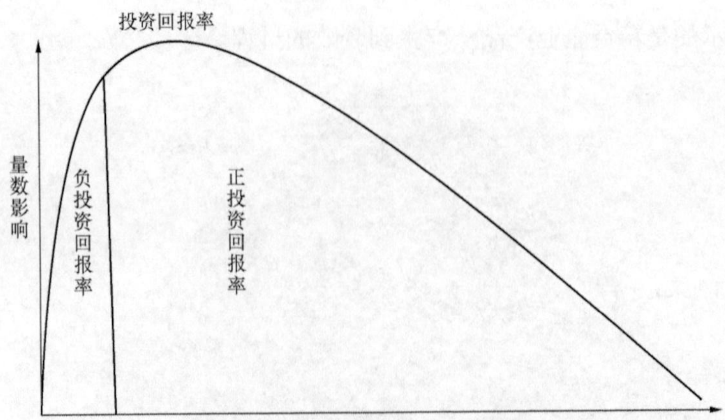

图 12-19　蒙特卡诺的投资回报率

在探索式软件测试前期，由于对产品不是很了解，我们主要的精力在于理解探索产品中缺陷的分布以及缺陷的类型，这个时候的投资回报率是负的，随着对产品质量的逐步了解，探索式测试的投资回报率突破零点，并且达到正回报率，从而取得效益。

12.4.4 探索式软件测试方法

在我的书《软件测试技术实战：设计、工具及管理》中介绍了探索式软件测试使用的技巧，在这里我主要向大家介绍一下探索式软件测试的测试方法。

1. 头脑风暴法

头脑风暴在软件工作中是一种经常被使用的方法，在探索式软件测试中我们也可以使用头脑风暴的方法来设计测试用例。下面是我通过头脑风暴获得的一组测试用例的案例。测试需求是：图片文件上传，选择图片文件，单击（上传）按键，正式上传。图片不得超过 5MB。经过 5 个人近一个小时的讨论，我们得到以下 19 个测试用例。

（1）上传正常的图片文件。

（2）上传文本文件。

（3）上传的文本文件后缀改为 jpg 后缀再上传。

（4）上传图片正被预览。

（5）上传图片正在编辑。

（6）上传图片名在选择图片文件后，单击（上传）按键前已修改。

（7）上传图片在选择图片文件后，单击（上传）按键前已删除。

（8）上传图片大小>5MB。

（9）上传图片大小=5MB。

（10）上传图片大小=0MB。

（11）上传图片服务器硬盘空间不够。

（12）上传客户端与服务器网络中断。

（13）断电重连后重传。

（14）单击上传后没选择任何文件。

（15）上传重复文件。

（16）上传文件失败后，重传该文件。

（17）大量用户同时上传图片：测试并发。

（18）网络延时大的情况下上传文件。

（19）图片格式 png、bmp、gif 和 jpeg。

（20）上传 exe 文件。

（21）上传服务器的文件夹被删除。

2．车轮图测试法

车轮图测试法是刘琛梅女士在她的著作《软件测试架构师修炼之道》中提出的测试方法。其实这是在进行专门的测试功能的时候结合 ISO 225000 的 6 个要素，即功能性、可靠性、易用性、效率、可维护性和可移植性进行的测试方法，如图 12-20 所示。

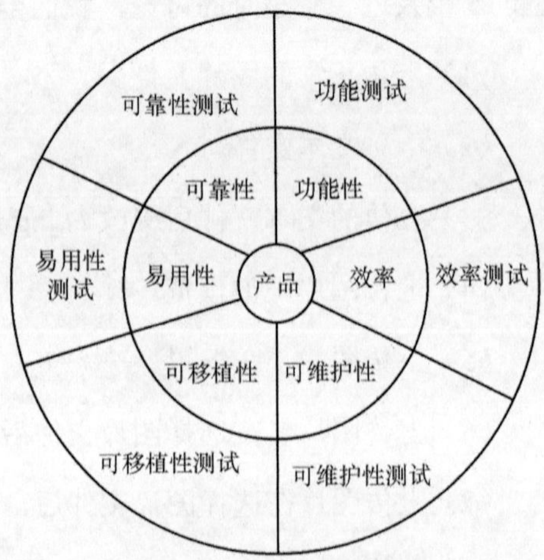

图 12-20 车轮图测试法

3．Wiki 法

Wiki 是一种多人协作的写作工具。Wiki 站点可以有多人（甚至任何访问者）维护，每个人都可以发表自己的意见，或者对共同的主题进行扩展或者探讨。Wiki 也指一种超文本系统，这种超文本系统支持面向社群的协作式写作，同时也包括一组支持这种写作。在公司可以建立内部的以测试设计技巧为内容的 Wiki 网站，大家把自己的软件测试经验书写在这里，方便其他同事的使用和学习。

4．阅读 Bug 报告和测试日志

定期到缺陷管理工具中阅读别人发现的缺陷以及阅读别人书写的测试日志，是提高自己测试能力的一个有效手段。由于探索式测试本身就是一种基于经验的测试，每个人都有自己的测试经验，因而通过阅读别人的缺陷和日志可以提高自己的测试设计的水平，也可以更好地了解测试的软件产品质量情况。

5．利用思维导图工具

在进行软件探索式测试的时候，我们也可以借助于思维导图工具。本书作者在前面的章节有很详细的介绍，在此不做过多涉及。

参考文献

[1] 李龙，刘文贞，铁坤. 嵌入式软件测试-方法、案例与模板详解[M]. 机械工业出版社，2016.

[2] 李龙，黎连业. 软件测试技术与常用模板(第 2 版)[M]. 机械工业出版社，2018.

[3] 史亮，高翔. 探索式测试实践之路[M].北京：电子工业出版社，2012.

[4] 朱少民. 全程软件测试第 2 版. [M].北京：电子工业出版社，2014.

[5] Cem Kaner，James Bach，Brrt Pettichord. 韩柯，等译.软件测试经验和教训[M].北京：机械工业出版社，2004.

[6] 刘琛梅. 软件测试架构师修炼之道[M].北京：机械工业出版社，2016.

[7] Jez Humble，Joanne Molesky，Barry O’Reily. 姚安峰，韩锴 译，《精益企业》[M].北京：人民邮电出版社，2016.

参考文献